산림

실기

기사·산업기사

한권으로 끝내기

SD에듀
㈜시대고시기획

산림기사·산업기사 실기
한권으로 끝내기

Always with you

사람이 길에서 우연하게 만나거나 함께 살아가는 것만이
인연은 아니라고 생각합니다.
책을 펴내는 출판사와 그 책을 읽는 독자의 만남도 소중한 인연입니다.
SD에듀는 항상 독자의 마음을 헤아리기 위해 노력하고 있습니다.
늘 독자와 함께하겠습니다.

머리말

「산림기사 · 산업기사 필기 한권으로 끝내기」에 이어 「산림기사 · 산업기사 실기 한권으로 끝내기」를 출간하면서 기사 · 산업기사 자격증을 위해 공부하는 수험생에게 필기에서부터 실기에 이르기까지 원스톱으로 도움을 줄 수 있으리라 믿어 의심치 않습니다.

산림 분야의 내용은 광범위하고 다양하여 처음 공부하는 수험생에게는 어려운 학문처럼 보입니다. 특히 필답형 및 작업형 실기시험은 논술 및 현장 위주의 시험으로 객관식인 필기시험에 비하여 공부의 집중도 및 핵심 내용 파악이 더욱 힘듭니다. 조림이 포함되는 필기시험에 비하여 실기시험은 임도와 기계학 등에 집중되는 문제가 많이 출제되고, 경영과 관련되어 복잡한 계산식이 요구되며, 이를 직접 계산과정을 밝히면서 문제를 풀어야 합니다. 또한 임업에 대한 넓고 깊은 지식을 함께 요구하고 있어 수험생들에게는 큰 부담이 되고 있습니다. 이 모든 것을 체계적이면서 깊이 있게 다룰 수 있는 수험서가 필요하다고 생각되어 「산림기사 · 산업기사 실기 한권으로 끝내기」를 준비하게 되었습니다.

본 도서는 필답형 및 작업형 실기시험에 대비하여 임학의 내용을 좀 더 깊고 핵심적으로 전달하고자 노력하였으며, 수험생이 시험에서 정확하게 서술할 수 있는 능력을 배양하고 지식을 습득할 수 있도록 구성하였습니다. 특히, 기존의 수험서에서 볼 수 없는 현장 위주의 이해하기 쉬운 내용을 수록하였으며 필답형 문제의 예상 정답을 객관적이고 현장적인 답변으로 제시하여 합격에 가깝도록 알차게 담았습니다.

자격증을 취득한다는 것은 자기가 가진 기술이 해당 전문 분야의 어떠한 수준에 도달해 있음을 증명하는 것이라 할 수 있습니다. 따라서 현대사회에서 자격증 제도를 잘 이용한다면 다른 구성원과의 차별화에서 좀 더 유리한 고지를 차지할 수 있습니다.

현대사회는 다양한 기술로 이루어져 있고, 이러한 기술의 세분화가 여러 가지 자격증을 만들어 내고 있습니다. 특히, 그중에서도 산림기사 및 산림산업기사는 현재 인기가 급부상하고 있는 자격증 중 하나입니다.

현대사회는 환경을 제외하고는 말하기 어려울 정도로 환경문제가 초미의 관심사가 되고 있습니다. 우리나라뿐만 아니라 지구 전체의 공기를 공급하고 환경의 질을 개선하는 원천은 숲입니다. 따라서 숲을 만들고 울창하게 가꾸며 숲을 발전시키는 것이야말로 미래의 지구를 지키는 길입니다.

본 도서는 수험생 여러분들이 자격증을 손에 쥘 수 있도록 최종 관문을 통과할 수 있는 길을 열어 주는 수험서입니다. 본 도서로 공부하시는 모든 분들에게 행운과 영광이 함께하길 바라며, 아울러 본 도서를 통해 배운 모든 것을 우리나라 산림 발전에 밑거름으로 활용하시길 기원합니다.

편저자 씀

시험안내

산림기사

● 시험일정

구 분	필기원서접수 (인터넷)	필기시험	필기 합격자 (예정자)발표	실기원서접수	실기시험	최종 합격자 발표일
제1회	1.23~1.26	2.15~3.7	3.13	3.26~3.29	4.27~5.12	6.18
제2회	4.16~4.19	5.9~5.28	6.5	6.25~6.28	7.28~8.14	9.10
제3회	6.18~6.21	7.5~7.27	8.7	9.10~9.13	10.19~11.8	12.11

※ 상기 시험일정은 시행처의 사정에 따라 변경될 수 있으니 한국산업인력공단(www.q-net.or.kr)에서 확인하시기 바랍니다.

● 시험요강

❶ 시행처 : 한국산업인력공단(www.q-net.or.kr)

❷ 관련 학과 : 대학의 임학과, 산림자원학과 등 산림 관련 학과

❸ 시험과목

필기(5과목)	실기(1과목)
조림학, 산림보호학, 임업경영학, 임도공학, 사방공학	산림경영계획 편성 및 산림토목 실무

❹ 검정방법

   ㉠ 필기 : 객관식 4지 택일형, 과목당 20문항(2시간 30분)

   ㉡ 실기 : 복합형 [필답형(1시간 30분, 60점) + 작업형(3시간 정도, 40점)]

❺ 합격기준

   ㉠ 필기 : 100점을 만점으로 하여 과목당 40점 이상, 전 과목 평균 60점 이상

   ㉡ 실기 : 100점을 만점으로 하여 60점 이상

● 진로 및 전망

산림청, 임업연구원, 각 시·도 산림부서, 임업 관련 기관이나 산림경영업체, 임업연구원 등에 진출 가능하고, 산림자원법에 따라 산림조합중앙회, 산림조합에 산림경영지도원으로 진출할 수 있다.

● 자격취득자 혜택

- 공무원 시험 가산점 인정 및 일부 특채 지원자격 획득
- 학점인정 등에 관한 법률에 따라 20학점 인정
- 관련 기업 취업이나 승진 시 인사고과 혜택
- 각종 법률에 따른 우대조건 적용

산림산업기사

● 시험일정

구 분	필기원서접수 (인터넷)	필기시험	필기 합격자 (예정자)발표	실기원서접수	실기시험	최종 합격자 발표일
제1회	1.23~1.26	2.15~3.7	3.13	3.26~3.29	4.27~5.12	6.18
제2회	4.16~4.19	5.9~5.28	6.5	6.25~6.28	7.28~8.14	9.10
제3회	6.18~6.21	7.5~7.27	8.7	9.10~9.13	10.19~11.8	12.11

※ 상기 시험일정은 시행처의 사정에 따라 변경될 수 있으니 한국산업인력공단(www.q-net.or.kr)에서 확인하시기 바랍니다.

● 시험요강

① 시행처 : 한국산업인력공단(www.q-net.or.kr)
② 관련 학과 : 대학 및 전문대학의 임업 관련 학과
③ 시험과목

필기(4과목)	실기(1과목)
조림학, 산림보호학, 임업경영학, 산림공학	산림경영계획 편성 및 산림토목 실무

④ 검정방법
  ㉠ 필기 : 객관식 4지 택일형, 과목당 20문항(2시간)
  ㉡ 실기 : 복합형 [필답형(1시간, 50점) + 작업형(2시간 30분, 50점)]
⑤ 합격기준
  ㉠ 필기 : 100점을 만점으로 하여 과목당 40점 이상, 전 과목 평균 60점 이상
  ㉡ 실기 : 100점을 만점으로 하여 60점 이상

● 진로 및 전망

지방 산림관서의 공무원, 임업회사 등에 진출 가능하고, 산림자원법에 따라 산림조합중앙회, 산림조합에 산림경영
지도원으로 진출할 수 있다.

● 자격취득자 혜택

- 공무원 시험 가산점 인정 및 일부 특채 지원자격 획득
- 학점인정 등에 관한 법률에 따라 16학점 인정
- 관련 기업 취업이나 승진 시 인사고과 혜택
- 각종 법률에 따른 우대조건 적용

시험안내

● 출제기준

실기 과목명	주요항목	세부항목	세세항목
산림경영 계획 편성 및 산림토목 실무	산림경영 실무	산림측량 및 구획하기	• 독도법을 적용할 수 있어야 한다. • 측량을 할 수 있어야 한다. • 임소반 구획을 할 수 있어야 한다. • 면적계산을 할 수 있어야 한다.
		산림 조사하기	• 임반 측정 및 조사(지황 및 임황 조사, 재적표, 형수표, 수확표 사용방법)를 할 수 있어야 한다. • 임목재적 측정을 할 수 있어야 한다. • 임분재적 측정을 할 수 있어야 한다. • 측정 및 조사장비 사용법을 적용할 수 있어야 한다. • 식생을 조사할 수 있어야 한다.
		산림수확 조정하기	주요 수확 조정기법을 적용할 수 있어야 한다.
		산림경영 계획하기	산림경영계획 작성 및 운영을 할 수 있어야 한다.
		산림 평가하기	• 임지평가 방법을 적용할 수 있어야 한다. • 임목평가 방법을 적용할 수 있어야 한다. • 임분평가 방법을 적용할 수 있어야 한다.
		산림휴양자원 및 조성하기	• 휴양림 조성 및 시설배치를 할 수 있어야 한다. • 휴양림 설계를 할 수 있어야 한다.
	산림공학 실무	토질 조사하기	토질 기초 및 토양을 조사할 수 있다.
		도면해석과 이용하기	• 도상에서 대상지 면적산출을 할 수 있어야 한다. • 적용 공종 특성을 파악할 수 있다. • 대상지에 적합한 공종을 적용할 수 있다.
		현장 측량하기	• 예정지 조사 및 답사를 할 수 있다. • 현황측량을 할 수 있어야 한다. • 종단측량을 할 수 있어야 한다. • 횡단측량을 할 수 있어야 한다. • 측량결과를 제도할 수 있어야 한다.
		설계, 제도 및 적산하기	• 설계도(평면도, 종단면도, 횡단면도 등) 작성을 할 수 있어야 한다. • 수량산출 및 단위원가 산출을 할 수 있어야 한다. • 작업공정 및 원가산출을 할 수 있어야 한다. • 시방서 작성 및 설계서 완성을 할 수 있어야 한다.
		구조물 구조 및 시공하기	• 구조물 선정을 할 수 있어야 한다. • 구조물 설계를 할 수 있어야 한다. • 구조물 배치 시공 및 감리를 할 수 있어야 한다.
	임업기계	임목 수확하기	• 작업공정을 이해할 수 있어야 한다. • 작업장 개발 및 시스템을 구축할 수 있어야 한다. • 대상지에 따른 적정 임목 수확기계를 도입할 수 있어야 한다.

목 차

제1편

필답형

PART 01

산림기사 · 산업기사 실기

경영 및 휴양

Chapter 01 산림경영 일반

1 사유림경영의 구분

(1) 농가 임업

연료, 사료, 농용재 등 또는 조상의 묘를 모시기 위하여 소유하는 산림으로 5ha 미만으로 목재 생산을 주로 하지 않는 산림이며, 협업경영 등이 대안이 될 수 있다.

(2) 부업적 임업

농업이 축산 또는 기타 사업을 하면서 여력을 이용하여 임업을 경영하는 것을 말하며, 5~30ha 의 규모이다.

(3) 겸업적 임업

다른 사업을 하면서 임업에도 투자하는 경영을 말하며, 30~100ha의 규모로부업적 임업과 아울러 우리나라 사유림의 핵심을 이룬다.

(4) 주업적 임업

임업경영을 전념으로 하거나, 임업을 위한 경영 부서를 두고 경영하는 경우로 100ha 이상의 규모를 말한다.

> **예상문제**
>
> 사유림경영의 내용을 구분하고 특성을 기술하시오.
>
> **정답** 위의 내용을 그대로 작성한다.

2 임업경영의 특성

(1) 임업의 기술적 특성

① 생산기간이 대단히 길다.
② 임목의 성숙기가 일정하지 않다.
③ 토지나 기후조건에 대한 요구도가 낮다.
④ 자연조건의 영향을 많이 받는다.

(2) 임업의 경제적 특성

① 육성임업과 채취임업이 병존한다.
② 원목가격의 구성요소의 대부분이 운반비이다.
③ 임업노동은 계절적 제약을 크게 받지 않는다.
④ 임업생산은 조방적이다.
⑤ 임업은 공익성이 크므로 제한성이 많다.

(3) 경제적 산림경영과 생태적 산림경영의 차이점

경제적 산림경영	생태적 산림경영
투입량과 산출량에 기초	조건과 과정에 중점을 둠
알고 있는 것을 강조함	알지 못하는 것을 강조함
단기성을 강조	장기성을 강조
목표에 대한 최대의 업적	불확실성을 고려한 목표의 중간 정도 업적
재난을 무시	재난에 중점
기술적 향상을 신뢰	기술적 향상과 진보는 신뢰하지 않음

예상문제

경제적 산림경영과 생태적 산림경영의 차이점을 3가지 이상 기술하시오.

정답▶ 위 표의 내용을 3가지 이상 작성한다.

---

❸ 산림경영의 지도원칙

임업경영의 목적을 달성하기 위하여 산림생산행위 내용과 그 방침을 정하는 데 규범이 될 원칙

(1) 경제원칙

① 수익성의 원칙 : 최대의 이익 또는 이윤을 얻을 수 있도록 경영하여야 한다는 원칙이다. 임업경영에 있어서 수익성 최대는 국민생활에 가장 수요가 많은 수종과 재종을 최대량으로 생산함으로써 이루어진다.

② 경제성의 원칙 : 합리성의 원칙 또는 합목적성의 원칙이라고 한다. 최대의 경제성을 올리도록 경영·생산·실행하는 것을 말하며 다음과 같이 구분한다.

ⓐ 최소의 비용으로 최대의 효과를 발휘하는 원칙

ⓑ 일정한 비용으로 최대의 수익을 올리는 원칙

ⓒ 일정한 수익에 대하여 비용을 최소로 줄이는 원칙

ⓓ 임업경영에 있어서 수익성 실현의 전제적·기초적 원칙

③ 생산성의 원칙 : 토지생산력을 최대로 추구하는 원칙이며, 임업경영에 있어서는 재적수확최대의 벌기령, 즉 평균 생장량이 최대인 시기를 벌기로 채택하면 된다. 이는 국가산업 생산의 원자재인 목재공급의 확보와 관련되는 원칙이다.

④ 공공성의 원칙 : 공공경제성의 원칙, 후생성의 원칙, 공익성의 원칙 또는 경제후생성의 원칙이라고 하며, 임업 또는 산림생산의 사회적 의의를 더욱더 발휘하고 인류생활의 복리를 더욱더 증진할 수 있도록 경영하자는 원칙이다.

> **기출문제**
>
> 시유림 경영지도원칙 중 산림자원 부족의 경우 필요한 지도원칙을 기술하시오.
>
> [정답] 생산성의 원칙

(2) 복지원칙

① 합자연성의 원칙 : 임목의 생장·생활에 관해 자연법칙을 존중하여 경영·생산하는 원칙이다.

② 환경보전의 원칙 : 국토보안의 원칙 또는 환경양호의 원칙이라고도 하며, 임업경영은 국토보안·수원함양 등의 기능을 충분히 발휘할 수 있도록 운영하여야 한다는 원칙이다.

(3) 보속성의 원칙

산림에서 수확이 연년 균등하게 또한 영구히 존속할 수 있도록 경영하는 원칙

※ Mantel 의 보속목재 수확의 전제조건

1. 임지·임목의 산림 생물학적인 건전상태
2. 연령·경급·품질 등의 각 요소가 충분한 임목축적의 존재
3. 축적의 균등한 갱신
4. 균등한 경영지출

예상문제

산림경영의 지도원칙 중 복지원칙에 대해 기술하시오.

정답 위의 복지원칙을 그대로 기술한다.

---

4 산림의 생산기간

(1) 벌기령과 벌채령

① 벌기령 : 임분이 처음 성립하여 생장하는 과정에 있어서 어느 성숙기에 도달하는 계획상의 연수를 말한다.
  ㉠ 법정벌기령 : 벌기령과 벌채령이 일치할 때의 벌기령
  ㉡ 불법정벌기령 : 벌기령과 벌채령이 일치하지 않을 때의 벌기령
② 벌채령 : 임목이 실제로 벌채되는 연령을 말한다.

기출문제

벌기령과 벌채령에 대하여 설명하시오.

정답 • 벌기령은 임분이 처음 성립하여 생장하는 과정에 있어서 어느 성숙기에 도달하는 계획상의 연수로서 산림경영목적을 가장 잘 달성하기 위한 경영계획상의 벌채 연령이다.
  • 벌채령은 임목이 실제로 벌채되는 연령이다.

---

(2) 윤벌기

① 보속작업에 있어서 한 작업급에 속하는 모든 임분을 일순벌하는 데 요하는 기간으로 개벌작업에 따른 법정림 사상의 개념이다.
② 택벌림에서는 윤벌기를 결정할 때 윤벌기는 회귀기년의 정수배가 되도록 회귀년을 결정하는 것이 보통이다.

③ 윤벌기와 벌기령의 차이

윤벌기	벌기령
작업급을 일순벌 하는 데 소요하는 기간	임목 그 자체의 생산기간을 나타내는 예상적 연령개념
기간개념	연령개념
작업급 개념	임목·임분의 개념

④ 갱신기
　㉠ 점벌, 산벌 벌채 후 갱신이 바로 이루어지지 못하면 늦어지는 만큼 윤벌기가 늦어지는데, 이 기간을 갱신기라 한다.
　㉡ 윤벌기 = 윤벌령 + 갱신기

(3) 갱신기

작업급의 연령관계가 어느 한쪽으로 편중되면 노령림과 유령림 사이에서 한 쪽이 불이익을 당하는데 이를 줄이기 위해서 개량기(정리기)를 임시적으로 설정한다.

$$개량기간\ 중의\ 표준연벌면적 = \frac{작업급의\ 면적 - 갱신면적}{개량기}$$

(4) 회귀년

택벌림의 벌구식 택벌작업에 있어서 맨 처음 택벌을 실시한 일정 구역을 또다시 택벌하는 데 걸리는 기간으로 회귀년 길이의 장단점은 다음과 같다.
① 조림관계 : 회귀년 길이를 짧게 하여 1회의 벌채량을 적게 하는 것이 조림기술 측면(임목생장 촉진, 수종구성상태, 병충해에 따른 고손목 처리)에서 유리하다.
② 보호관계 : 긴 회귀년은 벌채량이 많아져 풍도·토사 붕괴 등 산림보호에 문제점을 야기하므로 짧은 회귀년을 채택하는 것이 유리하다.
③ 벌채작업관계 : 단위 면적당 많은 벌채를 해야만 유리하므로 긴 회귀년이 요망된다.
④ 기반시설관계 : 임도와 방화시설은 투자비가 많이 들어 긴 회귀년을 요하게 된다.
⑤ 임분 재적과의 관계 : 택벌된 임분 재적이 택벌직전의 재적으로 회복하는 데 요하는 연수로 결정한다.

벌기령, 윤벌기, 회귀년에 대하여 설명하시오.

정답 • 벌기령은 임분이 처음 성립하여 생장하는 과정에 있어서 어느 성숙기에 도달하는 계획상의 연수로서 산림경영목적을 가장 잘 달성하기 위한 경영계획상의 벌채 연령이다.
   • 윤벌기는 보속작업에 있어서 한 작업급에 속하는 모든 임분을 일순벌하는데 필요한 기간이다.
   • 회귀년은 택벌림의 벌구식 택벌작업에 있어서 처음 택벌한 일정 구역을 다시 택벌하는데 필요한 기간이다.

법정택벌률과 회귀년에 대하여 설명하시오.

정답 법정택벌률 $= \dfrac{200}{\text{윤벌기}} \times \text{회귀년}$

(5) 작업급 ★기출

작업급은 동일경영구(사업구)안에 있어서 일정의 수종, 같은 작업종과 윤벌기의 공통적인 시업 목적으로써 결합된 산림을 말한다. 따라서 연년작업급에 있어서는 수확보속의 원칙은 작업급을 단위로 하여 행하여지고, 벌채량이 조정되고 또 표준벌채량이 결정된다.

5 법정림

(1) 법정상태 구비조건

① 법정영급분배

　㉠ 1년생에서부터 벌기에 이르는 각 영계의 임분을 구비하고, 또한 그 각 영계의 임분의 면적이 동일한 것을 말하는데, 이는 현실적으로 각 영계의 면적이 동일하기는 조사하기 어려워 몇 개의 영계를 합하여 영급을 편성하고 각 영급의 면적이 같으면 법정으로 하여 이때의 영급을 말한다.

$$A = \frac{F}{U} \times N$$

여기서, A = 법정영급면적
　　　　F = 작업급의 면적
　　　　U = 윤벌기
　　　　N = 1영급의 영계 수

ⓛ 개위면적에 의한 법정영급분배 : 임지는 부분적으로 생산능력에 차이가 있으므로 이와 같은 임지의 생산능력에 알맞게 각 영계별 면적을 가감하여 각 영계의 벌기재적이 동일하도록 수정한 면적으로 그 계산방법을 보면 다음과 같다.

임 분	면적(ha)	1ha당 벌기재적(m³)	비 고
Ⅰ	300	200	윤벌기 100년
Ⅱ	400	150	1영급＝10영계
Ⅲ	300	100	
계	1,000		

• 벌기평균재적(m³)

$$Q = \frac{q_1 f_1 + q_2 f_2 + \cdots\cdots q_n f_n}{f_1 + f_2 + \cdots\cdots + f_n} = \frac{200 \times 300 + 150 \times 400 + 100 \times 300}{300 + 400 + 300} = 150 (\mathrm{m}^3)$$

• 각 임분의 개위면적

 – 가나다 Ⅰ등지 : $f_1' = \dfrac{q_1}{Q} f_1 = \dfrac{200}{150} \times 300 = 400 \mathrm{ha}$

 – Ⅱ등지 : $f_2' = \dfrac{q_2}{Q} f_2 = \dfrac{150}{150} \times 400 = 400 \mathrm{ha}$

 – Ⅲ등지 : $f_3' = \dfrac{q_3}{Q} f_3 = \dfrac{100}{150} \times 300 = 200 \mathrm{ha}$

• 법정영급면적

 – Ⅰ등지 : $A_1 = \dfrac{Q}{q_1} \times \dfrac{F}{U} \times n = \dfrac{150}{200} \times \dfrac{1,000}{100} \times 10 = 75 \mathrm{ha}$

 – Ⅱ등지 : $A_2 = \dfrac{Q}{q_2} \times \dfrac{F}{U} \times n = \dfrac{150}{150} \times \dfrac{1,000}{100} \times 10 = 100 \mathrm{ha}$

 – Ⅲ등지 : $A_3 = \dfrac{Q}{q_3} \times \dfrac{F}{U} \times n = \dfrac{150}{100} \times \dfrac{1,000}{100} \times 10 = 150 \mathrm{ha}$

• 영급수

 – Ⅰ등지 : $\dfrac{300}{75} = 4$ 개

 – Ⅱ등지 : $\dfrac{400}{100} = 4$ 개

 – Ⅲ등지 : $\dfrac{300}{150} = 2$ 개 즉, 10개의 영급이 있다.

법정상영급면적과 영급수 계산하기

정답 ▸ 위 계산식에 의해 직접 풀이

산림면적 18ha, 벌기평균재적 180m³, ha당 벌기재적이 200m³일 때 개위면적을 구하시오.

정답 ▸ 법개위면적 = $\dfrac{200}{180}$ × 18 = 19.9998ha = 약 20ha

② 법정임분배치 : 각 영계의 임분이 위치적으로 잘 배치되어서 벌채운반·산림보호 및 갱신하는 데 있어서 지장을 주지 않도록 배치하는 것을 말한다.

③ 법정생장량 : 법정림의 1년 간의 생장량의 합계

　㉠ 법정생장량 계산 예(산림면적 300ha, 윤벌기 60년)

구 분	임 령				
	20	30	40	50	60
ha당 재적(m³)	40	100	180	260	340

　　• 법정영계면적 : $\dfrac{F}{U}$ = 300/60 = 5ha

　　• 벌기임분의 재적 : V = 340 × 5 = 1,700m³

　　• 법정생장량은 벌기임분의 재적과 같으므로 이 법정림의 생장량은 1,700m³가 된다.

　㉡ 법정생장량은 법정연벌량이며 이는 벌기평균생장량에 윤벌기를 곱한 값이다.

　㉢ 법정수확률(법정연벌률) = 200/윤벌기 ★기출

④ 법정축적 : 영급분배와 생장상태가 법정일 때 보유할 작업급 전체의 축적

법정상태 구비조건 4가지를 쓰시오.

정답 ▸ 법정영급분배, 법정임분배치, 법정생장량, 법정축적

1 산림계획의 수립에 따른 주체와 대상

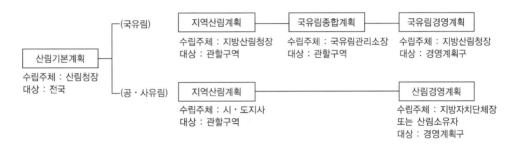

[산림계획의 수립에 따른 주체와 대상]

기출문제

산림계획의 수립에 따른 주체를 기술하시오.

정답
- 국유림 : 산림기본계획(산림청장) → 지역산림계획(지방산림청장) → 국유림종합계획(국유림관리소장) → 국유림경영계획(지방산림청장)
- 공·사유림의 경우 : 산림기본계획(산림청장) → 지역산림계획(시도지사) → 산림경영계획(지방자치단체장 또는 산림유자)

2 산림계획의 내용

(1) 산림기본계획(20년 단위)

※ 제6차 산림기본계획 : 2018~2037년

산림청장은 산림자원 및 임산물의 수요와 공급에 관한 장기전망을 기초로 하여 지속가능한 산림경영이 이루어지도록 전국의 산림을 대상으로 다음의 사항이 포함된 산림기본계획을 수립·시행하여야 한다(산림기본법 제11조제1항).

① 산림시책의 기본목표 및 추진방향

② 산림자원의 조성 및 육성에 관한 사항

③ 산림의 보전 및 보호에 관한 사항

④ 산림의 공익기능 증진에 관한 사항

⑤ 산사태·산불·산림병해충 등 산림재해의 대응 및 복구 등에 관한 사항

⑥ 임산물의 생산·가공·유통 및 수출 등에 관한 사항

⑦ 산림의 이용구분 및 이용계획에 관한 사항

⑧ 산림복지의 증진에 관한 사항

⑨ 탄소흡수원의 유지·증진에 관한 사항

⑩ 국제산림협력에 관한 사항

⑪ 임도 등 산림경영기반의 조성에 관한 사항

⑫ 산림통합관리권역의 설정 및 관리에 관한 사항

예상문제

산림기본계획에 반드시 포함하는 사항을 4가지 이상 기술하시오.

[정답] 기본계획 12가지에서 4가지 이상을 작성한다.

---

(2) 국유림종합계획(10년 단위)

산림청장은 국유림을 종합적이고 효율적으로 경영하고 관리하기 위하여 다음의 사항이 포함된 국유림종합계획을 10년마다 수립·시행하여야 한다(국유림의 경영 및 관리에 관한 법률 제6조 제1항, 제2항).

① 국유림의 경영 및 관리에 관한 목표와 추진방향

② 국유림의 경영 및 관리 현황

③ 국유림의 경영 및 관리에 관한 주요사업과 추진방법

④ 사업시행에 소요되는 경비의 산정 및 조달에 관한 사항

⑤ 그 밖의 국유림의 경영 및 관리에 필요한 사항

(3) 국유림경영계획(10년 단위)

① **총체적 목표** : 산림이 지니고 있는 사회적, 경제적, 환경적 및 문화적 기능을 지속가능한 방식으로 최적 발휘하면서 생태계로서 산림이 자연의 잠재력을 총체적으로 유지, 증진할 수 있도록 하여야 한다.

② 주목표
　ⓐ 보호기능 : 경관보호, 야생동물보호, 소음방지, 수자원보호, 토양보호, 기후보호, 대기질 개선
　ⓑ 임산물 생산기능
　ⓒ 휴양 및 문화기능
　ⓓ 고용기능
　ⓔ 경영수지개선
③ 경영목표 실현을 위한 전제조건
　ⓐ 산림생태계의 안정성, 적응성 및 다양성
　ⓑ 지속성 및 경제성

3 산림구획

(1) 경영계획구

① 국유림 : 국유림관리소명 다음에 지역명을 붙인다.
　예 강릉국유림관리소 주문진경영계획구
② 공유림 : 경영계획앞에 특별시, 광역시도,시군자치구, 공공단체의 이름을 붙이고 2개 이상 일 경우 그 앞에 지역명을 붙인다.
③ 사유림 : 일반경영계획구, 협업경영계획구, 산업비림경영계획구는 경영계획앞에 산림소유 자명, 협업체명, 법인체명을 붙인다. 다만 2개 이상일 경우 그 앞에 지역명을 붙인다.

(2) 임 반

① 임반의 구획 : 임반은 소반 및 보조소반 등 산림 구획의 골격을 형성하며, 임반의 경계 및 번호는 특별한 경우를 제외하고는 변경하지 않는다.
② 임반의 면적 : 현지 여건상 불가피한 경우를 제외하고는 가능한 100ha 내외로 구획하며, 능선, 하천 등 자연경계나 도로 등 고정적 시설을 따라 확정한다.
③ 임반의 표기 : 경영계획구 유역 하류에서 시계방향으로 연속되게 아라비아 숫자 1, 2, 3, … 으로 표기하고, 신규 재산 취득 등의 사유로 보조 임반을 편성할 때는 연접된 임반의 번호에 보조번호를 1-1, 1-2, 1-3, … 순으로 부여한다.

임반의 특징 및 구획 이유를 쓰시오.

> 정답 ♪
> - 소반 및 보조소반 등 산림구획의 골격을 형성
> - 산림의 위치를 명확히 하여 경영의 원활함을 도모
> - 설치가 고정적이어서 기록 등 사업 추진이 편리
> - 벌채개소의 경계가 되며 측량 및 임지면적 계산에 편리

임반구획의 기준조건을 3가지를 쓰시오.

> 정답 ♪
> - 면적 : 현지 여건상 불가피한 경우를 제외하고는 가능한 100ha 내외로 구획
> - 경계 : 능선, 하천 등 자연경계나 도로 등 고정적 시설을 따라 확정
> - 표기 : 번호는 경영계획구 유역 하류에서 시계 방향으로 연속되게 아라비아 숫자 1, 2, 3…으로 표기하고, 신규재산취득 등의 사유로 보조임반을 편성할 때에는 연접된 임반의 번호에 보조번호를 부여한다. 1-1, 1-2, 1-3, … 순으로 부여

임반의 면적에 대해 기술하시오.

> 정답 ♪
> 능선, 하천 등 자연경계나 도로 등 고정 시설을 따라 임반을 구획 확정하고 가능한 100ha 내외로 구획하며, 현지여건상 불가피한 경우는 조정한다.

(3) 소 반

① 소반의 구획
  ㉠ 산림의 기능(생활환경보전림, 자연환경보전림, 수원함양보전림, 산지재해방지림, 산림휴양림, 목재생산림 등)이 상이할 때
  ㉡ 지종(입목지, 무립목지, 법정지정림 등)이 상이할 때
  ㉢ 임종, 임상 및 작업종이 상이할 때
  ㉣ 임령, 지위, 지리 또는 운반계통이 상이할 때

② 소반의 면적 : 최소 면적은 1ha 이상으로 구획하되, 부득이한 경우에는 소수점 한자리까지 기록 가능

③ 소반의 표기 : 임반의 번호와 같은 방향으로 소반명을 1-1-1, 1-1-2, 1-1-3, … 으로 연속되게 부여하고, 보조소반의 경우에는 연접된 소반의 번호에 1-1-1-1, 1-1-1-2, 1-1-1-3, … 순으로 부여한다.

④ 예 시
  - 1임반 1보조임반 1소반 3보조소반 : 1-1-1-3
  - 1임반 1소반 3보조소반 : 1-0-1-3

산림구획을 위해 소반구획을 하는 이유 3가지를 서술하시오.

정답 · 산림의 기능(생활환경보전림, 자연환경보전림, 수원함양보전림, 산지재해방지림, 산림휴양림, 목재생산림 등)이 상이할 때
· 지종(입목지, 미입목지, 제지, 법정지정림)이 상이할 때
· 임종, 임상, 작업종이 상이할 때
· 임령, 지위, 지리 또는 운반계통이 상이할 때

소반을 나누는 기준으로 면적, 번호부여방법, 구획요건 4가지를 쓰시오.

정답 · 면적 : 1ha 이상으로 구획하되 부득이한 경우에는 소수점 한자리까지 기록
· 번호부여방법 : 임반 번호와 같은 방향으로 소반명을 1-1-1, 1-1-2, 1-1-3, …연속되게 부여하고, 보조소반의 경우에는 연접된 소반의 번호에 1-1-1-1, 1-1-1-2, 1-1-1-3,… 로 표기한다(1임반 1보조임반 1소반 3보조소반 = 1-1-1-3).
· 구획요건 : 소반구획 4가지 이유 기술하여야 함(윗 문제 정답)

산림경영계획서에서 산림구획순서를 쓰시오.

정답 경영계획구-임반구획-소반구획을 순서로 쓰고 각각 설명한다.

4 산림조사

(1) 지황조사

① 지종구분
  ㉠ 입목지 : 수관점유면적 및 입목본수의 비율이 30% 초과 임분
  ㉡ 무립목지
    · 미립목지 : 수관점유면적 및 입목본수의 비율이 30% 이하 임분
    · 제지 : 암석 및 석력지로서 조림이 불가능한 임지
  ㉢ 법정지정림 : 관련 법률에 의거 지정된 임지

입목지, 미립목지, 제지에 대해 설명하시오.

정답 · 입목지란 수관점유면적 및 입목본수의 비율이 30%를 초과하는 임분이다.
· 미립목지란 수관점유면적 및 입목본수의 비율이 30% 이하인 임분이다.
· 제지란 암석 및 석력지로서 조림이 불가능한 임지이다.

② 방위 : 동, 서, 남, 북, 남동, 남서, 북동, 북서 등 8 방위

기출문제

지황조사 인자 중 8방위에 대해 쓰시오.

정답 ▸ 방위란 구획한 소반의 주 사면을 보고 동, 서, 남, 북, 남동, 남서, 북동, 북서의 8방위로 구분하는 것이다.

③ 경사도

구 분	약 어	경사도
완경사지	완	15° 미만
경사지	경	15~20° 미만
급경사지	급	20~25° 미만
험준지	험	25~30° 미만
절험지	절	30° 이상

기출문제

방위와 경사도에 대해 쓰시오.

정답 ▸ • 방위란 구획한 소반의 주 사면을 보고 동, 서, 남, 북, 남동, 남서, 북동, 북서의 8방위로 구분하는 것이다.
• 경사도란 구획한 소반의 주 경사도를 보고 완, 경, 급, 험, 절 5가지로 구분하는 것이다.

경사도의 구분 및 약어, 기준에 대하여 쓰시오.

정답 ▸ 위의 경사도 참고

④ 표고 : 지형도에 의거 최저에서 최고로 표시(예 660~800)

⑤ 토양형 ★기출

ㄱ 사토(사) : 흙을 손에 쥐었을 때 대부분 모래만으로 구성된 감이 있는 토양, 점토 함유량이 12.5% 이하

ㄴ 사양토(사양) : 모래가 대략 1/3~2/3를 함유하고 있는 토양, 점토 함유량이 12.5~25%

ㄷ 양토(양) : 대략 1/3 미만의 모래를 함유하고 있는 토양, 점토 함유량이 25~37.5%

ㄹ 식양토(식양) : 점토가 대략 1/3~2/3를 함유하고, 점토 중 모래를 약간 촉감할 수 있는 토양, 점토 함유량이 37.5~50%

ㅁ 식토(점) : 점토가 대부분인 토양, 점토 함유량이 50% 이상

⑥ 토 심
  ㉠ 천 : 유효 토심 30cm 미만
  ㉡ 중 : 유효 토심 30~60cm
  ㉢ 심 : 유효 토심 60cm 이상

지황조사에서 토심에 대해서 쓰시오.

[정답] 나무가 자라는 데 필요한 조건을 갖춘 토층의 깊이를 합하여 유효토심이라고 하고, 토양단면에서 모래나 자갈층, 반층, 지하수위, 유해토층(특이산성토층 등) 등이 나오면 그 위층까지를 유효토심으로 보는데 그 토심의 깊이에 따라 다음과 같이 나눈다.
- 천 : 토심 30cm 미만
- 중 : 토심 30~60cm 미만
- 심 : 토심 60cm 이상

⑦ 건습도 ★기출

구 분	기 준	해당지
건 조	손으로 꽉 쥐었을 때 수분에 대한 감촉이 거의 없음	바람받이에 가까운 경사지, 산정, 능선
약 건	손으로 꽉 쥐었을 때 손바닥에 습기가 약간 묻은 정도	경사가 약간 급한 사면
적 윤	손으로 꽉 쥐었을 때 손바닥 전체에 습기가 묻고 물에 대한 감촉이 뚜렷함	계곡, 평탄지, 계곡평지, 산록부
약 습	손으로 꽉 쥐었을 때 손가락 사이에 물기가 약간 비친 정도	경사가 완만한 사면
습	손으로 꽉 쥐었을 때 손가락 사이에 물방울이 맺히는 정도	낮은 지대로 지하수위가 높은 곳

⑧ 지위 : 임지의 생산력 판단지표로 우세목의 수령과 수고를 측정하여 지위지수 표에서 지수를 찾은 후 상, 중, 하로 구분하는데, 침엽수는 주 수종을 기준하고, 활엽수는 참나무를 적용한다.

지위지수 구하기

[정답] 지위지수표에서 각 임령별 평균수고를 찾아서 거기에 산정된 지위지수를 판정하면 된다. 지위지수는 6, 8, 10, 12, 14… 식으로 산정된다.

⑨ 지리 : 임도 또는 도로까지의 거리를 100m 단위로 구분

지위와 지리를 구분하여 설명하시오.

정답 ┃ • 지위란 임지생산력의 판단지표로 우세목의 수령과 수고를 측정해 지위지수표에서 지수를 찾은 후 상·중·하로 구분한다. 침엽수는 주 수종을 기준으로 하고, 활엽수는 참나무를 적용한다.
 • 지리란 임산물의 반출과 산림작업을 위하여 임지에 접근할 수 있는 임도나 도로까지의 거리는 임산물의 가격형성뿐만 아니라 산림작업사업비 산출에도 영향을 끼치는데 지리는 임도 또는 도로까지의 거리를 100m 단위로 구분하여 10급지로 나타낸 것이다(1급지 100m 이하, 2급지 101~200m 이하, …, 10급지 901m 이상).

지리 구분 1급지, 5급지, 10급지의 기준에 대하여 쓰시오.

정답 ┃ • 1급지 : 100m 이하
 • 5급지 : 401~500m 이하
 • 10급지 : 901m 이상

(2) 임황조사

① 임 종
  ㉠ 인공림
  ㉡ 천연림

② 임 상
  ㉠ 입목지 : 수관점유면적 및 입목본수의 비율에 따라 구분
   • 침엽수림(침) : 침엽수가 75% 이상 점유하고 있는 임분
   • 활엽수림(활) : 활엽수가 75% 이상 점유하고 있는 임분
   • 혼효림(혼) : 침엽수 또는 활엽수가 26~75% 점유하고 있는 임분
  ㉡ 무립목지 : 입목본수비율이 30% 이하인 임분

임종과 임상에 대해 구분하시오.

정답 ┃ • 임종 : 천연림(천), 인공림(인)
 • 임상 : 임분의 수종 구성 상태를 나타내는 것으로 입목본수비율 또는 수관점유면적 비율에 의하여 구분

입목지의 임상구분 기준 3가지 쓰고 설명하시오.

정답 ┃ • 침엽수림(침) : 침엽수가 75% 이상 점유하고 있는 임분
 • 활엽수림(활) : 활엽수가 75% 이상 점유하고 있는 임분
 • 혼효림(혼) : 침엽수 또는 활엽수가 26~75% 미만 점유하고 있는 임분

③ 수종 : 주요 수종명을 기입하고 혼효림의 경우 5종까지 조사 가능하다.

④ 혼효율 : 주요 수종(5종 이하)의 수관점유면적비율 또는 입목본수비율(재적)에 의하여 100분 율로 산정한다.

> **기출문제**
>
> **혼효율에 대해 설명 및 계산하기**
>
> 정답┛ 주요 수종(5종 이하)의 수관점유면적비율 또는 입목본수비율(재적)에 의하여 100분율로 산정

⑤ 임령 : 임분의 나이를 말하며 임분의 최저~최고 수령범위를 분모로 하고 평균 수령을 분자로 한다(예 18/10~33). 인공조림지는 조림연도의 묘령을 기준으로 하고, 식별이 불분명한 임지 는 생장추를 사용한다.

⑥ 영급 : 10년을 주기로 한 개의 영급으로 표시한다.

> **기출문제**
>
> **영급구분하기**
>
> 정답┛
>
> | 기 호 | 수령범위 | 기 호 | 수령범위 |
> |---|---|---|---|
> | I | 1~10년생 | VI | 51~60년생 |
> | II | 11~20년생 | VII | 61~70년생 |
> | III | 21~30년생 | VIII | 71~80년생 |
> | IV | 31~40년생 | IX | 81~90년생 |
> | V | 41~50년생 | X | 91~100년생 |

⑦ 수고(m)

   ㉠ 임분의 최저·최고 및 평균을 측정하여 최저·최고수고의 범위를 분모로 하고 평균수고를 분자로 하여 표기(예 15/10~20m)한다.

   ㉡ 축적을 계산하기 위한 수고는 측고기를 이용하여 가슴높이 지름 2cm 단위별로 평균이 되는 입목의 수고를 측정하여 삼점평균 수고를 산출(경급별 수고 산출)한다.

⑧ 경급(cm) : 입목가슴높이 지름의 최저, 최고, 평균을 2cm 단위로 측정하여 입목가슴높이 지름의 최저·최고의 범위를 분모로 하고 평균 지름을 분자로 표기(예 20/10~30cm)한다.

> **기출문제**
>
> **경급구분하기**
>
> 정답┛ • 치수 : 흉고직경 6cm 미만의 임목이 50% 이상 생육하는 임분
> • 소경목 : 흉고직경 6~16cm의 임목이 50% 이상 생육하는 임분
> • 중경목 : 흉고직경 18~28cm 임목이 50% 이상 생육하는 임분
> • 대경목 : 흉고직경 30cm 이상의 임목이 50% 이상 생육하는 임분

⑨ **소밀도** : 조사면적에 대한 입목의 수관면적이 차지하는 비율을 100분율로 표시 ★기출
   ㉠ 소 : 수관밀도가 40% 이하인 임분
   ㉡ 중 : 수관밀도가 41~70%인 임분
   ㉢ 밀 : 수관밀도가 71% 이상인 임분

⑩ **입목도** : 이상적인 임분의 재적 또는 흉고단면적에 대한 실제 임분의 재적 또는 흉고단면적의 비율 ★기출
   예 실제 임분의 흉고단면적이 80인데 총 점유면적은 120이 되어야 한다면, 참조 임분에 대한 축적비율은 (80 / 120) × 100, 즉 입목도는 67%

5 산림의 기능별 구분 ★기출

(1) 목재생산림

생태적 안정을 기반으로 하여 국민경제 활동에 필요한 양질의 목재를 지속적 · 효율적으로 생산 · 공급하기 위한 산림

(2) 수원함양림

수자원 함양 기능과 수질정화 기능이 고도로 증진되는 산림

(3) 산지재해방지림

산사태, 토사유출, 대형산불, 산림병해충 등 각종 산림재해에 강한 산림

(4) 자연환경보전림

보호할 가치가 있는 산림자원이 건강하게 보전될 수 있는 산림

(5) 산림휴양림

① 다양한 휴양기능을 발휘할 수 있는 특색 있는 산림
② 종다양성이 풍부하고 경관이 다양한 산림

(6) 생활환경보전림

도시와 생활권 주변의 경관유지 등 쾌적한 생활환경을 제공하는 산림

6 벌기령과 수확조절

(1) 기준벌기령

① 일반기준벌기령

구 분	국유림	공·사유림(기업경영림)
소나무 (춘양목보호림단지)	60년 (100년)	40년(30년) (100년)
잣나무	60년	50년(40년)
리기다소나무	30년	25년(20년)
낙엽송	50년	30년(20년)
삼나무	50년	30년(30년)
편 백	60년	40년(30년)
기타 침엽수	60년	40년(30년)
참나무류	60년	25년(20년)
포플러류	3년	3년
기타 활엽수	60년	40년(20년)

② 특수용도기준벌기령 : 펄프, 갱목, 표고·영지·천마 재배, 목공예, 숯, 목초액, 섬유판 (Fiber Board), 산림바이오매스에너지의 용도로 사용하고자 할 경우에는 일반기준벌기령 중 기업경영림의 기준벌기령을 적용한다. 다만, 소나무의 경우에는 특수용도기준벌기령을 적용하지 않는다.

기출문제

소나무, 잣나무, 리기다소나무, 낙엽송의 벌기령(국유림, 공·사유림, 기업경영림)

정답▶

구 분	소나무	잣나무	리기다소나무	낙엽송
국유림	60년	60년	30년	50년
공·사유림	40년	50년	25년	30년
기업경영림	30년	40년	20년	20년

(2) 목표직경

[산림경영계획서상의 수종별 목표 직경]

(단위 : cm)

구 분	직 경	구 분	직 경
소나무	60	리기다소나무	40
잣나무	46	편 백	46
낙엽송	40	참나무류	40

(3) 수확조절 – Heyer의 벌채량 공식

$$표준벌채량 = (0.7 \times 임분의 \ 평균생장량) + \left(\frac{현실축적 - 법정축적}{갱정기} \right)$$

갱정기는 20년 적용

7 경영계획서 작성

(1) 경영계획서의 구성 요소

① 최종심의서 : 편성기간, 최종심의 연월일, 산림조사담당자, 경영계획작성자, 경영계획구경영팀장, 국유림관리소장, 지방산림청장의 서명으로 구성
② 일반현황 : 경영계획구의 전체적인 일반현황
③ 산림구획 : 경영계획구의 전체적인 산림구획사항
④ 산림현황 : 경영계획구의 전체적인 산림현황
⑤ 전차기 경영계획의 성과분석
　　㉠ 사업실적분석총괄
　　㉡ 산림자산의 변동 상황분석
　　㉢ 재정성과분석
　　㉣ 산림의 기능별 사업실적 분석
　　㉤ 노동력 수급 및 임업기계장비 운영실적 분석
　　㉥ 산림생태계 및 산지 특정 소생물권 관리분석
　　㉦ 지역사회에 대한 기여도 분석
　　㉧ 총체적인 평가

⑥ 경영목표와 경영방침

⑦ 사업계획

    ㉠ 사업계획총괄표

    ㉡ 사업별 총괄 계획

        • 조림계획

        • 육림계획

        • 임목생산계획

        • 시설계획

        • 소득사업계획

        • 기타 사업계획

    ㉢ 수확조절

⑧ 재정계획

    ㉠ 부기항목

    ㉡ 재정계획

⑨ 노동력 수급 및 임업기계화 계획

    ㉠ 노동력 수급 계획

    ㉡ 임업기계화 계획

⑩ 경영계획 실행상 유의할 사항

⑪ 작업설명서

⑫ 첨부자료

    ㉠ 사업별 세부계획

    ㉡ 경영계획부(소반별)

    ㉢ 국유림경영계획도면(축척 1/25,000)

        ※ 도면의 종류

            • 위치도(국사경계, 임소반 구분, 임상, 영급, 소밀도, 임도 등을 범례로 작성)

            • 경영계획도(조림, 육림, 임목생산, 시설, 소득사업의 정보 등)

            • 목표임상도(침엽수 활엽수 혼효림 등으로 구분 표시하고 추가 가능)

            • 산림기능도(6개의 기능으로 구분)

산림경영계획서에 포함될 사항을 3가지를 쓰시오.

[정답] 위의 12가지 중 3가지 기술

경영계획도에 표시할 사항을 쓰시오.

[정답] 조림, 육림, 임목생산, 시설, 소득사업의 정보 등

03 임업투자결정

❶ 투자효율의 측정

투자의 상대적 유리성을 판단하는 기준을 말하며, 투자효율의 결정방법으로는 다음과 같은 것이 있다.

(1) 회수기간법(시간가치 고려하지 않음)

① 사업에 착수하여 투자에 소요된 모든 비용을 회수할 때까지의 기간을 말하고, 연 단위로 표시하며, 회수기간은 다음과 같다.

$$자금회수기간 = \frac{투자액}{매년\ 현금\ 유입액}$$

② 회수기간이 기업에서 설정한 회수기간보다 짧으면 그 사업은 투자 가치가 있는 유리한 사업이라 판단한다.

(2) 투자이익률법 또는 평균이익률법(시간가치 고려하지 않음)

① 연평균순수익과 연평균투자액(감가상각비 제외)에 의해 다음과 같이 계산한다.

$$투자이익률 = \frac{연평균순수익}{연평균투자액}$$

② 투자대상의 평균이익률이 기업에서 내정한 이익률보다 높으면 그 투자안을 채택한다.

(3) 순현재가치법 또는 현가법(시간가치 고려함)

① 투자의 결과로 발생하는 현금유입을 일정한 할인율로 할인하여 얻은 현재가와 투자비용을 할인하여 얻은 현금유출의 현재가를 비교하는 방법으로 현금유입의 현재가에서 현금유출의 현재가를 뺀 것을 순현재가(NPW)라고 하는데, 계산식은 다음과 같다.

$$\text{NPW}=\sum_{t=1}^{n}\frac{R_n-C_n}{1.0P^n}$$

여기서, R_n : 연차별 현금유입(수익)

　　　　C_n : 연차별 현금유출(비용)

　　　　n : 사업연수

　　　　P : 할인율

② 현재가가 0보다 큰 투자안을 투자할 가치가 있는 것으로 평가한다.

(4) 수익·비용률법(시간가치 고려함)

① 순현재가치법의 단점을 보완하기 위하여 수익·비용률법(B/C Ratio)을 사용하는데, 이 방법은 투자비용의 현재가에 대하여 투자의 결과로 기대되는 현금유입의 현재가 비율을 나타내는데, 계산식은 다음과 같다.

$$\text{B/C율}=\frac{\displaystyle\sum_{t=1}^{n}\frac{R_n}{1.0P^n}}{\displaystyle\sum_{t=1}^{n}\frac{C_n}{1.0P^n}}$$

여기서, R_n : 연차별 현금유입(수익)

　　　　C_n : 연차별 현금유출(비용)

　　　　n : 사업연수

　　　　P : 할인율

② B/C율이 1보다 크면 투자할 가치가 있는 사업으로 평가한다.

(5) 내부투자수익률법(시간가치 고려함)

① 투자에 의해 장래에 예상되는 현금유입의 현재가와 현금유출의 현재가를 같게 하는 할인율을 말하는데, 다음 식에서 P가 바로 IRR(내부투자수익률)이다.

$$\sum_{t=1}^{n}\frac{R_n-C_n}{1.0P^n}=0$$

여기서, R_n : 연차별 현금유입(수익)

　　　　C_n : 연차별 현금유출(비용)

　　　　P : 할인율(내부투자수익률)

② 투자로 인한 IRR과 기업에서 바라는 기대수익률을 비교하여 IRR이 클 때 투자가치가 있는데, 국제금융기관에서 널리 이용한다.

내부수익률 설명하기 및 투자방식결정하기

정답 · 내부투자수익률법 : 투자에 의해 장래에 예상되는 현금유입의 현재가와 현금유출의 현재가를 같게
하는 할인율을 말하는데, 다음 공식(작성하면 좋음)에서 P가 바로 IRR(내부투자수익률)이다.
· 투자방식결정하기 : 투자로 인한 IRR과 기업에서 바라는 기대수익률을 비교하여 IRR이 클 때
투자가치가 있어 채택하고 아니면 채택하지 않고, 여러 투자 대안이 있을 때 투자로 인한 IRR
크기 순서에 의해 투자우선순위를 결정한다.

2 손익분기점의 의미

(1) CVP 분석

원가(Cost) · 조업도(Volume) · 이익(Profit)의 관계를 분석하는 한 가지 방법으로 다음과 같은
가정이 필요하다.

① 제품의 판매가격은 판매량이 변동하여도 변화되지 않는다.
② 원가는 고정비와 변동비로 구분할 수 있다.
③ 제품 한 단위당 변동비는 항상 일정하다.
④ 고정비는 생산량의 증감에 관계없이 항상 일정하다.
⑤ 생산량과 판매량은 항상 같으며, 생산과 판매에 동시성이 있다.
⑥ 제품의 생산능률은 변함이 없다.

1 산림생장의 형태에 따른 분류

(1) 총생장량

시간의 흐름에 따른 수확량의 변화로 초반에는 점증적으로 증가하는 유형을 보이다가 변곡점에서 증가세가 최대에 달하고 점차 점감적으로 증가하는 추세를 보인다.

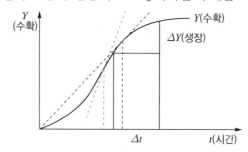

(2) 평균생장량(MAI ; Mean Annual Increment) ★기출

어느 주어진 기간 동안 매년 평균적으로 증가한 양으로 총생장량을 수령 또는 임령으로 나눈 값

(3) 연년생장량

임령이 1년 증가함에 따라 추가적으로 증가하는 양

(4) 정기평균생장량(PAI ; Periodic Annual Increment)

생장량이 나타내고자 하는 기간이 긴 경우 평균 생장량은 전체 긴 기간 동안의 생장량이 지나치게 단순하게 나타내고, 연년생장량은 반대로 지나치게 세분하여 나타내는 경향이 있다. 이러한 경우 보통 5년 또는 10년 단위로 연년생장량을 나타내기도 하는데 이를 정기평균생장량이라고 한다.

> **기출문제**
>
> 정기평균생장량 공식을 쓰고 설명하시오.
>
> [정답] 공식은 두 시점 간의 수확량 차이를 두 시점 간의 연수 차이로 나눈 값 $(Y_{t+A} - Y_t)/A$이고, 설명은 위의 설명대로 한다.

(5) 평균생장량과 연년생장량의 관계 ★기출

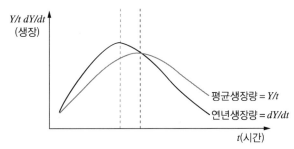

① 처음에는 연년생장량이 평균생장량보다 크다.
② 연년생장량은 평균생장량보다 빨리 극대점을 가진다.
③ 평균생장량의 극대점에서 두 성장량의 크기가 같게 된다.
④ 평균생장량이 극대점에 이르기까지는 연년성장량이 항상 평균성장량보다 크다.

2 성장률

1년 간의 성장량을 당초의 재적으로 나눈 백분율로 그 계산방법은 다음과 같다.

(1) 단리산 공식

$$P = (V-v)/(n \times v)$$

여기서, P : 성장률
  V : 현재의 재적
  v : n년 전의 재적

예 1990년의 ha당 재적이 150m³, 10년 후인 2000년의 재적이 220m³였다고 하면 단리에 의한 성장률은?

$P = (220 - 150)/(10 \times 150) = 0.047$ 또는 4.7%

(2) 복리산 공식

$$P = \left(\sqrt[n]{\frac{V}{v}} - 1 \right) \times 100$$

여기서, V : 현재의 재적
  v : n년 전의 재적

예 $V = 220\text{m}^3$, $v = 150\text{m}^3$, $n = 10$인 경우, 성장률을 계산하면?

$P = \left(\sqrt[10]{\dfrac{220}{150}} - 1\right) \times 100 = 3.9\%$ 즉, 복리산공식에 의하면 3.9%가 된다.

(3) Pressler식

$$P = \frac{V-v}{V+v} \times \frac{200}{m}$$

Pressler는 m년간의 정기평균성장량 $(V-v)/m$는 V와 v의 평균재적인 $(V+v)/2$에 대하여 몇 %에 해당하는지를 알아보기 위해 공식을 발표하였다.

(4) Schneider식

$$P = \frac{k}{nD}$$

여기서, n : 흉고직경에 있어서 중심부를 향해 수피 하 1cm에 있는 연륜 수

D : 현재의 흉고직경

k : 상수로서 일반적으로 400~(600~800)인데, 일본의 노무라(野村)에 의하면 직경 30cm 미만에 서는 550을, 직경이 그 이상일 때에는 500을 사용하면 오차가 적다고 함

기출문제

Pressler식, Schneider식 계산하기

정답 위의 4가지 식 중 Pressler식, Schneider식, 단리식, 복리식 순으로 반드시 외우고 계산 해볼 것

1 직경의 측정

(1) 직경측정기구

입목의 직경을 측정하는 데 사용되는 기구는 여러 가지가 있지만, 직경을 측정할 위치가 낮아서 직접 측정할 수 있을 때에는 윤척, 직경테이프, 빌티모아스틱, 섹터포크 및 포물선윤척 등을 사용하고, 측정할 위치가 높을 때에는 프리즘식 윤척 또는 스피겔 릴라스코프를 사용한다.

① 윤척(Caliper) : 자(Graduated Scale)에 2개의 다리(Arm)가 수직으로 붙어 있는데, 1개의 다리는 고정되어 있어 이것을 고정각(Fixed Arm)이라 하고, 나머지 것은 자 위를 움직일 수 있도록 만들어져 유동각(Mobile Arm)이라 한다.

   ㉠ 휴대가 편하고 사용이 간단하다.

   ㉡ 미숙한 사람도 쉽게 사용할 수 있다.

   ㉢ 윤척은 사용 전에 반드시 조정이 필요하다.

   ㉣ 직경의 크기에 제한을 받는다. 즉, 나무의 반경이 윤척 다리의 길이보다 짧아야 한다.

기출문제

윤척을 이용해 입목 직경 측정 시 주의할 사항 3가지를 쓰시오.

정답 • 정확히 높이 1.2m 지점(흉고)에 괄약(2cm 간격, 6cm 이하는 측정 안함)으로 측정
   • 정밀을 요구할 때는 장경과 단경을 측정하여 평균하여야 하나, 일반적으로 임의의 방향을 한번 측정
   • 수간이 흉고 이하에서 분기되었을 때 각각 측정하는데, 과대치를 가져오므로 약간 위에서 측정
   • 흉고부위가 결함이 있을 때 흉고에서 아래 위로 동일한 최단거리에서 직경을 측정하여 평균

---

② 직경테이프(Diameter Tape, Girth Tape) : 나무의 둘레를 측정하여 직접 직경을 구할 수 있도록 만들어진 것으로서, 영국 또는 프랑스에서는 Girth Tape라 불리고 있다.

③ 빌티모아스틱(Biltimore Stick) : 길이 30cm 정도의 자(Straight Rule)로 이것을 눈에서 일정한 거리(예 50cm)만큼 떨어진 임목에 그 임목의 직경과 평행하게 대고 눈에서 수간의 한쪽 끝과 다른 한쪽 끝을 연결하는 선을 그었을 때, 두 선이 자와 교차되는 곳의 길이로 그 나무의 직경을 측정할 수 있도록 눈금을 넣은 것이다.

④ 섹터포크(Sector Fork) : 한 손으로 섹터포크를 잡아 입목에 대고 나무를 볼 때 그 접선이 자를 가리키는 곳을 읽으면 직경을 얻을 수 있다.

⑤ 포물선윤척(Finish Parabolic Caliper) : 오른손으로 포물선윤척을 나무에 대고 평행선이 가리키는 자눈을 읽으면 직경을 얻을 수 있도록 만든 것이다.

⑥ 프리즘(Prism)식 윤척 : 직경의 측정 부위가 높을 때에는 사다리를 놓고 올라가 측정할 수도 있지만, 대단히 불편하다. 이와 같은 경우에는 프리즘을 이용한 윤척을 사용하며, 이때 사용되는 프리즘을 펜타프리즘(Pentaprism)이라고 한다.

⑦ 스피겔 릴라스코프(Spiegel Relascope) : 눈금을 보면 왼쪽부터 흑백의 동일건의 종선이 있는데, 넓은 것이 단위건이고 좁은 것은 단위의 1/4건이다.

(2) 수피후측정

직경은 수피를 생각해서 수피까지 합한 직경과 수피를 제외한 목질부만의 직경으로 나누어 생각할 수 있는데, 전자를 수피외직경(DOB ; Diameter Outside Bark), 후자를 수피내직경(DIB ; Diameter Inside Bark)이라 한다.

기출문제

수피내 직경 계산하기

정답 ┛ 수피내직경 = 수피외직경 - (2 × 수피 두께)

---

2 수고의 측정

(1) 측고의 종류와 사용법

① 상사삼각형을 응용한 측고기

　㉠ 와이제측고기(Weise Hypsometer) : 금속제 원통에 시준장치가 있고 원통에 붙어 있는 자는 톱니모양으로 되어있다.

　㉡ 아소스측고기(Aos's Hypsometer) : 와이제측고기는 반드시 수평거리를 측정해야 하므로 수평거리를 측정하기 곤란한 산지에서는 사용이 불편하지만, 아소스측고기는 사거리를 측정하여 한 번의 측정으로 나무의 높이를 구할 수 있는 것이 장점이다.

　㉢ 크리스튼측고기(Christen Hypsometer) ★기출 : 대단히 간편한 기구의 하나이다. 20cm 또는 30cm 되는 금속 또는 목재로 된 봉에 불규칙한 값을 표시한 것으로, 이것을 사용할 때에는 일정한 길이(예를 들면, 2m 또는 3m)의 폴과 함께 사용한다.

② 메리트측고기(Merritt Hypsometer) : 미국에서 사용되는 것으로, 조제(Crude)된 것이지만 대단히 간단하기 때문에 많이 사용된다. 빌티모아스틱(Biltimore Stick)의 타변에 눈금을 매겨 두면 대단히 편리하다. 메리트측고기를 눈에서 일정한 거리만큼 떨어진 곳에 수직으로 세우고 나무에서 일정한 거리, 예를 들면 66feet(1 Chain) 또는 20m 떨어진 곳에서 수고를 측정하게 만든 것이다.

⑩ 간편법 : 임업에 있어서 때로는 나무 높이를 측고기 없이 추정해야 할 경우가 있다. 이와 같은 경우에는 목측을 하게 되는데, 정확성을 기하기 위하여 다음과 같은 방법에 의한다.
  • 이등변삼각형을 응용하는 방법
  • Demeritt법

② 삼각법을 응용한 측고기

㉠ 트랜싯(Transit) : 측량에 사용되고 있는 트랜싯을 사용하여 입목의 높이를 측정하는 것으로, 널리 사용되고 있지 않지만 정확한 값을 구할 수 있으므로 때때로 사용되며, 계산할 때 탄젠트(Tangent)를 사용한다.

㉡ 아브네이레블(Abney Hand Level) : 수고를 측정하는 데 있어서 가장 편리하고 많이 사용된다. 휴대하기에 간편하고 그 구조도 간단하며 비교적 좋은 결과를 준다.

㉢ 미국 임야청측고기 : 미국 임야청(U.S. Forest Service)에서 많이 사용되고 있는 측고기로 원리는 아브네이레블과 같다.

㉣ 카드보드측고기(Cardboard Hypsometer) : 카드보드측고기의 원리는 아브네이레블과 같은 것이다.

㉤ 하가측고기 : 아브네이레블을 사용할 때에는 수평거리에 따라 환산하였지만 하가측고기는 회전나사를 돌려 측정하고자하는 수평거리에 맞추어 측정하면 된다.

㉥ 블루메라이스측고기(Blume Leiss Hypsometer) : 하가측고기와 비슷한 것으로서, 측고기 뒷면에 경사각에 따른 보정치가 경사도에 따라 주어져 있으므로 경사각에 따라 수정이 가능하며, 측정기(Range Finder)가 기계에 고정되어 있다.

㉦ 스피겔릴라스코프(Spiegel Relascope) : 직경측정 시 사용한 것과 같은 것으로서, 수평거리 15m, 20m에서 수고를 측정할 수 있는 눈금이다.

㉧ 순토측고기 : 순토측고기는 왼쪽 눈금 및 오른쪽 눈금이 각각 20m 및 15m에서 측정할 때에 사용된다. 수평거리는 블루메라이스측고기에 사용한 목표판을 사용하여 측정할 수 있다.

㉨ 덴드로미터(Dendrometer) : 일본에서 만든 것으로서, 블루메라이스측고기와 그 구조 및 사용법이 비슷하며, 수고 측정은 물론 방위각까지도 측정이 가능하다.

③ 거리측정법을 응용한 측고기 : 거리측정방법을 이용한 거리측정 장치이다. 시공·초점·테이프잡이 및 테이프표시기(눈금) 등으로 구성되어 있으며, 이것을 사용하여 거리를 측정할 때에는 시공으로 나무를 보면서 상이 하나가 되도록 테이프잡이를 돌려 주면 된다. 즉, 상이 하나가 될 때 테이프표시기를 읽으면 거리가 얻어진다. 이 원리를 이용하여 수고를 측정한다.

기출문제

삼각법을 이용한 측고기 3가지를 쓰시오.

정답 ┌ • 아브네이레블 : 수고를 측정하는 데 있어서 가장 편리하고, 또한 많이 사용되는 것은 아브네이레블이다. 이것은 휴대하기에 간편하고, 그 구조도 간단하며 비교적 좋은 결과를 준다.
• 하가 측고기 : 아브네이 핸드레블을 개량한 것으로 15m, 20m, 30m 떨어진 위치에서 수고를 측정하며, %를 나타낼 수 있는 눈금도 있어 어느 위치에서나 측정이 가능하다.
• 그 외 트랜싯, 순또측고기, 미국임야청 측고기, 덴드로미터, 카드보드측고기, 블루메라이스측고기, 스피겔릴라스코프가 있다.

(2) 측고기 사용 시 주의사항

① 측정위치는 측정하고자 하는 나무의 정단과 밑이 잘 보이는 지점을 선정해야 한다. 밑이 잘 안 보일 때에는 잘 보이는 데까지 측정한 후, 그 점에서 지상까지의 거리를 측정하여 가산한다.
② 측정위치가 가까우면 오차가 생기므로 수고를 목측하여 나무의 높이만큼 떨어진 곳에서 측정하면 좋은 결과를 얻을 수 있다.
③ 경사진 곳에서 측정할 때에는 오차가 생기기 쉬우므로 여러 방향에서 측정하여 평균해야 한다. 가능하면 등고위치에서 측정한다.

기출문제

수고 측정 시 주의사항을 서술하시오.

정답 ┌ • 초두부와 근원부가 잘 보이는 위치에서 측정
• 경사진 곳은 가능하면 등고위치에서 측정
• 수고를 목측하여 그 만큼 떨어진 곳에서 측정
• 수평거리를 취할 수 없을시에는 수평거리로 환산한 지점에서 수고 측정

(3) 임분의 수고측정

임분의 수고는 평균수고로 나타낸다. 임분의 평균수고는 임분흉고단면적을 구하고 그 평균단면적을 갖는 나무의 수고로 정하게 되며, 직경 대 수고곡선으로 추정하고 있다. 대체로 높은 수고를 갖는 수고의 평균치로 나타내는 경우도 있으며, 이때 측정해야 할 본수는 다음과 같이 계산된다.

$$n = 5 + \frac{R^2}{30}$$

여기서, R : 높은 수고의 범위

예를들어 어떤 임분에서 높은 수고의 범위가 70m에서 90m까지이면 $R = 90 - 70 = 20$m이다. 따라서, 위 식에 대입하여 18본의 수고를 측정해야 한다.

(4) 수고곡선

① 수고곡선을 그리고자 할 때에는 여러 가지 인자를 고려하여 적합한 형으로 그리게 되는데, 먼저 가로축에 흉고직경을, 세로축에 수고를 잡아 해당 위치에 점을 Plot한 다음 Plot된 각 점들을 연결하면 Z자형의 굽은 선이 되므로 이것을 평활한 곡선으로 연결하여 준다.

② 자유곡선법으로 수고곡선을 그리는 데 있어서 기본적인 중요 사항 ★기출

  ㉠ 곡선에서 Plot까지의 편차를 Plot이 곡선 위에 있으면 +, Plot이 곡선 밑에 있으면 −로 할 때에는 $\sum(+) = \sum|-|$, 즉 $(\sum +) + (\sum -)$이 되어야 한다.

  ㉡ 편차의 부호를 고려하지 않고 합했을 때 그 값이 최소가 되게 한다. 자유곡선법에서는 이 조건을 만족시키기는 매우 어렵다. 그러나 최소자승법에서는 편차의 자승이 최소가 되게 한다.

  ㉢ 이론적인 형과 같아져야 한다.

3 벌채목의 재적 측정방법

(1) Huber식 ★기출

① 중앙단면적식 또는 중앙직경식이라 한다.

$$V = r \cdot l$$

여기서, V : 통나무의 재적

r : 중앙단면적(m^2) $= g_{1/2}$

l : 재장(m)

② 체적공식과 비교하여 원추에 있어서는 $\frac{1}{3}r \cdot l$, 나일로이드에 있어서는 $r \cdot l$의 과소치를 주고 있으나, 수간의 대부분은 포물선체와 원주에 가까운 형상을 하고 있으므로 위 식은 비교적 널리 사용되며, 측정과 계산이 다른 구적식에 비하여 간편하다.

③ 장재에 있어서는 오차가 커지므로 주의를 요한다.

(2) Smalian식 ★기출

$$V = \frac{g_o + g_n}{2} \times l$$

여기서, g_o : 원구단면적(m^2)

g_n : 말구단면적(m^2)

평균양단면적식이라고도 하는데 Smalian식에 의하여 구한 값은 체적공식에서 얻은 값과 비교할 때 원추에 있어서는 $\frac{1}{6}_{gol}$, 나일로이드에 있어서는 $\frac{1}{4}_{gol}$ 의 과대치를 준다.

(3) Newton식

$$V = \frac{g_o + 4g_{1/2} + g_n}{6} \times l$$

여기서, g_o : 원구단면적(m^2)

g_n : 말구단면적(m^2)

$g_{1/2}$: 중앙단면적(m^2)

Newton식은 수학상으로는 Newton이라는 사람이 만든 것이지만 Riecke(1849)가 측수학에 응용하였기 때문에 Riecke의 공식이라 하기도 한다.

(4) 5분주식

$$V = \left(\frac{U}{5}\right)^2 \times 2l$$

여기서, U : 중앙위치의 둘레

① 프랑스에서 일반적으로 사용되는 식으로서, Huber식의 약 1.0053배의 과대치를 주고 있으며 중앙단면이 원이 아닐 때의 오차는 더 커진다.

② Huber식이 과소치를 주기 때문에 5분주식이 더 좋은 결과를 준다는 설도 있다.

(5) 4분주식

① 영국에서 사용되고 있는 구적식으로서, Hoppus법이라고도 한다. 중앙 주위를 U라 하면 재적은 다음과 같은 식으로 구할 수 있다.

$$V = \left(\frac{U}{4}\right)^2 \times l$$

② 입방피트 재적을 얻으려면 중앙 주위를 inch, 길이를 feet로 측정하여 대입하면 되지만, 이때에는 144로 나누어야 한다.

③ Huber식에 비해 21.5%의 과소치를 주므로 144로 나누는 대신, 113으로 나누어 주는 것이 오차가 적어진다. 이와 같이 측정하는 것을 슈퍼피셜호프스 측정이라 한다. 이식은 말레이시아와 뉴질랜드 등지에서 이용되고 있다.

(6) 말구직경자승법 ★기출

① 말구직경의 자승에 재장을 곱한 것으로서, 재장이 짧을 때에는 과대치를, 재장이 길 때에는 과소치를 가져온다.

$$V = d_n{}^2 \times l$$

② 우리나라에서 통나무의 재적을 구하는 데 있어서는 말구직경자승법을 이용하며, 이때 말구직경은 말구에서 평균직경을 cm단위로 측정하고 길이는 0.1m단위로 측정한다.

③ 우리나라에서 말구직경자승법을 적용하여 재적을 구할 때는 다음과 같이 한다.

ㄱ 국산재인 경우
  • 재장이 6m 미만인 것

$$V = d_n{}^2 \times l \times \frac{1}{10,000}(\text{m}^3) \ \ \text{또는} \ \ V = d_n{}^2 \times l \times \frac{1}{10}(\text{dm}^3)$$

• 재장이 6m 이상인 것

$$V=\left(d_n+\frac{C'-4}{2}\right)^2\times l\times\frac{1}{10,000}(\mathrm{m}^3) \text{ 또는 } V=\left(d_n+\frac{C'-4}{2}\right)^2\times l\times\frac{1}{10}(\mathrm{dm}^3)$$

여기서, C' : 통나무의 길이로 m 단위의 수(예 재장이 8.5m이면 C'는 8m)

ⓛ 수입재인 경우

$$V=d_n{}^2\times\frac{\pi}{4}\times l\times\frac{1}{10,000}(\mathrm{m}^3) \text{ 또는 } V=d_n{}^2\times\frac{\pi}{4}\times l\times\frac{1}{10}(\mathrm{dm}^3)$$

(7) Brereton식 ★기출

① Brereton식은 미국·인도네시아 및 필리핀 등지에서 사용되는 공식으로서, 양단평균직경을 갖는 원주로 계산하는 식이다.

② 직경을 cm, 길이를 m로 측정할 경우 : m^3 재적으로 구한다.

$$V=\left(\frac{d_o+d_n}{2}\right)^2\times\frac{\pi}{4}\times l\times\frac{1}{10,000}(\mathrm{m}^3)$$

③ 직경은 inch, 길이를 feet로 측정할 경우 : cu.ft. 및 b.f. 재적으로 구한다.

$$V=\left(\frac{d_o+d_n}{2}\right)^2\times\frac{\pi}{4}\times l\times\frac{1}{144}(\mathrm{cu.ft.}) \text{ 또는 } V=\left(\frac{d_o+d_n}{2}\right)^2\times\frac{\pi}{4}\times l\times\frac{1}{12}(\mathrm{b.f.})$$

4 입목의 재적 측정방법

(1) 형수법

① 형수의 의미 : 입목의 재적과 원주의 체적과의 사이에도 어떠한 관계가 성립됨을 생각할 수 있다. 즉, 수간의 직경 및 높이가 같은 원주를 상상하여 수간재적과 원주체적의 비를 구할 수 있으며, 여기에서 얻어지는 비를 형수라 한다. 즉, 형수 = 수간재적/원주체적이 된다. 이때 원주를 비교원주 또는 기초원주라 하고 형수를 f로 표시한다. 단면적을 g라 하면 원주의 체적은 gh가 되므로 형수는 다음과 같이 표시한다.

$$V=ghf,\ f=\frac{V}{gh}$$

따라서 f가 결정되면 수간재적은 원주체적에 f를 곱해 구할 수 있다.

② 직경의 측정위치에 따른 형수의 종류 ★기출
  ㉠ 정형수 : 비교원주의 직경을 수고의 $1/n$(일반적으로 1/20) 되는 곳의 직경과 같게 정한 경우
  ㉡ 절대형수 : 비교원주의 직경위치를 최하부에 정하는 것
  ㉢ 부정형수(흉고형수) : 일반적으로 흉고형수를 결정할 때에는 수고의 대소에도 불구하고 비교원주의 직경위치를 항상 1.2m 되는 곳에 정하기 때문에 형상이 같더라도 수고가 달라지면 형수가 달라질 수 있어 이러한 흉고형수를 부정형수라 한다.
  ㉣ 흉고형수를 좌우하는 인자는 대단히 많은데 그것을 설명하면 다음과 같다.
   • 수종과 품종 : 수종 또는 품종에 따라서 수간의 형상과 성장이 상이하므로 형수에도 차이가 있다.
   • 생육구역 : 기후·토질 등으로 인하여 지역별로 수형 또는 성장이 변화하여 형수에 영향을 미친다.
   • 지위 : 지위는 양호할수록 형수가 작다.
   • 수관밀도 : 수관밀도는 빽빽할수록 형수가 크다고 하며, 또한 수관의 성장이 좋은 것이 형수가 크다고도 하는데 확실하지는 않다.
   • 지하고와 수관의 양 : 동일 수종의 나무에 있어서도 지하고가 높고 수관의 양이 적은 나무가 형수가 크다.
   • 수고 : 수고가 작은 나무일수록 형수는 크다.
   • 흉고직경 : 흉고직경이 작아질수록 형수는 커진다.
   • 연령 : 동일한 수종이라도 연령이 상이하면 연령이 많아질수록 형수는 커지나, 그 차이는 대단히 작다.

   기출문제

   > 흉고형수에 영향을 미치는 인자를 쓰시오.
   >
   > [정답] 수종과 품종, 생육구역, 지위, 수관밀도, 지하고와 수관의 양, 수고, 흉고직경, 연령

③ 재적의 종류에 따른 분류 ★기출
  ㉠ 수간형수 : 수간만을 생각하여 만든 형수
  ㉡ 지조형수 : 지조만을 생각하여 만든 형수
  ㉢ 근주형수 : 근주만을 생각하여 만든 형수
  ㉣ 수목형수 : 수간·근주·지조 모두를 포함시켜 구하는 형수

④ 구성에 따른 분류

　　㉠ 단목형수 : 연령 또는 그 밖의 조건을 고려하지 않고 크기와 형상이 비슷한 나무의 형수를 평균한 것

　　㉡ 임분형수 : 임목의 집단인 임분의 총재적을 그 임분의 흉고단면적합계와 평균수고를 곱한 값으로 나눈 값

예상문제

형수법에 의한 형수의 분류

정답 　• 직경측정 위치에 따른 분류 : 정형수, 흉고형수, 절대형수
　　　　• 재적의 종류에 따른 분류 : 수간형수, 지조형수, 근주형수, 수목형수
　　　　• 구성에 따른 분류 : 단목형수, 임분형수

---

(2) 흉고형수 결정법

① 벌채목인 경우에는 구분구적법 또는 측용기를 사용하여 재적을 정확히 측정한 다음 흉고직경과 수고를 측정하여 계산하면 구할 수 있다. 입목인 경우에는 어느 방법이든지 좋은 결과를 주지 못하므로 벌채목에 대하여 공식을 계산하여 형수표를 만들고 이 표에서 적합한 형수를 구하여 사용하는 것이 가장 좋은 방법이다.

② 형수표는 일반적으로 흉고직경과 수고와의 함수로 표시하는 방법이 많이 통용되고 있다.

③ 형수의 값은 대체로 0.4~0.6이며, 0.45~0.55의 것이 가장 많다.

④ 형수법에 의하여 재적을 계산할 때에는 $V = ghf$ 이므로 형수만을 표시하는 것보다 hf 를 표시하면 계산하기에 더 편리하다. 여기서, hf 를 형상고라 하고, 표를 형상고표라 한다.

기출문제

형수법으로 흉고형수, 재적, 수고를 계산하시오.

정답 　$V = ghf = \dfrac{\pi}{4} d^2 \times h \times f$

　　　여기서, g : 단면적
　　　　　　　d : 흉고직경
　　　　　　　h : 수고
　　　　　　　f : 형수
　　　이 식을 기본으로 답변을 해낼 수 있다.

---

(3) 약산법

① 망고법

$$V = \frac{2}{3}g\left(H + \frac{m}{2}\right)$$

여기서, $g : \frac{\pi}{4}D^2$

D : 흉고직경

H : 망고

m : 흉고

㉠ Pressler의 망고법은 재적을 간단히 계산하기에 좋은 방법이다.

㉡ 망고는 대체로 60~80%로 70% 전후의 것이 가장 많다.

② Denzin식(자승법)

$$V = \frac{D^2}{1,000}$$

여기서, D : 흉고직경

예상문제

평균흉고직경이 20cm 일때 자승법으로 입목재적을 계산하시오.

정답 재적 = $20^2/1,000 = 0.4m^3$

(4) 목측법

기계류를 사용하지 않고 입목을 보아 재적을 측정하는 방법

(5) 입목재적표에 의한 방법

재적표를 사용하는 데 필요한 요소를 측정하여 재적표에서 직접 입목의 재적을 구하는 방법

5 연령의 측정

(1) 단목의 연령을 측정하는 방법

① 기록에 의한 방법

② 목측법에 의한 방법

③ 지절에 의한 방법 : 가지가 윤상으로 자라는 수종에 있어서는 가지를 이용하여 임령을 추정할 수 있다. 대표적 수종은 소나무, 잣나무이다.

④ 성장추에 의한 방법

　　㉠ 벌채목은 원판에서 직접 연륜을 세어 연령을 측정할 수 있으나, 입목일 경우에는 성장추를 사용해 목편을 빼내어 목편에 나타난 연령수를 세어서 임령을 측정하는 방법을 적용한다.

　　㉡ 목편을 빼낼 때에는 간축과 직교하는 방향으로 해야 한다. 송곳을 삽입할 때에는 반드시 송곳이 입목의 중심부를 통과하도록 한다. Pressler는 목편 1cm에 들어 있는 연륜수와 입목의 반경을 측정하여 비례식으로 연륜수를 추정하였는데, 이 방법은 입목이 매년 동일한 성장을 했다고 가정했을 때에만 적용된다.

> **기출문제**
>
> 단목의 연령 측정방법 4가지를 쓰시오.
>
> **정답┛** 기록에 의한 방법, 목측법에 의한 방법, 지절에 의한 방법, 성장추(생장추)에 의한 방법

(2) 전체 임분의 연령을 측정하는 방법

① 동령림 : 동령림은 각 임목의 연령이 동일하거나 또는 거의 동일한 임분을 말하는데, 인공조림지가 여기에 속한다. 따라서, 인공조림지는 같은 연령인 수목의 임목에 대해서 측정하여 평균치를 사용하면 된다.

② 이령림 : 이령림이란 여러 가지 임령을 가지는 임목으로 구성된 임분을 말한다. 이와 같은 임분의 연령을 구하고자 할 때에는 그 평균령을 구하여 이령림의 연령으로 하는데, 평균령이란 그 임분이 가지는 재적과 같은 재적을 가지는 동령림의 임령을 말한다. 즉, 이령림의 재적을 조사한 결과가 $500m^3$였다고 하면 같은 면적의 동령림에서 $500m^3$의 재적을 얻을 수 있는 임령은 얼마나 될 것인가를 구하면 된다. 만일, 50년이 소요된다고 하면 이령림의 임령은 50년이라 측정된다.

③ 이령림의 연령측정방법

　㉠ 본수령 : 각 연령을 가지는 임목본수의 산술평균에 의하여 산출한 것으로, Guttenberg에 의하여 만들어졌다.

$$A = \frac{n_1 a_1 + n_2 a_2 + \cdots + n_n a_n}{n_1 + n_2 + \cdots + n_n}$$

여기서, A : 평균령
　　　　n : 영급의 본수
　　　　a : 영급

　㉡ 재적령 : 재적령에는 다음과 같은 2가지 식이 사용된다.

　　• Smalian식

$$A = \frac{V_1 + V_2 + \cdots + V_n}{\dfrac{V_1}{a_1} + \dfrac{V_2}{a_2} + \cdots + \dfrac{V_n}{a_n}}$$

여기서, V : 각 영급의 재적
　　　　a : 영급

　　• Block식

$$A = \frac{V_1 a_1 + V_2 a_2 + \cdots + V_n a_n}{V_1 + V_2 + \cdots + V_n}$$

　㉢ 면적령 : 면적령에는 다음과 같은 식이 사용된다.

$$A = \frac{f_1 a_1 + f_2 a_2 + \cdots + f_n a_n}{f_1 + f_2 + \cdots + f_n}$$

여기서, f : 면적

　㉣ 표본목령 : 임분에서 표본목을 선정한 다음 표본목의 연령을 측정하여 이것을 평균한 것으로서, 다음과 같은 식이 사용된다.

$$A = \frac{a_1 + a_2 + \cdots + a_n}{m}$$

여기서, m : 표본목본수

이령림의 연령 측정방법 4가지를 쓰시오.

[정답] 본수령, 재적령, 면적령, 표본목령

이령림의 본수령을 계산하시오.

임 령	5	6	7	8	9	10	11
임목본수	50	40	30	60	40	50	30

[정답]
- 이령림의 평균임령(본수령) = $A = \dfrac{n_1 a_1 + n_2 a_2 + \cdots + n_n a_n}{n_1 + n_2 + \cdots + n_n}$

$$\frac{(5 \times 50) + (6 \times 40) + (7 \times 30) + (8 \times 60) + (9 \times 40) + (10 \times 50) + (11 \times 30)}{50 + 40 + 30 + 60 + 40 + 50 + 30} = \frac{2,370}{300} = 7.9$$

- 평균임령 = 8년

이령임분에서 면적령으로 평균임령을 구하는 방법을 쓰시오.

[정답]
면적령 = $A = \dfrac{f_1 a_1 + f_2 a_2 + \cdots + f_n a_n}{f_1 + f_2 + \cdots + f_n}$

여기서, A : 평균임령

a : 영급

f : 면적

ⓒ 이와 같이 평균임령을 산출하지만 실제로 추정하는 데 응용하기에는 여러 가지 난점이 있다. 따라서 일반적으로는 다음과 같이 분모에는 임분 내의 임령의 범위를, 분자에는 추정의 임령을 표시하는 방법을 사용하고 있다.

$$\frac{35}{20{\sim}40} \text{ 또는 } \frac{40}{10{\sim}80}$$

(3) 수간석해(Stem Analysis)

① **원판의 측정** : 원판에서 여러 가지를 측정하기 전에 측정할 단면을 대패(Wood-planer) 또는 칼로 깎는다. 먼저, 0.2m 되는 곳의 원판에서 연륜수를 세고 그 나무가 0.2m까지 성장하는 데 소요된 연수를 가산하여 그 나무의 연령으로 한다. 예를 들어, 0.2m 높이의 원판의 연륜수가 34이고, 0.2m 성장하는 데 2년이 소요되었다고 하면, 이 나무의 연령은 34 + 2 = 36, 즉 36년이 된다. 이와 같이 하면 0.2m 되는 곳의 원판에서 수피 바로 안에 있는 연륜은 36년생이 되고, 그 안에 있는 연륜은 35년생이 된다.

② 수간석해도의 작성 : 반경의 측정이 끝나면 수간석해도를 그리는데 방안지를 사용하면 편리하다. 그릴 때에는 먼저 가로선을 긋고 가로선의 중심선에서 가로선과 수직으로 세로선을 긋는다. 그어진 세로선은 간축(Stem Axis)이 되며, 여기에 수고를 표시하고 가로선에는 반경을 표시하는데, 반경의 축척은 1/1~1/2, 수고의 축척은 1/10~1/20로 하면 편리하다(세로선은 수고의 크기에 따라 적합한 크기의 축척으로 결정지을 것임). 각 선의 축척이 결정되면 얻은 결과를 기록하게 된다. 즉, 원판의 단면높이를 잡은 다음 가로선을 긋고, 가로선에 세로선을 중심으로 좌우에 반경측정치를 표시한 다음 각 연령대로 연결하면 된다. 각 영급에 대한 수고의 결정은 다음과 같은 방법에 의한다.

㉠ 수고곡선법 : 각 단면에 나타난 연륜수를 임령에서 빼면 그 단면을 채취한 높이에 이르기까지 성장하는 데 소요된 연수가 얻어진다. 즉, 0.2m 단면의 연륜수가 34이고 임령이 36년이라면 0.2m 성장하는 데 소요된 연수는 2년이고, 1.2m 단면의 연륜수가 29이면 1.2m 성장하는 데 36 − 29 = 7, 즉 7년이 소요된 것이 된다. 이와 같이 성장에 요한 연수를 구한 다음, 가로축에 연수, 세로 축에 수고를 잡아 그래프로 그려 5년, 10년에 대한 수고를 읽어 각 영급에 대한 수고를 하는 방법으로 예를 들면 다음과 같다.

[각 단면고와 연륜수]

단면번호	단면고 (m)	연륜수	단면고 도달연수(년)	단면번호	단면고 (m)	연륜수	단면고 도달연수(년)
0	0.2	34	2	4	7.2	17	19
1	1.2	29	7	5	9.2	13	23
2	3.2	24	12	6	11.2	8	28
3	5.2	21	21	7	12.2	3	33

각 단면고와 단면의 연륜수가 위의 표와 같다고 할 때, 이것으로 가로축에 연륜수를, 세로측에 수고를 잡고 각 점을 연결하면 다음 그림과 같은 수고곡선이 얻어지고 5년, 10년에 대한 수고를 읽으면 각 영급에 대한 수고를 결정할 수 있다. 이와 같은 방법을 수고곡선법에 의한 방법이라고 한다.

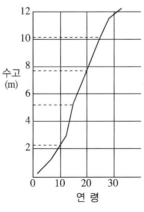

[수고곡선의 예]

ⓒ 직선연장법 : 석해도에서 어떤 영급의 최후 단면의 값과 그 바로 앞의 단면의 값을 연결한 직선을 그대로 연장하여 간축과 만나게 한 교점을 영급의 수고로 하는 방법이며, 이때 그 연장선이 다음 단면고보다 높아지는 경우에는 위로 올라가지 않도록 단면고와 연결한다.

ⓒ 평행선법 : 석해도에서 밖에 있는 영급의 선과 평행선을 그어 간축과 만나는 점을 그 영급의 수고로 하는 방법이다. 0.2m 이하 땅까지는 현장에서 지상 0.0m 되는 곳의 DOB (수피부직경)을 측정하여 이것을 기입하고, 0.2m 단면의 DOB와 연결한 후 각 영급의 것은 이 선과 평행선을 그어 결정한다. 0.0m 되는 곳의 DOB를 측정하지 않았을 때에는 0.2m 단면과 1.2m 단면을 연결한 선을 연장하여 결정한다.

> **기출문제**
>
> 수간석해에서 수고 결정 방법인 직선연장법과 평행선법을 설명하시오.
>
> 정답 ┃ • 직선연장법 : 수간석해도에서 어떤 영급의 최후 단면의 값과 그 바로 앞의 단면의 값을 연결한 직선을 그대로 연장하여 간축과 만나게 한 교점을 영급의 수고로 하는 방법
> • 평행선법 : 수간석해도에서 밖에 있는 영급의 선과 평행선을 그어 간축과 만나는 점을 그 영급의 수고로 하는 방법

6 임분재적측정

(1) 임분재적측정 종류

① 전림법 : 전임목을 한 나무도 남기지 않고 조사 측정하여 임분재적을 측정하는 방법

ⓒ 매목조사법 : 일반적으로 재적을 측정하는 경우와 직경만을 측정하는 경우 두 가지가 있다.

ⓒ 매목목측법 : 각각의 임목에 대하여 일일이 목측에 의하여 재적을 측정하는 방법

ⓒ 재적표를 이용하는 방법 : 직경 및 수고 등을 직접 측정하거나 목측한 다음 그 결과로 재적을 산출할 때 입목재적표를 이용하는 방법

ⓒ 항공사진을 이용하는 방법

ⓒ 수확표를 이용하는 방법 : 수확표는 5년 간격으로 만들어지는데, 임분의 임령과 지위 또는 지위지수를 결정하면 수확표에서 쉽게 임분재적을 구할 수 있다.

② 표본조사법 : 표본점을 추출하고 이것을 측정하여 전임분을 추정하는 방법으로, 표본점의 추출방법은 다음과 같음

ㅡ 임의 추출법 : 표본을 추출하려는 모집단인 임분을 표본단위와 같은 크기로 구분한 리스트 에서 임의로 표본을 추출하는 방법

ㄴ 계통적 추출법 : 추출대상에 대해 일정한 계통을 정해놓고 표본을 추출하는 방법

ㄷ 층화 추출법 : 먼저 임분을 몇 개로 나누어(층화) 표본을 추출하는 방법

ㄹ 부차 추출법 : 모집단을 여러 개의 집락으로 나누고, 그 중에서 몇 개를 추출한 후, 추출된 집락에서 다시 표본점을 추출하여 조사하는 방법

ㅁ 이중 추출법 : 항공사진과 지상조사를 병행하여 조사하는 방법

③ **목측법** : 시간과 경비를 절약하기 위하여 목측하는 것으로 개략의 값을 얻고자 할 때 매우 중요한 간접적 추정방법

(2) 표준목법

임분의 재적을 추정하기 위하여 표준목(평균목, Average Tree)을 선정하게 된다. 표준목이란 임분재적을 총 본수로 나눈 평균재적을 가지는 나무를 말하는데, 미지의 임분재적을 추정할 때 그 평균재적을 가지는 나무를 선정해야 하는 모순이 있다.

① **표준목 인자를 결정하는 방법**

ㅡ 흉고직경의 결정

• 흉고단면적법(Sample Tree By Basal Area) : 매목조사의 결과에서 얻은 직경으로 흉고단면적을 계산한 다음 그 평균을 표준목의 흉고단면적으로 하는 방법이다.

$$\overline{G} = \frac{\sum G}{n}$$

여기서, $\overline{G}$: 표준목의 평균흉고단면적

n : 임목본수

G : 임목의 흉고단면적

표준목의 흉고단면적이 얻어지면 흉고직경을 구하게 되는데, 표준목의 흉고직경($\overline{d}$)은 다음과 같다.

$$\overline{d} = \sqrt{\frac{4}{\pi} \cdot \overline{G}} = 1.1284\sqrt{\overline{G}}$$

- 산술평균직경법 : 매목조사에서 얻은 직경의 합계를 구하여 이것을 임목본수로 나눈 값을 표준목의 흉고직경으로 하는 방법이다.

$$\bar{d} = \frac{\sum d}{n}$$

여기서, $\bar{d}$: 표준목의 흉고직경
      n : 임목본수
      d : 임목의 흉고직경

우리나라에서는 대부분 산술평균직경법에 의하여 표준목의 흉고직경을 구하고 있다.
- Weise법 : 임목을 직경이 작은 것부터 나열하였을 때, 작은 것에서부터 60%에 해당하는 위치에 있는 임목의 직경이 표준목의 직경이 된다.

ⓛ 수고의 결정 : 흉고직경의 결정방법에 의하여 결정된 흉고직경을 가지는 임목을 임분에서 찾아 이 나무의 수고를 측정하여 표준목의 수고를 정하게 된다. 결정된 나무가 2본 이상일 경우에는 그 평균수고를 표준목의 수고로 한다. 넓은 구역에서 흉고직경의 결정에서 구해진 것과 같은 흉고직경을 가지는 나무를 찾기 위해서는 다시 매목조사를 실시해야 되는데, 시간과 경비가 많이 소요되므로 수고를 결정하는 데 있어서는 수고곡선법에 의하는 것이 가장 좋은 방법이라 하겠다.

ⓒ 흉고형수의 결정 : 표준목의 재적을 계산하기 위하여 흉고형수를 이용하는 경우도 있다. 각 직경 급마다 평균적인 형수를 산출하여 사용해야 하는데 그 방법이 대단히 복잡하기 때문에 일반적으로 형수표를 사용한다.

기출문제

표준목법의 재적 산출에 필요한 3가지 인자를 설명하시오.

정답 • 흉고직경의 결정 : 흉고단면적법, 산술평균직경법, Weise(바이제)법 등으로 결정
      • 수고의 결정 : 수고곡선법에 의하는 것이 가장 좋은 방법
      • 흉고형수의 결정 : 일반적으로 형수표를 사용

② 표준목법의 종류

ⓐ 단급법 : 전 임분을 1개의 급(Class)으로 취급하여 단 1개의 표준목을 선정하는 방법이므로 가장 간편하다.

$$V = v' \times N$$

여기서, V : 전임분재적
      v' : 표준목의 재적

ⓛ Draudt법(Draudt's Method) : 단급법에서는 전임분을 대상으로 하여 표준목을 선정하지만, Draudt법에서는 각 직경급을 대상으로 하여 표준목을 선정한다. 표준목을 선정할 때에는 먼저 전체에서 몇 본의 표준목을 선정할 것인가를 정한 다음, 각 직경급의 본수에 따라 비례 배분한다. 예를 들면, 전체 임목본수 200본 중에서 10본을 선정한다고 하면 10/200, 즉 비는 1/20이므로 어떤 직경급의 본수가 15본이면 1/20의 15배, 즉 1/20 × 15 = 0.75본을 그 경급에 배정하게 된다. 0.75본이란 실제로는 존재하지 않으므로, 이것을 1본으로 해주면 다른 급에서는 0.25본을 상실하게 된다. 이와 같이 하여 선정되는 표준목의 수를 처음 계획한 대로 10본이 되도록 하며, 선정된 표준목의 재적을 측정하여 임분재적을 추정한다. 이때, 10본의 표준목의 재적합계를 v라 하면, 임분재적(V)은 다음 식에 의하여 구해진다.

$$V = v \times \frac{N}{n}$$

여기서, n : 표준목수
N : 전임분의 임목본수

ⓒ Urich법 : Draudt는 표준목을 배당하는 데 있어서 각 직경급에다 본수비례로 하였지만, Urich는 전임목을 몇 개의 계급(Grade)으로 나누고 각 계급의 본수를 동일하게 한 다음 각 계급에서 같은 수의 표준목을 선정하는 것이 좋다는 사실을 발표하였는데, 이 방법을 Urich법(Urich's Method)이라 한다. 표준목이 선정되면 임분재적은 다음 식에 의하여 구해진다.

$$V = v \times \frac{G}{g}$$

여기서, v : 표준목의 재적합계
g : 표준목의 흉고단면적합계
G : 임분의 흉고단면적합계

ⓔ Hartig법 : Urich는 각 계급의 본수를 동일하게 하였으나, Hartig는 각 계급의 흉고단면적을 동일하게 하였다. 따라서, Hartig법(Hartig's Method)을 적용하고자 할 때에는 먼저 계급수를 정하고 전체 흉고단면적합계를 구한 다음 이것을 계급수로 나누어서 각 계급의 흉고단면적합계로 한다.

$$V_n = v_n \times \frac{G}{g}$$

여기서, v_n : 표준목의 재적합계
g : 표준목의 흉고단면적합계
G : 임분의 흉고단면적합계

ⓜ 단급법은 가장 간편한 방법이지만 결과가 나쁘고, Hartig법은 계산은 복잡하지만 정도는 가장 높다.

기출문제

표준목법의 종류 4가지 설명하시오.

[정답] • 단급법 : 전 임분을 1개의 급(Class)으로 취급하여 단 1개의 표준목을 선정하는 방법
- Draudt법 : 각 직경급을 대상으로 하여 표준목을 선정한다. Draudt법에 의하여 표준목을 선정할 때에는 먼저 전체에서 몇 본의 표준목을 선정할 것인가를 정한 다음 각 직경급의 본수에 따라 비례 배분한다.
- Urich법 : Draudt는 표준목을 배당하는 데 있어서 각 직경급에다 본수비례로 하였지만, Urich는 전임목을 몇 개의 계급(Grade)으로 나누고 각 계급의 본수를 동일하게 한 다음 각 계급에서 같은 수의 표준목을 선정
- Hartig법 : Urich는 각 계급의 본수를 동일하게 하였으나, Hartig는 먼저 계급수를 정하고 전체 흉고단면적합계를 구한 다음 이것을 계급수로 나누어서 각 계급의 흉고단면적합계로 한다.

표준목법 중 우리히법, 드라우드법 설명하고 공식(계산식)을 쓰시오.

[정답] • 우리히(Urich)법 : 전 임목을 몇 개의 계급(grade)로 나누고 각 계급의 본수를 동일하게 한 다음 각 계급에서 같은 수의 표준목을 선정하여 임분의 재적 측정

$$V = v \times \frac{G}{g}$$

여기서, V : 전체 임분의 재적
v : 표준목의 재적합계
g : 표준목의 흉고단면적합계
G : 임분의 흉고단면적합계

- 드라우드(Draudt)법 : 전체에서 몇 본의 표준목을 선정할 것인가를 정한 다음, 각 직경급의 본수에 따라 비례 배분한다.

$$V = v \times \frac{N}{n}$$

여기서, V : 전체 임분의 재적
v : 표준목의 재적 합계
n : 표준목수
N : 전임분의 임목본수

표준목법 중 Hartig법 설명하고 공식을 쓰시오.

정답 먼저 계급수를 정하고 전체 흉고단면적합계를 구한 다음, 이것을 계급수로 나누어서 각 계급의 흉고단면적합계로 재적 측정

$$V_n = v_n \times \frac{G}{g}$$

여기서, V : 전체 임분의 재적

v_n : 표준목의 재적합계

g : 표준목의 흉고단면적합계

G : 임분의 흉고단면적합계

표준목법 중 흉고단면적법에 대해 쓰시오.

정답 매목조사의 결과에서 얻어진 직경을 가지고 흉고단면적을 계산한 다음, 그 평균을 표준목의 흉고단면적으로 하는 방법

$$\overline{G} = \frac{\sum G}{n}$$

여기서, $\overline{G}$: 표준목의 평균흉고단면적

n : 임목본수

G : 임목의 흉고단면적

흉고단면적의 합계 계산하기 : 10m × 10m 표준지 안에서 10cm가 4본, 12cm가 2본, 14cm가 2본, 16cm가 3본일 때 1ha 내의 흉고단면적 합계를 쓰시오.

정답 • 흉고단면적 $= \dfrac{\pi}{4} D^2$

• 흉고단면적 합계 $= \left(\dfrac{\pi}{4} \times 0.1^2 \times 4\right) + \left(\dfrac{\pi}{4} \times 0.12^2 \times 2\right) + \left(\dfrac{\pi}{4} \times 0.14^2 \times 2\right) + \left(\dfrac{\pi}{4} \times 0.16^2 \times 3\right)$

$= 0.1451\text{m}^2$

1ha $= 10,000\text{m}^2$, 표준지는 $100\text{m}^2 = 0.01\text{ha}$

따라서 $0.01\text{ha} : 0.1451\text{m}^2 = 1\text{ha} : x$

1ha 내의 흉고단면적 합계 $x = 14.51\text{m}^2$

7 표본 조사법

(1) 표본점수의 결정방법 공식

$$표본점 \geq (4Ac^2)/(e^2A + 4ac^2)$$

여기서, A : 임분면적
a : 표본점의 면적
e : 오차율
c : 변이계수

기출문제

전조사 면적에 따른 표본점의 추출간격(m) 계산하기 : 전조사 면적이 200ha, 표본점의 개수가 63개소일 때 표본점 추출간격

정답 $d = \sqrt{A/N} = \sqrt{(200\text{ha} \times 10,000\text{m}^2)/63}$ = 178.1741 ≒ 178.17m

(2) 각산정표준지법(Angle Count Method)

각산정표준지법은 Bitterlich(1948)가 공표한 것인데, 이 방법은 표본점을 필요로 하지 않기 때문에 플롯레스 샘플링(Plotless Sampling)이라 불린다. 임분재적은 $V = G \cdot H \cdot F$에 의해서 구해지는데, 식에서 G는 임분흉고단면적합계, H는 임분평균수고, F는 임분형수이다.

기출문제

릴라스코프의 의미를 쓰시오.

정답 • 릴라스코프는 비터리히(Bitterlich)법에 의해 각산정표준지법에 사용되는 측정기구를 일컫는 것으로, 간단하게 임분의 흉고단면적을 측정할 수 있는 기구이다. 즉, 릴라스코프는 측정기구의 시준에 따라 측정입목을 선별하여 그 표본목의 수에 의하여 흉고단면적이 결정된다.
   • 측정을 통해 임내에서 차단편에 의하여 입점이 확대단편 밖에 있는 것은 세지 않고, 확대단편과 일치하는 것은 0.5, 원주상 안에 있는 것은 1로 센다.

릴라스코프를 이용한 ha당 흉고단면적과 재적 산출방법을 설명하시오.

정답 • ha당 흉고단면적 합계 : 표본점별로 계산된 전체 본수의 합계를 구하고 표본점수로 나눈 뒤 주어진 릴라스코프의 기계 계수 k를 곱하면 ha당 흉고단면적 합계가 얻어진다.

$$ha당\ 흉고단면적\ 합계 = \frac{총\ 계산본수\ 합계}{표본점수} \times 기계계수$$

   • ha당 재적 : ha당 흉고단면적(기계계수×측정 임목본수)에 평균수고와 형수를 곱하여 산출

$$ha당\ 재적 = \frac{기계계수(k) \times 임목본수(n) \times 평균수고(H) \times 임분형수(F)}{표본점수}$$

Chapter 06 산림의 수확조정

1 수확조정의 의미

(1) 일정 기간 동안 경영대상이 되는 산림에서 수확량을 예측하고 그 내용이 경영목적에 잘 부합되도록 조정하는 것이다.

(2) 수확조정법의 발달순서

단순구획윤벌법 → 재적배분법 → 평분법 → 법정축적법 → 영급법 → 생장량법

2 고전적 수확조정 기법

(1) 구획윤벌법

① 전 삼림면적을 윤벌기 연수와 같은 수의 벌구로 나누어 윤벌기를 거치는 가운데 매년 한 벌구씩 벌채를 수확하는 방법이다.

② 종 류

　㉠ 단순구획윤벌법 : 전 산림면적을 기계적으로 윤벌기 연수로 나누어 벌구면적을 같게 하는 방법

　㉡ 비례구획윤벌법 : 토지의 생산력에 따라 개위면적을 산출하여 벌구면적을 조절함으로써 연 수확량을 균등하게 하는 방법

> **기출문제**
>
> **구획윤벌법, 단순구획윤벌법, 비례구획윤벌법을 설명하시오.**
>
> 정답 ✎ 위의 내용을 그대로 설명(출제빈도가 높음)
>
> **단순구획윤벌법에 의한 영계면적 구하기**
>
> 정답 ✎ 산림면적이 3,000ha이고, 윤벌기가 60년 이면, 매년 3,000ha/60년 = 50ha 영계(영급)면적이 수확되고 이것이 성공하면 60년 후에 이 임분은 법정림으로서의 임분을 갖춘다.

(2) 재적배분법

① Beckmann법 : 성목은 지위에 따라 생장률을 구분하여 미성목이 성목으로 자라는 데 필요한 기간 내의 생장량을 산출하고, 이 값과 현재적을 합하여 총수확량으로 정하여 표준 연벌량을 산출한다.

② Hufnagl법 : 전임분을 윤벌기 연수의 1/2 이상 되는 연령의 것과 이하의 것으로 나누어 전자는 윤벌기의 전반에, 후자는 윤벌기의 후반에 수확할 수 있도록 한 것이며, 개벌 작업에 응용할 수 있도록 산림의 영급분배가 거의 균등할 경우에 적용한다.

(3) 평분법

윤벌기를 일정한 분기로 나누어 분기마다 수확량을 균등하게 하는 방법이다.

① 재적평분법 : 한 윤벌기에 대하여 벌채안을 만들고 각 분기마다 벌채량을 균등하게 하여 재적수확의 보속을 도모하려는 방법이다.

② 면적평분법 : 재적수확의 균등보다는 장소적인 규제를 더 중시하여 각 분기의 벌채 면적을 같게 하는 방법이다.

③ 절충평분법 : 재적평분법과 면적평분법을 절충한 것으로 이 두 방법보다 융통성이 있으며, 여러 가지 작업법에 적용할 수 있고, 동령림을 이령림으로 전환할 수 있다.

기출문제

> **절충평분법을 설명하시오.**
>
> 정답 ┛ 평분법은 윤벌기를 일정한 분기로 나누어 분기마다 수확량을 균등하게 하는 것으로 재적평분법의 재적보속을 동시에 이루려는 방법과 면적평분법의 벌채면적을 동일하게 하는 방법을 절충하여 각 분기별로 균등히 배분하는 수확조정법이다.

---

(4) 법정축적법

각 작업급에 대한 현실림의 축적과 생장량, 그리고 법정축적을 사정하고, 일정한 수식으로 표준벌채량을 계산하여 현실림을 법정림 상태로 유도하는 방법이다.

① 교차법

　㉠ Kameraltaxe법 : 1788년 오스트리아 황실령에서 근원하였다. 표준연벌량이 생장량의 1/2보다 적지 않도록 하는 것이 좋다. 성숙림에서는 현재의 평균생장량을, 유령림에서는 수확표에 의한 벌기평균생장량을 사용한다.

$$E = Z + \frac{V_W - V_n}{a}$$

여기서, Z : 전림(작업급)의 생장량

V_W : 현실축적

V_n : 법정축적

a : 갱정기

ⓛ Heyer법 : 평분법과 Kameraltaxe법을 절충하여 창안하였다.

ⓒ Karl법 : Kameraltaxe법을 개조하여 만든 방법이다.

ⓔ Gehrhardt법 : 수식법과 영급법을 절충하였다.

기출문제

교차법의 종류를 쓰시오.

[정답] Kameraltaxe법, Heyer법, Karl법, Gehrhardt법

Kameraltaxe(카메랄탁세)법을 이용하여 표준연벌채량을 계산하시오.

[정답] 표준연벌량(E) $= Z + \dfrac{V_W - V_n}{a}$

여기서, Z : 전림(작업급)의 생장량

V_W : 현실축적

V_n : 법정축적

a : 갱정기

법정축적법의 정의를 쓰고, Kameraltaxe법의 공식과 인자를 쓰시오.

[정답] 법정축적법이란 고전적 수확조정기법으로 각 작업급에 대한 현실림의 축적과 생장량, 그리고 법정축적을 사정하고, 일정한 수식으로 표준 벌채량을 계산하여 현실림을 법정림 상태로 유도하는 방법이다.

Kameraltaxe(카메랄탁세)법의 계산인자 4가지를 쓰시오.

[정답] 전림(작업급)의 생장량, 현실축적, 법정축적, 갱정기

② 이용률법

ㄱ Hundeshagen법 : 생장량이 축적에 비례한다는 가정하에서 연간표준벌채량을 계산하도
록 유도되고 있지만, 임분의 생장은 유령임분에서는 왕성하고 과숙임분에서는 왕성하지
못하므로 임분의 영급상태가 불법정일 때는 적용할 수 없다.

$$E = V_w \times \frac{E_n}{V_n}$$

여기서, V_w : 현실축적

V_n : 법정축적

E_n : 법정벌채량

E_n / V_n : 이용률

ㄴ Mantel법

- Hundeshagen법을 변형한 것으로서 현실축적을 윤벌기의 반, 즉 $U/2$로 나눈 것을
벌채량으로 한다.
- 이 방법은 오랜 기간이 경과하여야만 법정축적에 도달할 수 있고, 임분의 영급상태가
법정에 가깝지 않으면 적용하기 곤란하다. 그러나 간단하게 수확량을 계산할 수 있는
방법이다.

기출문제

표준벌채량을 훈데스하겐법으로 계산하기 및 설명하기

[정답] Hundeshagen법 : 생장량이 축적에 비례한다는 가정하에서 연간표준벌채량을 계산하도록 유도되
고 있지만, 임분의 생장은 유령임분에서는 왕성하고 과숙임분에서는 왕성하지 못하므로 임분의
영급상태가 불법정일 때는 적용할 수 없으며 현실축적과 법정축적에 대한 법정벌채량의 비율을
곱하여 연간 표준벌채량을 결정한다.

어떤 낙엽송 임분의 현실축적이 ha당 $400m^3$이고, 수확표에 의해 계산된 법정축적은 ha당
$500m^3$이다. 이 임분의 법정벌채량이 ha당 $40m^3$라 할 때 표준벌채량은?

[정답] $E = V_w \times \dfrac{E_n}{V_n}$ = 400 × (40/500) = $32m^3$

여기서, V_w : 현실축적

V_n : 법정축적

E_n : 법정벌채량

E_n / V_n : 이용률

③ 수정계수법
  ⊙ Breymann법 : 이 방법은 수확조정에 임령을 사용하였고, 그 실행이 간단하기 때문에 10년마다 검정하여 수정하면 개벌교림작업에 응용할 수 있으나 임령을 고려하지 않는 택벌작업에는 적용할 수 없다.
  ⓒ Schmidt법
    • 현실생장량에 V_w / V_n의 수정계수를 곱하여 수확량을 계산하는 방법이다.
    • 법정 축적이 유지되도록 유도하지만 Hundeshagen법과 같이 갱정 기간이 불분명하다.

기출문제

법정축적법 종류 3가지를 쓰시오.

정답 · 교차법 : Kameraltaxe법, Heyer법, karl법, Gehrhardt법
  · 이용률법 : Hundeshagen법, Mantel법
  · 수정계수법 : Breymann법, Schmidt법

---

(5) 영급법

영급법은 임분의 경제성을 높이고 법정상태의 실현을 통한 수확의 보속을 위하여 임반 내 임분의 상태를 고려한 소반을 시업단위로 하고 있다. 즉, 몇 개의 영계를 합한 영급을 편성한 다음 법정림의 영급과 대조하여 그 과부족을 조절할 수 있는 벌채안을 만드는 것이다.

① 순수영급법 : 임분배치와 법정영급을 고려하여 수확은 노령림을 먼저하고, 시업계획기간은 10~20년으로 한다. 이 때 과거의 갱신·보육·수확량 등의 실적을 검토하여 시업안을 계속 편성하고 이것을 기준으로 하여 적정한 수확량을 결정하게 되며, 각종 개벌작업·산벌작업 등 벌구식 작업을 할 수 있는 임분에 응용한다.

② 임분경제법 : 토지기망가를 계산하여 토지기망가가 가장 큰 벌기를 작업급의 윤벌기로 하고, 10~20년을 1시업기로 하는 벌채안을 만드는데 경제성을 중시하기 때문에 자연법칙이 경시되기 쉽다. 토지순수익설에 의하여 벌기를 결정하게 되므로 벌기가 짧아지기 쉬우며, 개벌작업에는 적합하지만 택벌작업이나 산벌작업에는 적용할 수 없다.

③ 등면적법 : 순수영급법과 임분경제법의 결점을 보완하는 방법이다. 영급법과 같이 1시업기를 경리기간으로 하여 일정 기간마다 시업안을 검정하여 수정하고, 지위·지리·화폐수확 등을 고려하여 벌채 장소를 선정하기 때문에 수확보속상 안전하다. 그러나 모든 영급법은 개벌 작업에 적합하기 때문에 택벌작업 또는 이와 유사한 작업을 실시하는 산림에는 적용하기 곤란하다.

(6) 생장량법 ★기출

① Martin법 : 각 임분의 평균생장량 합계를 수확예정량으로 삼는 것으로 평균생장량의 합계가 전림의 연년생장량과 같다고 하는 가정하는 방법이다.

② 생장률법(생장량법)
　　㉠ 현실 축적에 각 임분의 평균생장률을 곱하여 얻은 연년생장량을 수확예정량으로 하는 방법이다.
　　㉡ 윤벌기 또는 벌기를 정할 필요가 없으며, 택벌작업 임분과 개벌작업 임분에 다 같이 적용할 수 있다.

$$E = V_w \times 0.0P = Z$$

여기서, V_w : 현실축적
　　　　P : 생장률
　　　　Z : 연년생장량

③ 조사법 : 일정한 수식이나 특수한 규정이 따로 정해져 있는 것이 아니라 경험을 근거로 하여 실행하는 방법

3 현대적 수확조정 기법

21세기에 이르러서는 산림의 공익성(환경성)이 부상하여 생태적 측면을 고려한 산림수확조절 방법에 대한 요구도가 높아지게 되어 과학적 의사결정방법으로의 최적화 기법이 나타나게 되었다.

(1) 선형계획법

산림수확조절을 위하여 가장 널리 사용되는 경영과학적 기법으로, 하나의 목표 달성을 위하여 한정된 자원을 최적 배분하는 수리계획법의 일종이다.

① 선형계획모형의 전제조건 ★기출
　　㉠ 비례성 : 선형계획모형에서 작용성과 이용량은 항상 활동수준에 비례하도록 요구된다. 선형계획모형의 이러한 특성은 '비례성 전제'라고 하는 표현으로 알려져 있다.
　　㉡ 비부성 : 의사결정변수 X_1, X_2, ⋯, X_n은 어떠한 경우에도 음(−)의 값을 나타내서는 안 된다.

ⓒ 부가성 : 두 가지 이상의 활동이 동시에 고려되어야 한다면 전체생산량은 각 생산량의 합계와 일치해야 한다. 각각의 활동 사이에 어떠한 변환작용도 일어날 수 없다는 것을 의미한다.

ⓓ 분할성 : 모든 생산물과 생산수단은 분할이 가능해야 한다. 의사결정변수가 정수는 물론 소수의 값도 가질 수 있다는 것을 의미한다.

ⓔ 선형성 : 선형계획모형에서는 모형을 정하는 모든 변수들의 관계가 수학적으로 선형함수, 즉 1차함수로 표시되어야 한다.

ⓕ 제한성 : 선형계획모형에서 모형을 구성하는 활동의 수와 생산방법은 제한이 있어야 한다. 제한된 자원량이 선형계획모형에서 제약조건으로 표시되며, 목적함수가 취할 수 있는 의사결정변수 값의 범위가 제한된다.

ⓖ 확정성 : 선형계획모형에서 사용되는 모든 매개변수(목적함수와 제약조건의 계수)들의 값이 확정적으로 이러한 값을 가져야 한다는 것을 의미한다. 이것은 선형계획법에서 사용되는 문제의 상황이 변하지 않는 정적인 상태에 있다고 가정하기 때문이다.

(2) 정수계획법

① 선형계획은 목적함수가 가분성을 전제로 하는 소수점 이하까지 나타낼 수 있다. 그러나 산림작업 인원수 같은 것은 정수로만 표시해야하기 때문에 이와 같은 문제를 해결하기 위해 정수계획법이 사용된다.

② 이 방법의 특성은 선형목적함수, 선형제약조건식, 모형변수들이 0 또는 양의 정수, 특정변수에 대한 정수 제약조건 등으로 구분한다.

(3) 목표계획법

선형계획법에서와 같이 목적함수를 직접적으로 최대화 또는 최소화하지 않고, 목표들 사이에 존재하는 편차를 주어진 제약조건하에서 최소화하는 기법으로 산림의 다목적 이용을 위한 경영 계획문제에 적용할 수 있는 방법이다.

기출문제

현대적 수확조정기법을 설명하시오.

정답, 위 3가지 계획법을 설명한다.

1 산림생장모델

산림생장모델 또는 산림생장예측모델이란 산림생장함수식들을 일련의 법칙성에 따라 연계시켜 산림의 생장 및 수확을 예측할 수 있도록 한 체계를 말한다.

(1) 산림생장모델의 종류

생장정보의 범위에 따라 평균값을 이용하는 임분생장모델, 직경급별 평균값에 기반하는 직경분포모델, 개체목의 고유한 생장값을 기초로 하는 단목생장모델로 구분하는데, 직경분포모델은 임분생장모델과 단목생장모델 간의 중간형태로 볼 수 있다. 직경분포모델에서 직경급을 하나로 하면 임분생장모델이 되고, 직경급을 세분하여 입목본수만큼 하면 단목생장모델이 된다.

(2) 산림생장모델의 구성

일반적으로 생장예측·고사예측·진계생장예측 및 수확예측으로 구성된다.

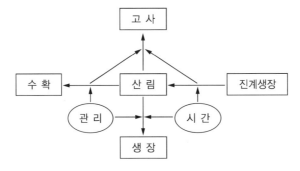

[산림의 생장인자구성 및 생장모델]

※ 진계생장량 : 산림조사기간 동안 측정할 수 있는 크기로 생장한 새로운 임목들의 재적(신규로 생장량에 편입되는 임목)

(3) 산림생장 및 예측모델의 구축과정

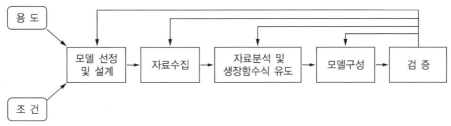

[산림생장모델의 구축과정]

(4) 산림생장모델 ★기출

평균흉고직경·평균수고·ha당 단면적 및 재적·ha당 본수 등과 같은 임분차원의 생장인자들에 대한 정보를 제공하는 생장모델이다.

① 정적임분생장모델 : 관리방법이 하나로 고정된 상태에서 임분의 생장 및 수확을 예측하는 생장모델로 가장 간단한 형태는 수확표이다. 이 수확표는 관리방법이 고정된 상태에서의 임분의 생장을 나타낸다. 즉, 간벌의 강도, 종류 및 주기가 고정된 것이다.

② 동적임분생장모델 : 정적임분모델인 수확표를 활용하기 위해서는 임령·수고·ha당 단면적 등의 인자가 필요하며, 임령과 수고로부터 지위지수를 사정하고, 수확표상의 ha당 단면적에 대하여 조사한 ha당 단면적의 비로 밀도를 나타내는 척도인 밀도를 추정한다. 여기서 ha당 단면적은 ha당 본수와 평균흉고직경으로부터 계산되는 인자이므로 ha당 단면적을 ha당 본수와 평균흉고직경으로 대체시키면 동적임분생장모델을 구성할 수 있다.

③ 직경분포모델 또는 등급모델 : 임분의 평균치를 이용하는 대신에 생장인자, 특히 흉고직경의 크기를 등급화시켜 각 등급별로 생장을 예측하는 모델이다.

④ 단목생장모델 : 각 개체목의 생장이 개체목 고유의 생장조건에 따라 다양하게 추정되는 생장모델로, 직경·수고생장모델·고사모델·갱신 및 진계생장모델로 구성된다. 단목생장모델에서는 각 개체목의 생장이 수령·지위·현재의 크기·인접목과의 경쟁상태 등을 고려하여 추정하는데, 개체목의 경쟁상태가 생장 추정의 중요한 요인으로 작용한다. 경쟁이 없는 경우를 최대의 생장으로 보고, 경쟁이 있는 경우를 그 경쟁에 의하여 생장이 감소되는 전제하에 모델을 구성한다.

(5) 수확표의 이용

수확표(Yield Table)는 보통 입지(Site)별로 만들어지며, 어떤 수종에 대하여 일정한 작업법을 채용하였을 때, 일정 연한(5년)마다 단위면적당 본수·재적 및 이와 관계있는 기타 주요 요소의 값을 표시한 것이다.

① **본수** : 단위면적당 총 본수를 기입한다.

② **재적합계** : 단위면적당 간재적을 기입하는 것이 보통이지만, 경우에 따라서는 가지재적도 함께 기입한다.

③ **흉고단면적(Basal Area)합계** : 단위면적당 흉고단면적합계를 기입한다. 현실림의 입목도를 사정하는데 필요하다.

④ **평균직경** : 임분의 평균직경을 기입한다. 이것을 평균흉고직경 또는 중앙직경이라고 하며, 지위판정에 사용된다.

⑤ **평균수고** : 임분의 평균수고를 기입한다. 이것을 중앙임분고 또는 중앙고라고도 하며, 지위판정에 사용된다.

⑥ **평균재적** : 표준목의 재적을 기입한다.

⑦ **임분형수** : 임분의 평균형수를 기입한다.

⑧ **성장량** : 성장량은 연년성장량과 평균성장량으로 나누어서 기입한다. 연년성장량은 1년간의 성장을 뜻하지만 수확표에 있어서는 보통 5년으로 나눈 정기평균성장량을 말하며, 평균성장 량은 총평균성장량을 말한다.

⑨ **성장률** : 성장률은 일반적으로 재적성장률을 기입한다.

⑩ **주림목과 부림목** : 주림목은 주벌수확을 기입하고, 부림목은 간벌수확을 기입한다.

⑪ **입목도** : 입목도를 밀·중·소로 3가지로 구분하여 기입한다.

⑫ **지위** : 지위는 5등급 또는 3등급으로 나타내는데, 우리나라에서는 5등급으로 기입하고 있다.

⑬ **임령** : 임령은 5년을 영급으로 하여 기입하는 경우도 있지만, 미국에서는 10년을 영급으로 하여 기입하고 있다. 앞에서 몇 가지 항목을 기술하였으나 수확표에는 전부 또는 그 일부를 기입하게 된다.

> **예상문제**
>
> **수확표에 포함되는 인자를 5개 이상 쓰시오.**
>
> 정답 ┃ 위 13가지 중에서 쓰기

1 임업이율의 성격과 크기

(1) 임업이율의 성격(특징) ★기출

① 임업이율은 대부이자가 아니고 자본이자이다.

② 임업이율은 현실이율이 아니라 평정이율이다.

③ 임업이율은 실질적 이율이 아니라 명목적 이율이다.

④ 임업이율은 장기이율이다.

(2) 임업이율을 저이율로 평정해야 하는 이유

① 재적 및 금원수확의 증가와 산림 재산가치의 등귀

② 산림소유의 안정성

③ 재산 및 임료수입의 유동성

④ 산림 관리경영의 간편성

⑤ 생산기간의 장기성

⑥ 문화발전에 따른 이율의 저하

⑦ 기호 및 간접이익의 관점에서 나타나는 산림소유에 대한 개인적 가치평가

2 산림평가와 관계가 있는 계산적 기초

연년작업인 경우와 같이 해마다 이자계산을 해야 할 때에는 단리산으로 계산하고, 간단작업과 같이 생산기간을 단위로 하여 이자를 계산할 때에는 복리산으로 계산하는 것이 일반적이다.

(1) 단리산

원금으로 인하여 기말에 가서 얻을 수 있는 이자를 다음 기의 원금에 가산하지 않고 원금과 이자액을 매년 일정하게 하는 계산 방법이다.

$$N = V(1 + nP)$$

여기서, N : 원리합계

V : 원금

P : 이율

n : 기간

(3) 복리산

매기마다 얻은 이자를 다음 기의 원금에 가산하여 얻은 원리합계를 다음 기의 원금으로 하여 원금과 이자액을 점차 증가시키는 방법이다. 임업에서는 대부분 이 방법으로 계산한다.

① 후가식 : 현재 자본금이 V_o 이고 이율이 P 일 때, n 년 후의 자본금 V_n 은 다음과 같다.

$$V_n = V_o \times 1.0P^n$$

기출문제

후가계산식 공식 쓰기(조림비 V_0, 연이율 P%, n년 후의 후가)

정답┘ 후가식 : 조림비가 V_0 이고 이율이 P 일 때, n 년 후의 후가 $V_n = V_o \times 1.0P^n$

② 전가식 : 이율이 P 이고 n 년 후에 V_n 의 자본금을 만들기 위한 현재 자본금 V_o 는 다음과 같다.

$$V_o = \frac{V_n}{1.0P^n} \ \text{전가계수}\left(\frac{1}{1.0P^n}\right)$$

③ 유한연년이자(수입, 지출)

    ㉠ 후가식 : 매년 말에 r 원씩 n 회 수득할 수 있는 이자의 후가합계

$$N = \frac{r}{0.0P}(1.0P^n - 1)$$

    ㉡ 전가식 : 매년 말에 r 원씩 n 회 수득할 수 있는 이자의 전가합계

$$V = \frac{r}{0.0P} \times \frac{1.0P^n - 1}{1.0P^n}$$

④ 유한정기이자

ⓐ 후가식 : m년마다 r원씩 n회 수득할 수 있는 이자의 후가합계

$$N = \frac{r}{1.0P^m - 1} \times (1.0P^{mn} - 1)$$

ⓑ 전가식 : m년마다 r원씩 n회 수득할 수 있는 이자의 전가합계

$$V = \frac{r}{1.0P^{mn}} \times \frac{1.0P^{mn} - 1}{1.0P^m - 1}$$

⑤ 무한연년이자 전가식 : 매년 말에 가서 r원씩 영구적으로 수득할 수 있는 전가합계

$$V = \frac{r}{0.0P^n}$$

⑥ 무한정기이자 전가식 : 현재부터 m년마다 r원씩 영구적으로 수득하는 이자의 전가합계

$$V = \frac{r}{1.0P^m - 1}$$

3 임지평가방법

(1) 원가방식에 의한 임지평가

① 원가방법

② 임지비용기법 : 임지비용가는 임지를 취득하고 이를 조림 등 임목육성에 적합한 상태로 개량하는 데 소요된 순비용의 후가합계로 평가하는 방법이다.

기출문제

임지비용가 구하기

정답 • A원으로 임지를 구입하고 동시에 임지개량비로서 M원을 지출한 후 아무 수입 없이 현재까지 n년이 경과하였을 때

$$B_K = (A + M) \, 1.0P^n$$

• n년 전에 임지를 A원으로 구입하고 m년 전에 M원의 임지개량비를 투입하였을 때

$$B_K = A1.0P^n + M1.0P^m$$

• n년 전에 임지를 A원으로 구입하고 매년 M원의 임지개량비와 v원의 관리비를 투입하고 수입이 없을 경우

$$B_K = (A + M) \, 1.0P^n + \frac{(M + v)(1.0P^n - 1)}{0.0P}$$

(2) 수익방식에 의한 임지평가

① 임지기망가법(임지수익가, Faustmann의 지가식)

　㉠ 당해 임지에 일정한 시업을 영구적으로 실시한다고 가정할 때 토지에서 기대되는 순수익의 현재 합계액을 말한다. 임지기망가가 최대로 되는 때를 벌기(u)로 한 것을 토지 순수익 최대의 벌기령 또는 이재적벌기령이라고 한다.

기출문제

임지기망가 구하기

[정답]
$$B_u = \frac{(A_u + D_a 1.0p^{u-a} + D_b 1.0p^{u-b} + \cdots\cdots + D_q 1.0p^{u-q}) - C1.0p^u}{1.0p^u - 1} - V$$

여기서, B_u : u년 때의 토지기망가

　　　　A_u : 주벌수익

　　　　C : 조림비

　　　　u : 윤벌기

　　　　p : 이율

　　　　V : 관리자본$\left(\dfrac{M}{0.0P}\right)$

　　　　$D_a 1.0p^{u-a}$: a년도 간벌수익의 u년 때의 후가

　㉡ 임지기망가의 크기에 영향을 주는 인자

　　• 주벌수익과 간벌수익 : 이 값은 항상 '+'이므로 이 값이 클수록 B_u가 커진다. 또 그 시기가 빠르면 빠를수록 B_u가 커진다.

　　• 조림비와 관리비 : 이 값은 '−'이므로 이 값이 크면 클수록 B_u가 작아진다.

　　• 이율 : 이율이 높으면 높을수록 B_u가 작아진다.

　　• 벌기 : u가 크면 클수록 B_u가 작아진다.

　㉢ 임지기망가법으로 벌기령을 정할 때 최댓값에 도달하는 시기

기출문제

임지기망가의 최대값 도달에 영향을 미치는 인자를 쓰고 설명하시오.

[정답]
　• 이율 : 이율 P의 값이 클수록 최댓값이 빨리 온다. 즉, 벌기가 짧아진다.

　• 주벌수익 : 주벌수익의 증대속도가 빨리 감퇴할수록 B_u의 최댓값이 빨리 온다. 지위가 양호한 임지일수록 B_u가 최대로 되는 시기가 빨리 온다. 즉 벌기가 짧아진다.

　• 간벌수익 : 간벌수익이 클수록 B_u의 최댓값이 빨리 온다.

　• 조림비 : 조림비가 클수록 B_u의 최대시기가 늦어진다.

　• 관리비 : 최댓값과는 관계가 없다.

　• 채취비 : 임지기망가식에는 나타나 있지 않지만, 일반적으로 채취비가 클수록 임지기망가의 시기가 늦어진다.

ⓔ 임지기망가 적용상의 문제점

임지기망가의 적용상의 문제점을 설명하시오.

[정답]
- 임지기망가법은 동일한 작업법을 영구히 계속함을 전제로 한 것이다. 그러나 실제로 장기간에 걸쳐 동일한 시업방법을 시행한다는 것은 비현실적이다.
- 수익과 비용의 인자는 영구히 변하지 않는 것으로 가정하고 그 현재가를 사용하고 있다. 그러나 일반적으로 각 인자는 수시로 변동하기 때문에 임지기망가의 값은 평가시점에 따라 가변적이다.
- 임업이율(P)의 대소가 임지기망가에 미치는 영향은 매우 크지만 P의 값을 정하는 객관적인 근거가 없어 자의적인 평정이 되기 쉽다.
- 어떤 시가로 거래되는 임지의 지가를 이 방법으로 산정하면 마이너스의 값을 나타내는 경우가 생겨 실제와 맞지 않는다.
- 이 평가법에서 비용으로 공제되는 것은 조림비·관리비 및 그 이자뿐이다.

② 수익환원법 : 수익환원법은 택벌림과 같이 연년수입이 있는 경우에 적용하는 방식이다.

수익방식에 의한 임지평가방법 2가지를 쓰고 설명하시오.

[정답]
- 임지기망가 : 일제림에서 정해진 시업을 영구히 실시한다고 가정할 때 그 임지에서 기대되는 순수익의 현재 가격을 말하며 임지기망가가 최대로 되는 때를 벌기(u)로 한 것을 토지 순수익 최대의 벌기령 또는 이재적벌기령이라고 한다.
- 수익환원법 : 택벌림 또는 연년 보속경영을 전제로 하는 연년 수입이 있는 임지평가 방법

(3) 비교방식에 의한 임지평가

비교방식에 의한 임지의 평가는 평가하고자 하는 임지와 유사한 다른 임지의 매매사례가격과 비교하여 평가하는 방식이다. 임지의 실제 매매사례가격과 직접비교하여 평가하는 방법을 직접사례비교법이라고 하고, 이에 대하여 임지가 대지 등으로 가공 조성된 후에 매매된 경우에는 그 매매가격에서 대지로 가공 조성하는 데 소요된 비용을 공제하여 역산적으로 산출된 임지가와 비교하여 평정하는 방법을 간접사례비교법이라고 한다.

① 직접사례비교법
  ㉠ 대용법 : 과세표준가격 등의 비율로서 보정하는 방법
  ㉡ 입지법 : 입지를 비교하여 보정하는 방법

임지평가에서 원가방식, 수익방식, 비교방식에 해당하는 평가방식을 2가지씩 쓰시오.

정답 　• 원가방식 : 원가방법, 임지비용가법
　　　• 수익방식 : 임지기망가법, 수익환원법
　　　• 비교방식 : 직접비교법(대용법, 입지법), 간접비교법

4 임목평가방법

(1) 유령림의 임목평가법

① 원가법 : 실제 원가의 누계를 평가액으로 하는 방법

② 비용가법 : 비용가법은 동령임분에서의 임목을 m년생인 현재까지 육성하는 데 소요된 순비용(육성가치)의 후가합계이다. 즉, 투입한 비용(지대, 조림비, 관리비 등)의 후가를 계산하고, 후가합계에서 그 동안 간벌 등에 의하여 얻어진 수익의 후가를 공제한 것이다.

임목비용가 구하기

정답 　• 조림비의 후가 : $C \times 1.0P^m$

　　　• 관리비의 후가합계 : $V(1.0P^m - 1)$ (단, $V = \dfrac{v}{0.0P}$)

　　　• 지대의 후가합계 : $B(1.0P^m - 1)$ (단, $B = \dfrac{b}{0.0P}$)

　　　• 간벌수익의 후가합계 : $\sum D_a 1.0P^{m-a}$

　　　여기서 총 비용가는 $H_{KM} = (B + V)(1.0P^m - 1) + C \times 1.0P^m - \sum D_a 1.0P^{m-a}$

임지구입비 200,000원, 조림비 200,000원, 매년 관리비 15,000원, 15년에 100,000원의 간벌수익이 발생할 때 20년생의 임목비용가는?(이율 5%)

정답 　B = 200,000, V = 15,000/0.05, m = 20, a = 15, C = 200,000, $\sum D_a$ = 100,000
　　　(200,000 + 15,000/0.05) × (1.05^{20} - 1) + (200,000 × 1.05^{20}) - (100,000 × 1.05^{20-15})
　　　= 1,220,680.2373⋯ = 1,229,680원

(2) 중령림의 임목평가

비용가법과 기망가법의 중간적 방법인 원가수익절충방법을 적용하는 것이 좋다.

① Glaser식 : Glaser는 임목의 생장에 따른 단위 면적당 가격의 변동은 입목재적과 임목가격차라는 두 가지 요소의 변동과 관계가 깊다는 사실을 발견하였다. 이 방법은 평가상 가장 문제가 되는 이율을 사용하지 않아 주관성이 개입될 여지가 적고, 복리계산을 할 필요가 없어 계산이 간단하다. 그리고 원가수익의 절충적인 성격을 띠고 있어 벌기 전의 중간 영급목의 평가에 적당하다.

$$A_m = (A_u - C_o) \times \frac{m^2}{u^2} + C_o$$

여기서, A_m : m년 현재의 평가대상 임목가

A_u : 적정벌기령 u년에서의 주벌수익(m년 현재의 시가)

C_o : 초년도의 조림비(지존, 신식, 하예비 등)

m : 평가시점

u : 표준벌기령

② MARTINEIT의 산림이용가법 : 천연동령림의 평가에 이용

$$A_m = A_r \times \frac{m^2}{r^2}$$

여기서, A_m : m년의 임목가

A_r : r년의 주벌수익

(3) 벌기 미민 장령림의 임목평가(수익방식)

장령림은 벌채 이용하기에는 아직 미숙상태이지만, 임목이 어느 정도 성장하여 이용가치가 있을 때이다. 이 때에는 주로 벌기에 도달했을 때의 이용가치를 할인하여 평가하는 기망가법이 사용된다.

① 임목기망가법 : 벌기에 가까운 임목의 평가에 많이 쓰이며 현재부터 벌채 예정년까지의 사이에 기대되는 수익(주벌 + 간벌)의 전가합계에서 그 동안에 소요되는 비용(지대 + 관리비)의 전가합계를 공제한 차액이 임목기망가이다.

$$H_{EM} = \frac{A_u + D_n 1.0P^{u-n} + B + V}{1.0P^{u-m}} - (B + V)$$

$$= \frac{A_u + D_n 1.0P^{u-n} - (B + V)(1.0P^{u-m} - 1)}{1.0P^{u-m}}$$

② 수익환원법

　ㄱ 택벌림의 경우 : 벌채 임분에서 영속적으로 기대되는 연간수익(임목매상액)을 A, 예상 연간비용 중 식재비 또는 무육비를 C, 관리비를 v, 지대를 $b(b = B \times 0.0P)$, 실질임업이율(명목적 임업이율에서 일반물가등귀율을 공제한 것)을 P라고 하면 이 임분의 임목축적 평가액 N은 다음과 같다.

$$N = \frac{A - C - v - b}{0.0P} = \frac{A - C}{0.0P} - (B + V)$$

　ㄴ 보속적으로 개벌할 수 있는 산림(법정림)의 경우 : u개($u$ha)의 임분으로 되어 있고 이 임분은 1~u년생까지 1ha씩 있다. 그리고, 매년 1임분(1ha)씩 수확(주벌수확 A_u)하고 그 벌채적지에는 수확 후 즉시 조림(조림비 C)을 한다고 가정한다. 1임분당 관리비와 지대를 v, b라고 하면 전체 임분에 대해서는 uv, ub가 된다. 간벌수익을 D라고 하면, 산림($u$ha)의 임목축적수익가가 된다.

$$_BN = \frac{A_u + D_a + D_b + D_c + \cdots\cdots - C - uv - ub}{0.0p}$$

(4) 벌기 이상의 임목평가(우리나라의 일반적 임목평가 : 시장가역산법)

보통림에서 벌기 이상의 임목에 대하여는 제품(원목, 목탄 등)의 시장매매가, 즉 시가를 조사하여 역산으로 간접적으로 임목가를 사정하는 시장 가역산법이 적용된다. 표준목의 원목재적을 임목간재적(전체임목재적)으로 나눈 것을 조재율(이용률)이라 하는데 일반적으로 침엽수는 0.7~0.9, 활엽수는 0.4~0.7이다.

기출문제

시장가 역산법 설명하기 및 임목가 구하기

[정답] $x = f\left(\dfrac{a}{1 + mp + r} - b \right)$

여기서, x : 단위 재적당(m³) 임목가

　　　　f : 조재율(이용률)

　　　　a : 단위 재적당 원목의 시장가

　　　　m : 자본 회수기간

　　　　b : 단위 재적당 벌채비, 운반비, 사업비 등의 합계

　　　　p : 월이율

　　　　r : 기업이익률

---

1 휴양 관련 용어의 정의(산림문화·휴양에 관한 법률 제2조)

(1) '산림문화·휴양'이라 함은 산림과 인간의 상호작용으로 형성되는 총체적 생활양식과 산림 안에서 이루어지는 심신의 휴식 및 치유 등을 말한다.

(2) '자연휴양림'이라 함은 국민의 정서함양·보건휴양 및 산림교육 등을 위하여 조성한 산림 (휴양시설과 그 토지를 포함)을 말한다.

(3) '산림욕장'(山林浴場)이란 국민의 건강증진을 위하여 산림 안에서 맑은 공기를 호흡하고 접촉하며 산책 및 체력단련 등을 할 수 있도록 조성한 산림(시설과 그 토지를 포함)을 말한다.

(4) '산림치유'란 향기, 경관 등 자연의 다양한 요소를 활용하여 인체의 면역력을 높이고 건강 을 증진시키는 활동을 말한다.

(5) '치유의 숲'이란 산림치유를 할 수 있도록 조성한 산림(시설과 그 토지를 포함)을 말한다.

> **기출문제**
>
> **자연휴양림, 산림욕장, 치유의 숲 설명하시오.**
>
> 정답▶ 위의 자연휴양림, 산림욕장, 치유의 숲을 구분하여 설명한다.

(6) '숲길'이란 등산·트레킹·레저스포츠·탐방 또는 휴양·치유 등의 활동을 위하여 산림에 조성한 길(이와 연결된 산림 밖의 길을 포함)을 말하며 다음과 같은 종류가 있다.

① 등산로 : 산을 오르면서 심신을 단련하는 활동(이하 '등산')을 하는 길
② 트레킹길 : 길을 걸으면서 지역의 역사·문화를 체험하고 경관을 즐기며 건강을 증진하는 활동(이하 '트레킹')을 하는 길로서 종류는 다음과 같다.
  ㉠ 둘레길 : 시점과 종점이 연결되도록 산의 둘레를 따라 조성한 길
  ㉡ 트레일 : 산줄기나 산자락을 따라 길게 조성하여 시점과 종점이 연결되지 않는 길

③ 산림레포츠길 : 산림레포츠를 하는 길

④ 탐방로 : 산림생태를 체험·학습 또는 관찰하는 활동(이하 '탐방')을 하는 길

⑤ 휴양·치유숲길 : 산림에서 휴양·치유 등 건강증진이나 여가 활동을 하는 길

> **예상문제**
>
> **숲길의 종류를 설명하시오.**
>
> 정답 위의 숲길 종류를 구분하여 설명

(7) '산림문화자산'이란 산림 또는 산림과 관련되어 형성된 것으로서 생태적·경관적·정서적으로 보존할 가치가 큰 유형·무형의 자산을 말한다.

(8) '숲속야영장'이란 산림 안에서 텐트와 자동차 등을 이용하여 야영을 할 수 있도록 적합한 시설을 갖추어 조성한 공간(시설과 토지를 포함)을 말한다.

(9) '산림레포츠'란 산림 안에서 이루어지는 모험형·체험형 레저스포츠를 말한다.

(10) '산림레포츠시설'이란 산림레포츠에 지속적으로 이용되는 시설과 그 부대시설을 말한다.

2 산림문화·휴양기본계획에 관한 사항(산림문화·휴양에 관한 법률 제4조제1항)

(1) 산림청장은 관계중앙행정기관의 장과 협의하여 전국의 산림을 대상으로 산림문화·휴양기본계획을 5년마다 수립·시행할 수 있으며 기본계획에는 다음 사항이 포함되어야 한다.

① 산림문화·휴양시책의 기본목표 및 추진방향

② 산림문화·휴양 여건 및 전망에 관한 사항

③ 산림문화·휴양 수요 및 공급에 관한 사항

④ 산림문화·휴양자원의 보전·이용·관리 및 확충 등에 관한 사항

⑤ 산림문화·휴양을 위한 시설 및 그 안전관리에 관한 사항

⑥ 산림문화·휴양정보망의 구축·운영에 관한 사항

⑦ 그 밖에 산림문화·휴양에 관련된 주요시책에 관한 사항

3 자연휴양림의 입지조건

(1) 수요측면

① 자연휴양림의 배후도시상황·거주인구·기존시설 등의 사회 경제적 레크리에이션 수요에 대응되는 곳
② 다수 국민이 쉽게 접근 또는 이용할 수 있는 지역의 산림지
③ 교통기관·도로망의 정비 및 관광시설 설치 계획을 갖고 있는 곳
④ 자연휴양적 이용과 목재생산과의 합리적 조정을 도모할 수 있는 곳

(2) 공급측면

① 자연경관이 아름답고 임상이 울창한 산림
② 자연휴양적 가치(등산·하이킹·피크닉·피서·온천·자연탐승 등)를 갖는 곳
③ 풍치적 시업(풍치수의 조림·육림 등)을 하여 자연휴양적 이용이 가능한 지역
④ 재해의 발생 위험이 적은 지역
⑤ 주변에 소하천·호수 등의 입지와 식수원의 확보가 가능한 곳

> **기출문제**
>
> **공급자 및 수요자 측면에서 자연휴양림 지정 방법을 쓰시오.**
>
> [정답] 위의 내용을 기술한다.

4 자연휴양림의 용도지구 설정

(1) 풍치보호지구

원칙적으로 벌채를 하지 않는 천연기념물 지정지·보호림·풍치보안림 등

(2) 풍치정비지구

현재 축적의 10% 내외로 택벌을 원칙적으로 하는 견본림·전시림·기념조림지·시설지 주변·차도·연안지대 등 이용 지점에서 바라본 대상 지점

(3) 시업조정지구

풍치적인 배려와 목재생산을 겸하는 지구로서 보속적인 목재생산을 위하여 법정림으로 유도되도록 산림시업 실행

(4) 시설지구

① 자연휴양림 시설의 종류 및 설치기준(산림문화·휴양에 관한 법률 시행령 [별표 1의4])

구 분	시설의 종류	설치기준
숙박시설	숲속의 집·산림휴양관·트리하우스 등	• 산사태 등의 위험이 없을 것 • 일조량이 많은 지역에 배치하되, 바깥의 조망이 가능하도록 할 것
편익시설	임도·야영장·오토캠핑장·야외탁자·데크로드·전망대·모노레일·야외쉼터·주차장·방문자안내소·산림복합경영시설·임산물판매장 등	야영장 및 오토캠핑장은 자연배수가 잘 되는 지역으로서 산사태 등의 위험이 없는 안전한 곳에 설치할 것
위생시설	취사장·오물처리장·화장실·음수대·오수정화시설·샤워장 등	• 쾌적성과 편리성을 갖추도록 설치할 것 • 산림오염이 발생되지 않도록 할 것 • 식수는 먹는물 수질기준에 적합할 것 • 외부 화장실에는 장애인용 화장실을 설치할 것
체험·교육시설	산책로·탐방로·등산로·자연관찰원·전시관·천문대·목공예실·산림공원·숲속교실·동물원·식물원·세미나실·산림작업체험장·유아숲체험원 등	• 산책로·탐방로·등산로 등 숲길은 폭을 1m 50cm 이하(안전·대피를 위한 장소 등 불가피한 경우에는 1m 50cm를 초과할 수 있다)로 하되, 접근성·안전성·산림에의 영향 등을 고려하여 산림형질변경이 최소화될 수 있도록 설치할 것 • 자연관찰원은 자연탐구 및 학습에 적합한 산림을 선정하여 다양한 수종을 관찰할 수 있도록 할 것 • 숲속수련장은 강의실·숙박시설·광장 등을 갖추어야 하며, 1회에 100명 이상을 동시에 수용할 수 있는 규모로 설치할 것 • 임업체험시설은 경사가 완만한 지역에 설치하여야 하며, 체험활동에 필요한 기본장비 등을 갖출 것
체육시설	철봉·족구장·게이트볼장·썰매장·테니스장·어린이놀이터·물놀이장·산악승마시설·암벽등반시설·행글라이딩시설 등	
전기·통신시설	전기시설·전화시설·인터넷·휴대전화중계기·방송음향시설 등	
안전시설	펜스·화재감시카메라·화재경보기·재해경보기·보안등·재해예방시설·사방댐·방송시설 등	

기출문제

자연휴양림에 기본적으로 들어가는 시설 7가지 쓰시오.

[정답] 위의 7가지 구분 내용과 시설의 종류 각 3가지 이상 쓸 것

② 산림욕장시설의 종류 및 설치기준(산림문화·휴양에 관한 법률 시행령 [별표 2])

구 분	시설의 종류	설치기준
편익시설	임도·전망대·야외탁자·데크로드·야외쉼터·야외공연장·대피소·주차장·방문자안내소 등	• 경사가 완만한 산림을 대상으로 할 것 • 산책로·의자·간이쉼터 등 산림욕에 필요한 시설을 설치할 것
위생시설	오물처리장·화장실·음수대·오수정화시설 등	• 쾌적성과 편리성을 갖추도록 시설할 것 • 산림오염이 발생되지 않도록 할 것 • 식수는 먹는물 수질기준에 적합할 것 • 외부 화장실에는 장애인용 화장실을 설치할 것
체험·교육시설	산책로·탐방로·등산로·자연관찰원·목공예실·생태공예실·숲속교실·곤충원·식물원·산림교육의 활성화에 관한 법률에 따른 유아숲체험원 등	• 산책로·탐방로·등산로 등 숲길은 폭을 1m 50cm 이하(안전·대피를 위한 장소 등 불가피한 경우에는 1m 50cm를 초과할 수 있다)로 하되, 접근성·안전성·산림에의 영향 등을 고려하여 산림형질변경이 최소화될 수 있도록 설치할 것 • 자연관찰원은 자연탐구 및 학습에 적합한 산림을 선정하여 다양한 수종을 관찰할 수 있도록 할 것
체육시설	철봉·평행봉·그네·배드민턴장·족구장·어린이놀이터·물놀이장·운동장·다목적잔디구장 등	
전기·통신시설	전기·전화시설·방송음향시설 등	
안전시설	펜스·화재감시카메라 및 경보기·재해경보기·보안등·재해예방시설·사방댐 등	

③ 치유의 숲 시설의 종류 및 설치기준(산림문화·휴양에 관한 법률 시행령 [별표 3])

구 분	시설의 종류	설치기준
산림치유시설	숲속의 집·치유센터·치유숲길·일광욕장·풍욕장·명상공간·숲체험장·경관조망대·체력단련장·체조장·산책로·탐방로·등산로·산림작업장·산림교육의 활성화에 관한 법률에 따른 유아숲체험원 등	• 향기·경관·빛·바람·소리 등 산림의 다양한 요소를 활용할 수 있도록 하되, 건축물은 흙·나무 등 자연재료를 사용하여 저층·저밀도로 시설하고 운동시설은 접근성·안전성 등을 고려하여 설치할 것 • 치유숲길은 폭을 1m 50cm 이내(안전·대피를 위한 장소 등 불가피한 경우에는 1m 50cm를 초과할 수 있다)로 하되, 접근성·안전성·산림에의 영향 등을 고려하여 산림형질변경이 최소화될 수 있도록 설치할 것
편익시설	임도·야외탁자·데크로드·야외쉼터·대피소·주차장·방문자센터·안내판·임산물판매장·매점·식품위생법에 따른 휴게음식점 및 일반음식점 등	• 경사가 완만한 산림에 주변경관과 조화되도록 설치할 것 • 방문자센터는 정보 제공·홍보·상담 등의 시설을 갖출 것 • 식품위생법에 따른 휴게음식점 및 일반음식점은 식이요법을 시행하는 데에 적합하게 설치할 것

구 분	시설의 종류	설치기준
위생시설	오물처리장·화장실·음수대·오수정화시설 등	• 쾌적하고 편리하며 산림오염이 발생되지 않도록 설치할 것 • 식수는 먹는물 수질기준에 적합할 것 • 외부 화장실에는 장애인용 화장실을 설치할 것
전기·통신시설	전기시설·전화시설·인터넷·휴대전화중계기·방송음향시설 등	
안전시설	펜스·화재감시카메라·화재경보기·재해경보기·보안등·재해예방시설·사방댐 등	

④ 숲속야영장 시설 종류 및 설치기준(산림문화·휴양에 관한 법률 시행령 [별표 3의2])

구 분	시설의 종류	설치기준
일반기준		• 산림생태계의 훼손을 최소화하며, 주변 경관과 조화를 이루도록 설치할 것 • 자연배수가 잘 되고 평균경사도가 25° 이내의 평지 또는 완경사 지역에 설치할 것 • 산사태취약지역으로 지정된 지역에 설치하지 아니하고, 산사태, 급경사지 붕괴, 토석류 등의 위험이 없는 안전한 곳에 설치할 것 • 태풍, 홍수, 폭설 등으로 인한 침수, 범람으로 고립 위험이 없는 곳에 설치할 것 • 구급차, 소방차 등 긴급 차량의 진입이 원활하도록 야영장 진입로 및 내부 도로는 1차선 이상의 차로를 확보하고, 1차선 차로만 확보한 경우에는 적정한 곳에 차량의 교행이 가능한 공간을 확보할 것 • 차량 주행도로와 야영장은 20m 이상 충분한 이격거리를 확보할 것 • 전기시설의 경우 침수위험이 없도록 충분한 높이에 누전차단기를 설치하고 접지를 하며, 보행로 상에 전선피복이 노출되지 않도록 할 것
기본시설	일반야영장(야영데크를 포함한다. 이하 같다)·자동차야영장·숲속의 집 및 트리하우스 등	• 일반야영장의 야영시설은 야영공간(텐트 1개를 설치할 수 있는 공간을 말한다)당 $15m^2$ 이상을 확보하고, 텐트 간 이격거리를 6m 이상 확보할 것 • 자동차야영장의 야영시설은 야영공간(차량을 주차하는 공간과 그 옆에 야영장비 등을 설치할 수 있는 공간을 말한다)당 $50m^2$ 이상을 확보하고, 텐트 간 이격거리를 6m 이상 확보할 것 • 야영지는 주변 환경을 고려하여 적당한 울폐도(숲이 우거진 정도) 및 차폐도(숲으로 둘러싸인 정도) 등을 유지할 것

구 분	시설의 종류	설치기준
편익시설	임도·야외탁자·데크로드·전망대·모노레일·야외쉼터·야외공연장·대피소·주차장·방문자안내소·임산물판매장	• 이용자의 쾌적성과 편리성을 고려하여 설치하고, 시설 중 일부는 장애인이 이용함에 불편함이 없도록 할 것 • 식수는 먹는 물 수질기준에 적합하도록 할 것
위생시설	취사장·오물처리장·화장실·음수대·오수정화시설 및 샤워장 등	
체험·교육 시설	산책로·탐방로·등산로·숲속교실·임업체험시설·유아숲체험원 등	
체육시설	철봉·족구장·민속씨름장·배드민턴장·썰매장·테니스장·어린이놀이터 등	
전기·통신 시설	전기시설·전화시설·인터넷중계기·휴대전화중계기 및 방송음향시설 등	
안전시설	울타리·화재감시카메라·화재경보기·소화기·재해경보기·보안등·비상조명설비·비상조명기구·재해예방시설·사방댐 및 방송시설 등	• 긴급한 재난·사고 시 신속히 그 상황을 알릴 수 있도록 방송시설을 갖출 것 • 야영공간 2개소당 1기 이상의 소화기를 배치할 것 • 응급약품 등 비상물품을 갖춘 별도의 비상대피시설을 지정할 것 • 비상시 야영장에서 대피시설까지 원활하게 이동할 수 있도록 비상조명설비 또는 비상조명기구를 갖출 것

⑤ 산림레포츠시설의 종류 및 기준(산림문화·휴양에 관한 법률 시행령 [별표 3의3])

㉠ 산림레포츠시설의 종류별 필수시설

구 분	필수시설
산악승마시설	산악승마코스, 위험지역 차단시설, 시설·안전 안내표지판, 방향·거리 표지판
산악자전거시설	산악자전거코스, 급경사구간 차단시설, 시설·안전 안내표지판, 방향·거리 표지판
행글라이딩시설 또는 패러글라이딩시설	이륙장, 착륙장, 진입로, 풍향표시기, 시설·안전 안내표지판, 방향·거리 표지판
산악스키시설	산악스키코스, 안전망, 안전매트, 시설·안전 안내표지판, 방향·거리 표지판
산악마라톤시설	산악마라톤코스, 시설·안전 안내표지판, 방향·거리 표지판
기타 시설	안전 안내표지판과 그 밖에 산림청장이 정하여 고시하는 시설

㉡ 산림레포츠시설의 기준
- 산림 훼손과 오염을 최소화하며 친자연적으로 시공할 것
- 산사태취약지역으로 지정되지 않은 지역에 설치할 것
- 재난에 효과적 대응이 가능하도록 안전시설과 장비를 갖출 것
- 건설, 전기, 통신, 소방, 환경, 위생 등 관련 법령에서 요구되는 시설기준을 충족할 것
- 관련 법령에서 정하는 시설 및 안전기준에 적합할 것

- 산림레포츠에 활용되는 각종 시설, 장비, 기구 등은 안전하게 이용될 수 있는 상태를 유지할 것
- 수용인원에 적합한 규모와 면적으로 시설을 설치할 것
- 시설 및 기구·설비 등은 이용하기에 편리한 구조로 하여야 하며, 장애인이 이용하기 편리하도록 설치할 것
- 등산객, 탐방객이 많이 이용하는 노선은 피하고, 산림레포츠시설 이용자와 등산객, 탐방객의 충돌을 피하기 위한 안내 표지판이나 교행 공간 등을 둘 것
- 계절별·시간별로 구분·운영하는 등의 경우에는 동일 코스를 두 개 이상의 산림레포츠 종목의 시설로 활용할 수 있으며, 이 경우 상호 충돌을 피하기 위한 안내 표지판이나 교행 공간 등을 둘 것
- 임산물판매장, 매점 및 휴게음식점영업소는 주차장, 매표소, 사무실 등 부수적으로 설치할 수 있는 시설에 인접하여 설치할 것

PART 02

산림기사 · 산업기사 실기

사방공학

1 산림유역의 강수량 산정법 ★기출

(1) 산술평균법

유역 내의 평균강수량을 산정하는 가장 간단한 방법으로 유역 내에 관측점의 지점강우량을 산술평균하여 평균강우량을 얻는 방법

$$P_m = \frac{P_1 + P_2 + \cdots\cdots + P_n}{N} = \frac{1}{N}\sum_{i=1}^{n}P_i$$

여기서, P_m : 유역의 평균강우량

$P_1,\ P_2,\ \cdots\cdots,\ P_n$: 유역 내 각 관측점에 기록된 강우량

N : 유역 내 관측점수의 합계

(2) Thiessen법

우량계가 불균등하게 분포되어 있을 경우 전 유역면적에 대한 각 관측점의 지배면적비를 가중인자로 하여 이를 각 우량치로 곱하고 합계를 한 후 이 값을 전 유역면적으로 나눔으로써 평균강우량을 산정하는 방법

$$P_m = \frac{A_1P_1 + A_2P_2 + \cdots\cdots + A_NP_N}{A_1 + A_2 + \cdots\cdots + A_N} = \sum_{i-1}^{N}A_iP_i\Big/\sum_{i-1}^{N}A_i$$

여기서, P_m : 유역의 평균강우량

$P_1,\ P_2,\ \cdots\cdots,\ P_n$: 유역 내 각 관측점에 기록된 강우량

$A_1,\ A_2,\ \cdots\cdots,\ A_n$: 각 관측점의 지배면적

(3) 등우선법

지도상에 관측점의 위치와 강우량을 표시한 후 등우선을 그리고, 각 등우선 간의 면적을 구적기로 측정한 다음 전 유역면적에 대한 등우선 간 면적비를 해당 등우선 간의 평균 강우량에 곱하여 이들을 전부 더함으로써 전 유역에 대한 평균강우량을 구하는 방법

$$P_m = \frac{A_1 P_{1m} + A_2 P_{2m} + \cdots\cdots + A_N P_{Nm}}{A_1 + A_2 + \cdots\cdots + A_N} = \sum_{i=1}^{N} A_i P_m / \sum_{i=1}^{N} A_i$$

여기서, P_m : 유역의 평균강우량

A_1, A_2, ……, A_N : 각 등우선 간의 면적

N : 등우선에 의하여 구분되는 면적구간의 수

P_{im} : 두 인접 등우선 간의 면적에 대한 평균강우량

2 산림의 수문 관련 용어 정리

(1) 윤변과 경심

① 윤변(P) : 수로의 횡단면에 있어서 물과 접촉하는 수로 주변의 길이를 말한다.

② 경심(R) : 유적을 윤변으로 나눈 것을 경심 또는 동수반지름이라 한다.

③ 자연하천과 같이 수심에 비하여 수면의 너비가 매우 넓을 경우에는 윤변과 수면의 너비가 거의 같다고 보아 유적을 수면의 너비로 나눈 경심이 수로의 평균수심이 된다.

기출문제

유적, 윤변, 평균수심 계산하기

정답 경심(평균수심) = 통수단면적/윤변

(2) 임계유속

유속이 어떤 한계보다 작으면 물 입자는 관측에 나란히 층상을 이루어 질서 있게 흐르는데, 이와 같은 흐름을 층류라 하며, 유속이 어떤 한계보다 크면 물 입자는 상하좌우로 불규칙하게 흩어지면서 흐르는데, 이와 같은 흐름을 난류라고 한다. 이러한 층류에서 난류로 변화할 때의 유속을 일컫는 말로서 계상의 침식을 일으키지 않는 경우의 최대유속이다(침식을 일으키는 경우는 난류의 유속).

(3) 안정물매

유수는 상류로부터 운반하여 온 큰 돌은 침전시키고, 작은 돌은 하류로 운반한다. 그러므로 하상재료의 재배열이 시작되며, 석력의 교대는 있어도 세굴과 침전이 평형을 유지하여 종단형상에 변화를 일으키지 않는 계상의 물매로 보정물매 또는 자연사도라 한다.

(4) 평형물매와 편류물매

① 평형물매 : 만수일 때는 유수의 소류력이 최대이므로 안정물매가 최소가 되어 사력의 결해가 발생하지 않는 물매

② 편류물매 : 석력이 포화상태일 때는 유수의 소류력이 최소가 되어 안정물매가 최대가 되는 물매

③ 하천사방공사에서는 편류물매를 개량하여 평형물매를 유지하는 것이 목적이다.

3 평균유속의 산정

(1) Chezy 공식

$$V = c\sqrt{RI}$$

여기서, V : 평균유속(m/sec)

c : 유속계수

R : 경심(m)

I : 수로의 물매(2%일 경우 0.02)

(2) Bazin 구공식(황폐계류나 야계사방)

$$V = \sqrt{\frac{1}{\alpha + \beta/R} \cdot \sqrt{RI}}$$

[Bazin 구공식의 조도계수 α와 β의 값]

구 분	수로의 상태	α	β
제1종	시멘트를 바른 수로 또는 대패질한 판자수로	0.00015	0.0000045
제2종	다듬돌·벽돌 및 대패질을 하지 않은 판자수로	0.00019	0.0000133
제3종	축석수로 및 장석수로	0.00024	0.0000600
제4종	흙수로	0.00028	0.0003500
제5종	자갈이 있는 불규칙한 수로(황폐계류)	0.00040	0.0007000

(3) Bazin 신공식(대하천)

$$V = \frac{87}{1 + n/\sqrt{R}} \cdot \sqrt{RI}$$

[Bazin 신공식의 조도계수 n의 값]

구 분	수로의 상태	n
제1종	시멘트를 바른 수로 또는 대패질한 판자수로	0.06
제2종	대패질을 하지 않은 판자수로·벽돌수로·콘크리트수로	0.16
제3종	다듬돌 또는 야면석수로	0.46
제4종	축석수로 및 장석수로	0.86
제5종	흙수로	1.30
제6종	큰 자갈 및 수초가 많은 흙수로(황폐계류)	1.75

기출문제

Chezy와 Bazin 공식을 활용하여 평균유속 구하기

정답) 위 공식 외울 것

(4) Manning 공식

$$V = \frac{1}{n} \cdot R^{2/3} \cdot I^{1/2}$$

여기서, n : 유로조도계수이며, 조도계수(n)가 커질수록 유속(V)은 감소된다. 일반적으로 구불구불하고 자갈과 수초가 있는 계천에서의 n의 범위는 0.030~0.055이다.

4 유량산정법

(1) 유속에 의한 방법

통수단면적(A), 즉 유적을 실측하고, 평균유속공식에 의한 평균유속(V)으로 유량(Q)을 산정하는 방법으로 유량이 많은 하천에 사용한다.

$$Q = V \times A, \ V = Q/A, \ A = Q/V$$

여기서, Q : 유량(m^3/s)
V : 유속(m/s)
A : 유적(수로의 통수(횡)단면적, m^2)

유량 계산하기, 유속, 유량 주어지고 수로의 단면적 계산하기

정답 위의 식을 이용하여 계산한다.

(2) 양수웨어에 의한 방법

① 직사각형 칼날웨어

$$Q = 1.84 \times \left(b - \frac{n}{10}h\right)h^{3/2}$$

여기서, b : 웨어의 너비(m)

$\quad\quad n$: 완전수축의 수(직류웨어 $n=0$, 편축류웨어 $n=1$, 축류웨어 $n=2$ 사용)

$\quad\quad h$: 웨어의 월류 수심

Francis공식(직사각형 칼날웨어)을 이용한 웨어너비 계산 : 직사각형 칼날웨어에서 월류수심 1m로서 유량 3.5m³/sec을 유하시키려면 웨어의 너비는?(단, 완전수축의 수 값은 직류웨어의 경우로 한다)

정답 $Q = 1.84 \times \left(b - \frac{n}{10}h\right)h^{3/2}$

$\quad\quad$ 여기서, b : 웨어의 너비(m)

$\quad\quad\quad\quad n$: 완전수축의 수

$\quad\quad\quad\quad h$: 웨어의 월류 수심

$\quad\quad$ 이때 n = 0이므로, Q = 1.84 × $bh^{3/2}$

$\quad\quad$ 즉, 3.5 = 1.84 × $b(1)^{3/2}$

$\quad\quad$ ∴ 웨어의 너비는 약 1.902m

② 삼각형 칼날웨어

$$Q \fallingdotseq 1.4h^{5/2}$$

사방댐 방수로(삼각형 칼날웨어)에서 유량 계산 : 삼각형 칼날웨어에서 수두(월류수심) 80cm 일때의 유량은?

정답 $Q \fallingdotseq 1.4h^{5/2}$ = 1.4(0.8)$^{5/2}$

$\quad\quad$ ∴ 유량은 0.8m³/sec

5 최대홍수 유량산정법

(1) 시우량법

$$Q = K \times \frac{a \times (m/1,000)}{60 \times 60}$$

여기서, Q : 1초 동안의 유량(m^3/sec)
   K : 유거계수(유역 내 우량과 하천의 유거량과의 비)
   a : 유역면적(m^2)
   m : 최대시우량(mm/hr)

(2) 합리식법

$$Q = 0.002778\,CIA$$

여기서, C : 유출계수
   I : 최대시우량(mm/hr)
   A : 유역면적(ha)

※ 유역면적(km^2) 일 때 Q(m^3/sec) = 0.2778CIA

기출문제

(홍수도달시간, 최대홍수유출량)배수구 통수단면 빈칸에 들어갈 말을 채우시오.

배수구의 통수단면은 (①) 빈도 확률강우량과 홍수도달시간을 이용한 (②)으로 계산된 (③)
의 (④)배 이상으로 설계, 설치하고 수리계산과 현지여건을 감안하되, 기본적으로 (⑤)m
간격으로 설치하며 그 지름은 (⑥)mm 이상으로 한다.

정답 ① 100년, ② 합리식, ③ 최대홍수유출량, ④ 1.2, ⑤ 100, ⑥ 1,000

시우량법과 합리식법으로 홍수유량 계산하기

정답 위의 공식 적용

Chapter 02 산림침식

1 산지침식의 구분

(1) 정상침식

자연적인 지표의 풍화상태로서 자연침식 또는 지질학적 침식이라고도 한다.

(2) 가속침식

사방의 대상이 되는 침식으로 어떠한 작용에 의해 이루어지는 것으로 이상침식이라고도 하는데 이러한 토양침식을 지배하는 주요 요인은 기상, 토양, 지형, 식생, 토양침식에 관한 시설 등의 요인이 있다.

① 물침식 : 물에 의하여 지표 또는 토양에서 발생되는 침식으로 그 과정은 다음 순으로 진행된다.

> 우격침식(우적침식, 타격침식) : 지표면의 토양입자를 빗방울이 타격하여 흙입자를 분산·비산시키는 분산작용과 운반작용에 의하여 일어나는 침식현상

> 면상침식(증상침식, 평면침식) : 빗방울의 튀김과 표면유거수의 결과로써 일어나는 토양의 이동현상

> 누구침식(누로침식, 우열침식) : 경사지에서 면상침식이 더 진행되어 구곡침식으로 진행되는 과도기적 침식 단계로 물이 모여서 세력이 점차 증대되어 하나의 작은 물길, 즉 누구를 진행하면서 형성되는 침식형태

> 구곡침식(단수식계침식, 걸리침식) : 누구침식이 점점 진행되어 그 규모가 커져서 보다 깊고 넓은 침식구, 즉 구곡을 형성하는 침식형태

야계침식(계천침식, 계간침식) : 우리나라의 사방대상지와 밀접한 것으로 구곡침식의 대상에 포함시키기도 함

하천침식(세로침식, 가로침식)

바다침식(파랑침식, 연안류침식, 저류침식)으로 진행되며 그 밖의 지중침식도 있음

㉠ 누구 : 경사지에서 쟁기로 갈아서 그 골이 없어질 수 있는 작은 침식구
㉡ 구곡 : 쟁기로 갈아서 없어지지 않는 큰 침식구
㉢ 심곡 : 구곡이 더 진행되어 그 너비가 넓어진 것

기출문제

빗물에 의한 침식 유형과 진행 순서를 쓰고 설명하시오.

정답 → 우격침식에서 구곡침식까지만 설명(4가지 과정일 경우)

토양침식 중 정상침식과 가속침식을 설명하시오.

정답 →
- 정상침식 : 자연적인 지표의 풍화상태로서 자연침식 또는 지질학적 침식이라 한다.
- 가속침식 : 정상침식보다 빠른 침식으로 인간 활동의 영향으로 인한 지피식생의 파괴와 물 또는 바람 등의 작용으로 일어나는 침식이다.

② 중력에 의한 침식
㉠ 붕괴형 침식 : 호우 등으로 인하여 어느 정도 깊이의 토층이 수분으로 포화된 비교적 급 경사면에서 중력의 작용으로 그 응집력을 잃고 일시에 빠른 속도로 토층이 밀려 내리는 붕괴현상

산사태	주로 호우 등의 원인에 의해 산정 가까운 산복부의 지괴가 융해·팽창되어 일시에 계곡·계류를 향하여 연속적으로 비교적 길게 붕괴되는 지층의 현상
산 붕	산사태보다 규모가 작은 소형 산사태
붕 락	눈이나 얼음이 녹은 물로서 토층이 포화되어 무너져 떨어지는 중력침식의 한 형태로서 붕락된 지표층에 주름이 잡혀짐
포 락	발생부위가 반드시 흐르는 물과 관계되어 비탈면 끝을 흐르는 계천의 가로침식에 의하여 무너지는 침식현상으로 유수에 의해 토사가 유실됨
암설붕락	돌부스러기가 붕괴되는 침식현상

㉡ 동상침식 : 토사비탈면 위에서 과습한 토양과 기타 포화물질이 얼었다, 녹았다 하는 과정에서 서서히 내려가는 침식현상

ⓒ 지활형 침식 : 주로 지하수에 의하여 땅속의 전단저항이나 점착력이 약한 부분에 따라 그 상층부의 지괴가 서서히 아래 비탈면을 향하여 이동하는 현상으로 땅밀림이 전형적인 침식형태로 일본에서 자주 일어나나 우리나라에 최초로 보고된 것은 충북의 경우이며 지금은 이런 형태의 침식이 자주 보고되고 있음

ⓓ 유동형 침식 : 붕괴형 침식이나 지활형 침식의 결과로 그 유동성 물질에 의한 침식작용으로 발생되는 것으로 토석류, 토류, 암설류 등이 있다.

[붕괴형 산사태와 땅밀림형 산사태]

구 분	산사태 및 산붕	땅밀림
지 질	관계가 적음	특정 지질·지질구조에서 많이 발생
토 질	사질토에서 많이 발생	점성토가 미끄럼면
지 형	20° 이상의 급경사지	5~20°의 완경사지
활동상황	돌발성	계속성, 지속성
이동속도	굉장히 빠름	느림(0.01~10mm/일)
흙덩이	토괴 교란	원형보전
유 인	강우·강우강도 영향	지하수
규 모	작 음	큼(1~100ha)
징 조	돌발적으로 발생	발생 전 균열의 발생·함몰·융기·지하수의 변동 등이 발생

기출문제

붕괴형 산사태와 비교하여 땅밀림형 산사태 특징 3가지 쓰시오.

정답 위의 표에서 3가지 이상의 특징 나열

2 황폐지 유형

황폐지는 황폐의 진행상태 및 정도 등에 따라 그 초기단계부터 척악임지, 임간나지, 초기황폐지, 황폐이행지, 민둥산, 특수황폐지 등으로 구분한다.

척악임지	정 의	산지비탈면이 여러 해 동안의 표면침식과 토양유실로 인하여 산림토양의 비옥도가 심히 쇠퇴한 척박한 상태의 산지로서 속히 임지비배의 기술이 도입되어야 할 곳
	사방공법	비료목 식재, 등고선구의 설치, 비탈면 덮기 및 시비
임간나지	정 의	비교적 키가 큰 임목들이 외견상 엉성한 숲을 이루고 있지만, 지표면에 지피식물이나 유기물이 적고 때로는 면성, 누구 또는 구곡침식까지 발생되고 있으므로 입목이 제거되거나 산림병해충의 피해로 고사하게 되면 곧 초기황폐지나 또는 황폐이행지 형태로 급진전되는 황폐지
	사방공법	내음성 초류 파식, 지피식물조성, 누구막이 및 구곡막이 설치

초기황폐지	정 의	척악임지나 임간나지는 그 안에서 이미 침식이 진행되는 형태이나 이것이 더욱 악화되면 산지의 침식이나 토양상태로 보아 외견상으로도 분명히 황폐지라고 인식할 수 있는 상태의 산지
	사방공법	비료목식재, 사방수 밀식, 비탈면 씨흘어뿌리기 또는 줄뿌리기
황폐이행지	정 의	초기황폐지는 이 단계에서 복구되지 않으면 점점 더 급속히 악화되어 가까운 장래에 민둥산이나 붕괴지로 될 위험성이 있는 단계
	사방공법	집약적 파식작업, 산복선떼붙이기, 산복돌쌓기, 막논돌수로내기, 떼수로내기, 돌구곡막이, 떼누구막이, 돌누구막이, 싸리 및 잡초 혼합파종 등
민둥산	정 의	황폐이행지가 진전되면 누구와 구곡의 발달이 현저하여 산지전체로 보면 심한 침식지 또는 나지가 되는데 이와 같이 표면침식에 의한 면적이 비교적 넓은 나지상태의 산지
	사방공법	피복공법과 밀파식, 집약적인 산복사방과 계간사방시공
특수황폐지	정 의	각종 침식 및 황폐단계가 복합적으로 작용하여 발생된 산지의 황폐도가 대단히 격심한 황폐지
	사방공법	특수 사방시공법 등 적용

예상문제

황폐지의 황폐의 진행상태 및 정도 등에 따른 특징을 구분하고 설명하시오.

[정답] 위의 표에서처럼 순서대로 기술하고 정의를 간략히 기술한다.

황폐지의 종류별 침식방지 방법을 설명하시오.

[정답] 위의 표에서처럼 진행순서대로 기술하고 사방공법을 간략히 기술한다.

1 사방공사 재료

(1) 석 재

① **마름돌** : 직사각형 육면체가 되도록 각 면을 다듬은 석재로서 다듬돌이라고 한다. 견고한 사방댐이나 미관을 요하는 돌쌓기 공사에 사용되며, 크기는 가로 30cm × 세로 30cm × 길이 50~60cm 정도이다.

② **견치돌** : 견고를 요하는 돌쌓기 공사에 사용되며 특별히 다듬은 석재로서 단단하고 치밀한 돌을 사용한다. 크기는 면의 길이를 기준으로 하여 길이는 1.5배 이상, 이맞춤 너비는 1/5 이상, 뒷면은 1/3 정도, 허리치기의 중간은 1/10 정도로 해야 하며, 1개의 무게는 보통 70~100kg이다.

③ **막깬돌** : 견치돌처럼 엄격한 치수에 의해 만들지 않고 막 깨낸 석재로, 길이는 면의 1.5배 이상으로 하고 1개의 무게는 60kg 정도이다. 마름돌이나 견치돌은 비싸므로 일반적인 사방 공사에서는 주로 막깬돌을 사용한다.

④ **야면석** : 자연적으로 개천 바닥에 있는 무게 100kg 정도 되는 전석을 말한다.

⑤ **호박돌** : 기초, 잡석 쌓기 기초바닥용, 콘트리트 기초바닥용 등으로 사용되는 지름이 30cm 정도인 호박모양의 둥글고 긴 천연석재로서 산이나 개울 등지에서 채취한다.

⑥ **잡석** : 산복이나 계천에 산재하고 있는 모양이 일정하지 않은 작은 전석으로서 그 크기는 내개 막깬돌이나 호빅돌보다 직다.

⑦ **뒤채움돌 및 굄돌** : 뒤채움돌은 메쌓기공법에서 돌쌓기의 뒷부분을 채우는 돌이며, 굄돌은 돌쌓기에서 돌을 괴는 데 사용하는 돌이다.

⑧ **조약돌 · 굵은 자갈 · 자갈 및 력** : 조약돌은 자연석으로 지름 10~20cm 정도인 계란형의 돌이고, 굵은 자갈은 자연석으로 지름 7.5~20cm 정도이다. 자갈은 지름 0.5~7.5cm 정도이고, 력은 자연적인 굵은 자갈과 자갈이 골고루 섞여있는 상태를 말한다.

> **기출문제**
>
> 다듬돌(마름돌), 견치돌, 야면석, 호박돌을 설명하시오.
>
> **정답** 위의 내용대로 설명한다.

(2) 골 재

① 골재 : 시멘트와 물을 비벼서 혼합할 때 넣는 모래, 자갈, 부순 자갈, 부순 모래 및 그 밖의 이와 비슷한 재료로 콘크리트 부피의 65~80%를 차지한다.

② 잔골재 : 한국공업규격에서 4번체(눈금 5mm)에 무게의 85% 이상이 통과하는 것

기출문제

잔골재 체 기준을 쓰시오.

정답 • 콘크리트용 골재 중 모래와 같이 세립한 골재
  • KS A 5101(표준체)에 규정되어 있는 10mm 체를 전부 통과하고 5mm 체를 중량비로 85% 이상 통과하는 골재
  • 골재는 KS F 2522(골재의 정의)의 규정에 맞아야 하며 품질 및 입도는 규격에 따름

③ 굵은골재 : 한국공업규격에서 4번체(눈금 5mm)에 무게의 85% 이상이 남는 것

④ 보통골재 : 비중이 2.50~2.65

⑤ 경량골재 : 비중이 2.50 이하

⑥ 중량골재 : 비중이 2.70 이상

(3) 시멘트

① 포틀랜드시멘트로 비중은 3.05~3.15이고, 무게는 $1,500 kg/m^3$이다.

② 조기강도를 위해 염화칼슘과 같은 경화촉진제를 사용하며, 겨울철에는 시멘트 무게의 1%인 염화칼슘 AE제를 사용한다.

③ 모르타르는 시멘트 1에 모래 1~3의 비율이다.

(4) 콘크리트

① 보통콘크리트 1 : 3 : 6(시멘트 : 잔골재 : 굵은골재의 무게비)

② 철근콘크리트 1 : 2 : 4(시멘트 : 잔골재 : 굵은골재의 무게비)

③ 그다지 중요치 않은 것 1 : 4 : 8(시멘트 : 잔골재 : 굵은골재의 무게비)

④ 콘크리트의 강도에 영향을 미치는 요인

  ㉠ 구성재료의 영향

  • 시멘트 : 시멘트의 강도는 콘크리트의 강도와 매우 밀접한 관계가 있다.

  • 골재 : 표면이 매끄러운 골재는 거친 골재보다 낮은 응력에서 균열을 형성한다.

  • 물 : 콘크리트의 배합에 사용되는 물의 양이 콘크리트 강도에 미치는 영향이 크며, 물의 질도 시멘트의 응결, 콘크리트의 강도, 콘크리트 표면 위의 얼룩, 철근의 부식 등에 큰 영향을 미칠 수 있다.

ⓛ 콘크리트 배합의 영향
- 물/시멘트비 : 콘크리트의 강도는 물/시멘트비의 영향을 받는다. 배합비 $1:2:4$에서는 적당한 물/시멘트 비율이 60%, $1:3:6$에서는 적당한 물/시멘트 비율이 70%이다.
- 골재-시멘트비 : 골재중량/시멘트중량도 콘크리트의 강도에 미치는 것으로 알려져 있다.

ⓒ 시공방법의 영향
- 비비기 시간이 길수록 시멘트와 물의 접촉이 좋아져 강도가 증가한다.
- 진동기로 다지기를 행할 경우에는 된 반죽의 콘크리트일 때 강도가 증가하는 반면에, 묽은 반죽에서는 별 영향이 없다.
- 콘크리트의 성형 시에 원심력방법, 진공법, 기계적 가압방법, 전압방법 등에 의하여 가압성형하면 일반적으로 콘크리트의 강도가 증가한다.

기출문제

콘크리트 배합비 $1:3:6$ 의미를 쓰시오.

정답 ▶ 콘크리트 배합비는 콘크리트 $1m^3$을 만드는 데 소요되는 재료인 시멘트, 모래, 자갈의 양의 용적배합 비율 또는 무게비를 표시한 것이다.

콘크리트의 강도에 영향을 미치는 요인 3가지를 쓰시오.

정답 ▶ • 구성재료의 영향 : 시멘트, 골재, 물
- 콘크리트 배합의 영향 : 물/시멘트비, 골재-시멘트비
- 시공방법의 영향

---

2 돌쌓기

(1) 돌붙임

비탈물매가 $1:1$보다 완만한 경우

(2) 돌쌓기

돌붙임물매보다 급한 경우

돌쌓기 공사의 시공 요령 4가지를 쓰시오.

정답
- 기초를 깊이 파고 단단히 다지며, 큰 돌부터 먼저 놓아가면서 차례로 쌓아 올리고, 튀어나오거나 들어가지 않도록 면을 맞추고 양옆의 돌과도 접촉부가 맞도록 한다.
- 시공 목적에 알맞은 좋은 석재를 선택한다.
- 돌쌓기의 세로줄눈이 일직선이 되는 통줄눈은 피하고, 파선줄눈이 되도록 쌓는다.
- 물매는 일반적으로 메쌓기 1 : 0.3, 찰쌓기의 경우 1 : 0.2를 표준으로 한다.
- 찰쌓기를 할 때에는 석축 뒷면의 물빼기에 특히 유의한다.
- 돌과 돌 사이는 자갈 등으로 채우고 뒤 사이에도 돌을 채워 뒤채움을 잘해야 한다.
- 돌의 배치는 보통 여섯에움으로 하고 금기돌은 피하여야 한다.

(3) 찰쌓기

돌을 쌓아 올릴 때 뒷채움에 콘크리트를 사용하고, 줄눈에 모르타르를 사용하는 것으로 이때 뒷면의 배수에 주의하여야 하며, 돌쌓기 2~3m^2 마다 한 개의 지름 약 3cm의 PVC 파이프 등으로 물빼기 구멍, 즉 배수구를 설치하는데, 일반적인 물매는 1 : 0.2를 표준으로 한다.

(4) 메쌓기

돌을 쌓아 올릴 때 모르타르를 사용하지 않고 쌓는 것으로, 뒷면의 침투수 등이 돌사이로 잘 빠지기 때문에 토압이 증가될 염려는 없지만 쌓는 높이에 제한을 받는데 일반적인 물매는 1 : 0.3을 표준으로 한다.

찰쌓기와 메쌓기를 설명하시오.

찰쌓기 물빼기 구멍 배치기준을 쓰시오.

정답   위의 설명대로 기술한다.

(5) 골쌓기

비교적 안정되고, 견치돌이나 비교적 큰 돌을 사용할 수 있으므로 흔히 사용하는 돌쌓기 방법으로 막쌓기라고도 한다.

(6) 켜쌓기

돌의 면 높이를 같게 하여 가로줄눈이 일직선이 되도록 쌓는 방법으로서 바른층쌓기라고도 한다.

(7) 금기돌 : 돌쌓기에서는 돌의 배치에 특히 주의해야 하는데 다섯에움 이상 일곱에움 이하가 되도록 하여야 하며, 보통 여섯에움으로 한다. 이와 같은 돌쌓기 방법에 어긋나는 돌쌓기를 하면 돌의 접촉부가 맞지 않아서 힘을 받지 못하는 불안정한 돌이 나타나는데 이것을 금기돌이라 한다.

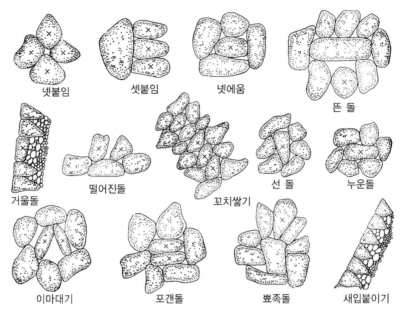

[불량한 돌쌓기에서 나타나는 금기]

① **넷붙임** : 정사각형 또는 둥근 돌로서 크기가 비슷한 4개의 돌을 붙이는 돌쌓기를 할 때 나타난다.

② **셋붙임** : 특히 길고 큰 돌을 작은 돌 틈에 섞어 쌓을 때 나타나며, 긴 돌에 작은 돌 3개가 나란히 접해진 상태이다.

③ **넷에움** : 1개의 돌을 4개의 돌이 에워싼 형태로 둘러 쌓인 돌은 뜬 돌이나 떨어진 돌이 되기 쉬우며 돌쌓기가 약해진다.

④ **뜬돌** : 길이가 긴 돌을 작은 돌과 섞어 사용할 때 나타나는 것으로서 큰 돌의 한쪽 길이에 작은 돌 3개가 접할 때 그 가운데 돌이 떠 있는 형태이며, 이것이 셋붙임과 다른 점은 큰 돌의 아랫변이 작은 다른 두 돌과 접하고 있다는 것이다.

⑤ **거울돌** : 뒷길이가 매우 짧고 넓적한 돌의 넓은 면을 쌓는 앞면이 되도록 놓아 앞에서 볼 때 거울과 비슷한 모양으로 쌓은 돌이다.

⑥ **떨어진돌** : 인접한 돌이 서로 접착되지 않고 떨어진 돌로서 부주의 할 때 나타난다.

⑦ **꼬치쌓기** : 크기가 비슷한 돌을 3개 이상 연속하여 수직으로 쌓는 것이다.

⑧ **선돌 및 누운돌** : 선돌은 길이가 매우 긴 돌을 수직으로 세워 쌓는 것이고, 누운돌은 옆으로 뉘어 쌓는 것이다.

⑨ 이마대기 : 편평한 돌 2개를 세워 이마가 서로 맞닿고 아랫부분이 과도하게 벌어지도록 쌓는 것이다.

⑩ 포갠돌 : 찬합을 쌓아 올린 것과 같이 넓적한 돌을 수평으로 포개 쌓는 것이다.

⑪ 뾰족돌 : 한쪽 끝이 뾰족한 돌을 좁은 두 돌 틈에 넣은 모양으로 끝이 상하게 되면 이 돌이 쐐기의 작용을 하게 되어 옆 돌의 위치에 변동을 주게 된다.

⑫ 새입붙이기 : 막깬돌이나 잡석을 쌓을 때 정해진 접착부를 만들지 않고 쌓기 때문에 생기는 것으로서 작은 외력에도 돌이 빠지거나 변형되기 쉽다.

예상문제

금기돌의 종류 4가지 이상 쓰시오.

정답 ▶ 넷붙임, 셋붙임, 넷에움, 뜬돌, 거울돌, 떨어진돌, 꼬치쌓기, 선돌 및 누운돌, 이마대기, 포갠돌, 뾰족돌, 새입붙이기

1 산복사방의 목표

(1) 표토침식의 방지

① 비탈면의 경사 완화

② 우수를 분산 유하

③ 표면을 피복

④ 우수를 특정한 유로에 모아 나출면에 흐르는 유량 감소

기출문제

표면 침식방지(표면 유실방지) 방법 4가지를 쓰시오.

정답 비탈면의 경사 완화, 우수를 분산 유하, 표면을 피복, 우수를 특정한 유로에 모아 나출면에 흐르는 유량 감소

(2) 붕괴 및 산사태의 확대 방지

① 경사의 완화

② 흙막이벽 설치

③ 침투수의 배수시설

④ 방지책의 설치

⑤ 장령림의 임분 조성

2 산복사방공종

(1) 산복사방공종의 분류

```
산복사방공사 ┬ 산복기초공사 ┬ 비탈다듬기(정지작업) : 비탈다듬기 · 단끊기
             │              ├ 비탈흙막이(정지작업) : 찰쌓기 · 메쌓기 · 틀 · 돌망태 · 콘크리트
             │              │   벽 · 콘크리트블록 · 콘크리트판 · 섶다발 · 바자 · 콘크리트기둥 등
             │              ├ 묻히기(정지작업) : 비탈흙막이와 같음
             │              ├ 누구막이 : 돌 · 떼 · 콘크리트블록 등
             │              ├ 배수로 : 찰붙이기 · 메붙이기 · 콘크리트관 · 콘크리트사석 · 돌망
             │              │   태 · 떼 등
             │              └ 속도랑 : 돌망태 · 자갈 · 콘크리트관 · 섶다발 · 터널집수정 등
             │
             └ 산복녹화공사 ┬ 바자얽기 : 편책 · 목책 · 콘크리트책 등
                            ├ 선떼붙이기 : 1~9급 선떼붙이기 · 대석
                            ├ 떼단쌓기 : 떼단쌓기 · 돌떼단쌓기
                            ├ 줄떼다지기 : 줄떼다지기 · 줄떼심기
                            ├ 조공 : 떼 · 돌 · 새 · 짚 · 통나무 · 섶 · 콘크리트판 · 녹화 2차자재 등
                            ├ 비탈덮기 : 짚 · 거적 · 망 · 섶 등
                            ├ 사방파종공법(씨뿌리기) : 조공식 · 사면혼파 · 분사식 · 항공파종 등
                            └ 사방식재공업(나무심기) : 사방식재공법 · 사방조림
```

(2) 산복사방공종의 토사량 및 계단연장 계산

① 토사량 계산(임도측량일반편 참조)

② 계단연장의 계산 방법

    ㉠ 실측법 : 소규모 산복공사지에 줄자로 실측하는 방법

    ㉡ 지형측량법 : 측량을 한 후 지형도를 작성하여 구하는 방법

    ㉢ 평면적법 : 계단연장 $= \dfrac{평면적 \times \tan\alpha\,(산복경사각)}{계단간격}$

    ㉣ 사면적법 : 계단연장 $= \dfrac{사면적}{계단간격 \times 1/\sin\alpha}$

(3) 산복사방 주요공종의 설명

① 산복흙막이

    ㉠ 산복경사의 완화, 붕괴의 위험성이 있는 비탈면의 유지, 매토층 밑부분의 지지 또는 수로의 지지 등을 목적으로 산복면에 설치하는 구조물이다.

    ㉡ 산복흙막이는 시공재료에 따라 산복콘크리트벽쌓기, 산복돌쌓기, 산복콘크리트블록쌓기, 산복콘크리트기둥쌓기, 산복PNC판쌓기, 산복돌망태쌓기, 산복통나무쌓기, 산복바자얽기 등이 있다.

> **기출문제**
>
> **산비탈(산복)흙막이 시공목적을 쓰시오.**
>
> **[정답]** 산복경사의 완화, 붕괴의 위험성이 있는 비탈면의 유지, 매토층 밑부분의 지지 또는 수로의 지지

② 누구막이

    ㉠ 주로 산복비탈면에서 누구의 침식발달을 방지하기 위하여 시공하는 공작물로서 규모가 작다.

    ㉡ 누구막이 공작물은 시공재료에 따라 돌누구막이, 콘크리트블록누구막이, 떼누구막이 등이 있다.

③ 산복수로

    ㉠ 시공목적

       • 비탈면의 침식을 방지하고, 특히 다른 공작물이 파괴되지 않도록 일정한 개소에 유수를 모아 배수한다.

       • 산복공사의 속도랑(암거)에 의하여 집수된 물을 지표에 도출하고 안전하게 배수한다.

       • 붕괴비탈면을 자유롭게 유하하는 자연유로의 고정을 도모하기 위해 실시한다.

    ㉡ 산복수로 공작물은 시공재료에 따라 돌붙임수로(찰붙임수로, 메붙임수로), 콘크리트수로, 콘크리트블록수로, 떼붙임수로, 바자수로, 섶수로, 통나무수로, 흙수로 등이 있다.

> **기출문제**
>
> **산비탈(산복)수로의 종류 4가지를 쓰시오.**
>
> **[정답]** 돌붙임수로(찰붙임수로, 메붙임수로), 콘크리트수로, 콘크리트블록수로, 떼붙임수로, 바자수로, 섶수로, 통나무수로, 흙수로

④ 선떼붙이기

    ㉠ 비탈다듬기 공사를 시행한 산복비탈면에 수평계단을 설치하고, 그 앞면에 뜬떼를 세워 붙이며, 그 뒷부분에 묘목을 심는 등고선 계단모양의 산복녹화공종으로서 수평단 길이 1m당 떼의 사용 매수에 따라 고급 선떼붙이기 1급(12.5매)에서 저급 선떼붙이기 9급(2.5매)까지 구분한다.

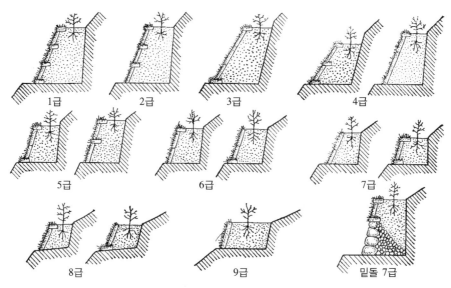

[선떼붙이기 공작물의 급별 시공구조]

ⓒ 선떼붙이기 시공요령

- 단끊기 및 줄긋기 : 단끊기의 너비는 50~70cm로 한다.
- 발디딤의 설치 : 15cm 정도의 수평면으로 다음과 같은 목적으로 설치한다.
    - 급경사지에서 선떼의 밑부분이 붕괴되어 일어나는 공작물의 파괴를 방지한다.
    - 공작물의 시공 중에 인부들이 밟고 서서 작업을 할 수 있도록 한다.
    - 선떼의 밑부분과 바닥떼의 활착을 조장한다.

기출문제

4급 선떼붙이기공법의 시공구조와 명칭 쓰기

정답 ▶

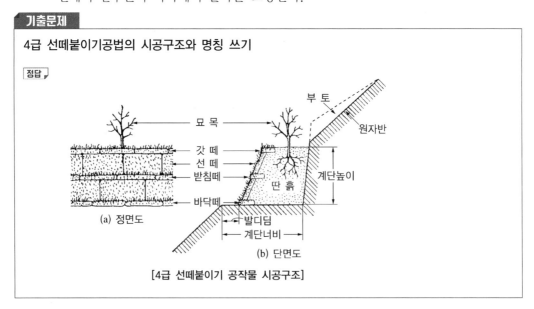

[4급 선떼붙이기 공작물 시공구조]

⑤ 조공법

  ㉠ 선떼붙이기공법까지는 필요하지 않은 비교적 완경사지의 산복비탈면에 수평으로 계단간 수직높이 1.0~1.5m, 너비 50~60cm의 계단을 만들고, 그 앞면에 침식을 방지하기 위하여 떼, 새포기, 잡석 등으로 낮게 쌓아 계단을 보호하며, 뒷면에는 흙을 덮은 후 사방묘목을 식재하는 산복녹화공법이다.

  ㉡ 종류 : 돌조공법, 새조공법, 섶조공법, 통나무조공법, 떼조공법, 인공녹화자재를 사용하는 조공법(식생반 및 식생자루조공법, 식생대조공법)

⑥ 줄떼다지기 : 흙쌓기비탈면을 일정한 물매로 유지하며, 비탈면을 보호·녹화하기 위하여 흙쌓기 비탈면에 수직높이 20~30cm 간격으로 반떼를 수평으로 삽입하고 달구판으로 단단하게 다지는 것으로 장차 떼가 활성화하여 번성하게 되면 시공비탈면이 안정·녹화된다.

⑦ 등고선구공법 ★기출 : 강수를 지면에 흡수하고 지표유하를 최소한으로 하여 산지 전체를 하나의 큰 저수지로 하며, 특히 토양침식을 억제하여 식물생육에 필요한 수분의 보급원으로 만들고자 하는 것으로 등고선 구의 길이는 8~10m, 구와 구의 좌우간격 6~10m, 상하구간의 수평거리 10~15m를 기준으로 경사 30도 내외의 산복에 설치한다.

⑧ 사방파종공법

  ㉠ 인력파종공법

  • 조공식 파종공법 : 비탈면 계단 너비 10cm 정도의 조공에 토양, 비료, 종자 등을 혼합하여 파종

  • 사면혼파공법 : 완경사지 등 떼가 부족한 곳에 혼파

  ㉡ 기계파종공법

  • 분사식 파종공법 : 물에 비료, 종자, 첨가제 등을 섞어 압축공기로 뿜어 비탈면에 고착시기는 방법 항공파종공법. 슬러리 방시과 베이스 방식이 있다.

기출문제

사방파종공법 종류를 3가지 쓰시오.

정답
  • 인력파종공법 : 조공식 파종공법, 사면혼파공법
  • 기계파종공법 : 분사식 파종공법(슬러리 방식, 베이스 방식)

⑨ 사방식재공법(사방조림)

  ㉠ 주요 사방조림수종 : 리기다소나무, 곰솔(해안지방), 물(산)오리나무, 물갬나무, 사방오리나무(남부지방), 아까시나무, 싸리, 참싸리, 상수리나무, 졸참나무, 족제비싸리, 보리장나무 등

  ㉡ 암석산지 또는 암벽녹화용 : 병꽃나무류, 노간주나무, 눈향나무 등

  ㉢ 덩굴식물 : 담쟁이덩굴, 댕댕이덩굴, 등수국, 칡, 등, 줄사철나무, 송악, 영국송악, 마삭줄, 인동덩굴 등

산복사방식재용 수종요구조건을 쓰시오.

정답
- 생장력이 왕성하여 잘 번무할 것
- 뿌리의 자람이 좋고, 토양의 긴박력이 클 것
- 척악지 · 건조 · 한해 · 충해 등에 대하여 적응성이 클 것
- 갱신이 용이하게 되고, 가급적이면 경제가치가 높을 것
- 묘목의 생산비가 적게 들고, 대량생산이 잘 될 것
- 토량개량효과가 기대될 것
- 피음에도 어느 정도 견디어 낼 것

1 야계의 분류

(1) 유역의 크기에 의한 분류

① 소야계 : 유역면적 10~20ha

② 중야계 : 유역면적 100ha 정도

③ 대야계 : 유역면적 100~1,000ha 정도

(2) 지계의 유무에 의한 분류

① 단일야계 : 지류가 없는 야계

② 복합야계 : 2개 이상의 지류가 있는 야계

③ 야계적 하천 : 계류바닥의 물매가 대개 6% 정도인 야계

2 황폐계류

(1) 황폐계류의 구분

① 토사생산구역 : 황폐계류의 최상부로 토사의 생산이 왕성한 구역

② 토사유과구역 : 토사생산구역에 접속된 구역이고 토사생산구역에서 생산된 토사를 운송하는 구간이다.

③ 토사퇴적구역 : 황폐계류의 최하부로 운송토사의 대부분을 이곳에 퇴적하여 계상을 높인다.

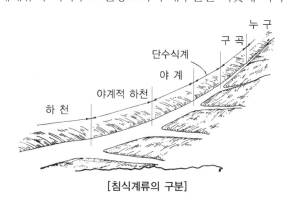

[침식계류의 구분]

(2) 황폐계류의 특성 ★기출

① 유로의 연장이 비교적 짧고 계상의 물매가 급하다.
② 유량은 강우나 융설 등에 의해 급격히 증가하거나 감소한다.
③ 유수는 계안과 계상을 침식한다.
④ 사력을 생산하여 하류부에 유출한다.

3 계간사방공작물

(1) 사방댐(Erosion Control Dam, Soil Conservation Dam)

사방댐은 황폐계류상에서 종횡침식으로 인한 돌, 자갈, 모래, 흙 등과 같은 침식 및 붕괴물질을 억제하고, 산사태로 인한 토석류 피해를 저지하기 위하여 계류를 횡단하여 설치하는 공작물이다.

① 사방댐의 주요 기능
　㉠ 계상물매를 완화하고 종침식을 방지하는 작용(바닥막이 기능)
　㉡ 산각을 고정하여 붕괴를 방지하는 기능(구곡막이 기능)
　㉢ 계상에 퇴적한 불안정한 토사의 유동을 방지하여 양안의 산각을 고정하는 작용
　㉣ 최근에는 산불 진화 및 야생동물에 제공되는 저수 기능도 추가됨
　　※ 사방댐의 원래 목적은 토석류 피해를 저지하기 위한 기능

기출문제

사방댐의 주요 기능 4가지를 쓰시오.

[정답]
- 계상물매를 완화하고 종침식을 방지하는 작용(바닥막이 기능)
- 산각을 고정하여 붕괴를 방지하는 기능(구곡막이 기능)
- 계상에 퇴적한 불안정한 토사의 유동을 방지하여 양안의 산각을 고정하는 작용
- 산불 진화 및 야생동물에 제공되는 저수 기능도 추가됨
　※ 사방댐의 원래 목적은 토석류 피해를 저지하기 위한 기능

---

② 구축재료에 따른 사방댐의 종류 : 돌댐(메쌓기댐, 찰쌓기댐, 전석댐), 콘크리트댐, 철근콘크리트댐, 강제댐, 돌망태댐, 통나무댐, 흙댐, 혼합쌓기댐
③ 형식에 따른 사방댐의 종류 : 직선중력댐, 아치댐, 3차원댐, 부벽댐(버트리스댐) 등

④ 각 부위별 명칭

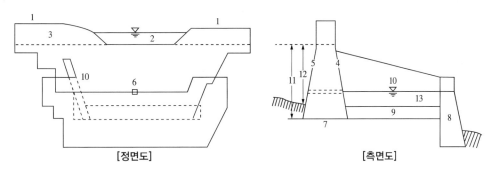

[정면도]　　　　　　　　　　　　　　[측면도]

1. 댐둑마루　2. 방수로　3. 댐둑어깨　4. 반수면　5. 대수면　6. 물빼기구멍　7. 댐둑밑
8. 앞 댐　9. 물받침　10. 측 벽　11. 댐높이　12. 댐유효높이　13. 물방석(Water Cushion)

⑤ 사방댐의 설계요인

　㉠ 위치의 결정

　　• 댐의 위치는 계상 및 양안에 암반이 존재하는 것을 원칙으로 하지만 계상에 암반이 없는 경우는 물받침 공작물이나 앞 댐을 계획하여 반수면 끝부위를 보호하지 않으면 안 된다.

　　• 댐의 위치는 상류부가 넓고 댐자리가 좁은 곳이 적당하다. 그러나 사력층의 기초가 되는 곳은 계곡 폭이 넓은 개소에 계획하고, 방수로를 넓게 하며, 반수면 끝부분을 보호하는 것이 유리한 경우도 있다.

　　• 지계의 합류점 부근에서 댐을 계획할 때에는 일반적으로 합류점의 하류부에 설치한다. 만약 주계나 지계 어느 한 쪽만이 황폐 되었을 때에는 황폐된 계류에 계획해야 한다.

　　• 계단상 댐을 설치할 때 첫 번째 댐의 추정퇴사선이 구계상물매를 자르는 점에 상류댐이 위치하도록 한다.

기출문제

사방댐의 설치 위치(적지선정 원칙) 4가지를 쓰시오.

[정답]
　• 댐의 위치는 계상 및 양안에 암반이 존재하는 곳
　• 댐의 위치는 상류부가 넓고 댐자리가 좁은 곳
　• 지계의 합류점 부근에서 댐을 계획할 때에는 일반적으로 합류점의 하류부에 설치
　• 계단상 댐을 설치할 때 첫 번째 댐의 추정퇴사선이 구계상물매를 자르는 점에 상류댐이 위치하도록 설치

ⓛ 방향의 결정 : 유심선에 직각으로 설정한 선을 댐의 방향으로 설정하여야 한다. 다만, 부득이 곡선 부위에 계획하는 경우에는 방수로의 중심선에서 유심선의 절선에 직각으로 댐의 방향을 결정한다.

ⓒ 높이의 결정 : 높이는 제저로부터 댐마루(방수로)까지이고, 유효높이는 시공 전 계상의 평균선으로부터 방수로까지를 말한다.

- 규모가 큰 붕괴지는 높은 사방댐을 시공한다.
- 산각의 침식방지 목적의 댐은 비교적 낮은 댐을 계단상으로 설치한다.
- 계상에 퇴적한 사력의 이동을 방지하기 위해 설치할 경우에는 현재의 계상 높이를 목표로 하여 계획한다.
- 토석류방지용 댐은 충분한 여유가 있는 높이로 하며, 저사를 목적으로 할 경우에는 가급적 높게 정한다.
- 댐의 위치가 적절하지 않을 때는 적당한 위치에 다소 높은 댐을 계획한다.

ⓡ 퇴사물매의 결정 : 계획물매는 계상물매의 1/2~2/3를 표준으로 한다. 종래의 경험에 의하면 2~6%이면 무난하다.

ⓜ 방수로의 결정

- 위 치
  - 댐 축설 지점의 하류면 끝 부위의 양안 및 계상에 좋은 암반이 있을 때는 어느 곳에 방수로를 설치해도 무방하다.
  - 암반이 없고 연약한 지반일 때는 계류의 중심부 또는 암반이 있는 쪽에 설치한다.
  - 일부는 암반 층, 일부는 사력층일 때 사력층 위에는 설치하지 않아야 한다.
  - 넓은 계류일지라도 계류의 유심에 관계없이 암반 위에 설치한다.
  - 하류부의 계류 양편에 경지나 택지 또는 기설공작물이 있을 때에는 유심 및 댐의 방향을 고려하여 방수로의 위치를 결정한다.
  - 댐 상류부에 붕괴지가 있을 때에는 직접적인 수류에 영향을 주지 않도록 방수로의 위치를 멀리해야 한다.
- 방수로 형상 : 일반적으로 사다리꼴(복단면)을 많이 이용하며 방수로 양 옆의 기울기는 1:1 즉, 45°를 표준으로 하고 활꼴, 직사각형 등이 있다.
- 방수로 단면 : 방수로의 크기는 최대홍수유량에 의해 일반적으로 결정하는데 가능한 200~500%로 충분히 여유를 갖도록 설계한다.

ⓗ 댐어깨 : 댐어깨 부분은 월류가 되지 않도록 계획홍수위 이상으로 안전한 높이로 한다. 댐어깨 부분은 암반인 경우 1~2m, 토사인 경우 2~3m를 양안에 넣어야 한다.

Ⓧ 댐마루

- 형상 : 수평으로 하는 것이 일반적이다.
- 유송 토사가 많은 계류에서는 댐마루의 마모·파손되는 경우가 있으므로 보호조치가 필요하다.

◎ 댐의 단면 결정요인

- 반수면 물매 : 댐을 월류하여 낙하하는 석력이나 유목 등에 의해 반수면 물매 비탈면을 손상하지 않도록 해야 한다. 일반적으로 1 : 0.2를 표준으로 하고, 댐높이 6m 미만에서는 1 : 0.3의 물매를 표준으로 하는데, 돌·콘크리트댐에서는 1 : 0.2~0.3, 흙댐에서는 1 : 0.1~0.15로 한다.

기출문제

사방댐 반수면의 기울기를 급하게 하는 이유를 쓰시오.

정답┛ 사방댐은 홍수 시에 월류하여 낙하하는 석력이나 유목 등이 반수면물매 비탈면을 손상하지 않도록 해야 하므로 일반 저수댐과는 달리 기울기를 급하게 설치한다.

- 댐마루 너비(두께) : 방수로의 바닥은 유수와 석력에 의해 마모·세굴·파손되므로 댐마루 너비는 유송석력의 크기, 수심, 상류측의 물매 등을 고려하여 결정하여야 한다. 황폐소계류에서는 0.8m, 황폐계류에서는 1.5m 전후를 표준으로 하고, 댐 직상부에 붕괴지가 있거나, 홍수 시 큰 전석이 유하하는 곳은 2.0m, 대규모 토석류 발생 위험성이 있는 곳은 2.0~3.0m를 표준으로 한다.
- 대수면물매 및 단면 : 댐의 단면은 대수면을 결정하면서 결정되는데, 댐의 안정성을 만족시켜야 한다. 대수면의 물매는 돌, 콘크리트댐에서는 수직으로 하거나 1 : 0.1~0.2, 흙 또는 혼합쌓기댐에서는 1 : 0.1~0.15로 한다.
- 댐의 단면 결정 시 유의사항
  - 댐마루 너비는 내구성을 고려하여 결정한다.
  - 반수면은 완만한 것이 경제적이다.
  - 대수면이나 제저 너비를 결정함에 있어 지반의 지지력, 터파기단면적, 작업의 난이도 등을 고려하여야 한다.

Ⓩ 중력댐의 안정조건

- 전도에 대한 안정 : 합력작용선이 제저의 중앙 1/3보다 하류측을 통과하면 댐 몸체의 상류측에 장력이 생기므로 합력작용선이 제저의 1/3 내를 통과해야 한다.
- 활동에 대한 안정 : 저항력의 총합이 원칙적으로 수평외력의 총합 이상으로 되어야 한다.

- 제체의 파괴에 대한 안정 : 제체에서의 최대압축력은 그 허용압축을 초과하지 않아야한다.
- 기초지반의 지지력에 대한 안정 : 제저에 발생하는 최대압축응력이 지반의 허용압축강도보다 작으면 지반은 안전하다.

ⓧ 사방댐의 외력
- 제체의 중량 : 사방댐 모든 재료의 단위 부피에 대한 중량
- 수압 : 댐 상류면에 가하는 물의 중량 1.0~1.2톤/m^3, 물을 함유하지 않은 퇴사의 중량 1.8톤/m^3

- 퇴사압 : 퇴사는 물이 빠짐에 따라 견밀하게 되므로 토압은 정수압보다 작아진다.
- 양압력 : 사력기초의 경우 퇴사 후 흙속 수압이 변화하여 제체를 상방으로 들어 올리는 힘이다.

ⓥ 물빼기 구멍
- 목 적
  - 댐의 시공 중에 배수를 하고, 또 유수를 통과시킨다.
  - 댐의 시공 후에 대수면에 가해지는 수압의 감소 및 퇴사 후의 침투 수압을 경감시킨다.
  - 사력기초 위에 축설한 댐에서는 그 기초 아래의 물의 흐름을 감소시킨다.
- 설치하는 방법
  - 하류댐의 물빼기 구멍은 상류댐의 기초보다 낮은 위치에 설치한다.
  - 여러 개를 설치할 때 하단의 물빼기구멍은 계상선, 또는 댐 높이의 1/3이 되는 곳에 설치하고 상부에 설치하는 물빼기구멍은 몇 개를 수평으로 배치하도록 한다.
  - 큰 댐에서 최상단의 물빼기구멍은 토석류가 격돌할 때, 상부의 파괴원인이 되기 쉬우므로 방수로 바닥에서부터 1.5m 이하에 설치한다.

사방댐 물빼기 구멍의 목적(효과, 기능) 3가지씩 쓰시오.

정답
- 댐의 시공 중 배수, 유수 통과
- 댐의 시공 후 대수면에 가해지는 수압의 감소 및 퇴사 후의 침투 수압을 경감
- 사력기초 위에 축설한 댐에서는 그 기초 아래의 물의 흐름을 감소

사방댐 물빼기 구멍을 설치하는 방법 쓰시오.

정답
- 하류댐의 물빼기 구멍은 상류댐의 기초보다 낮은 위치에 설치한다.
- 여러 개를 설치할 때 하단의 물빼기 구멍은 계상선, 또는 댐 높이의 1/3이 되는 곳에 설치하고 상부에 설치하는 물빼기 구멍은 몇 개를 수평으로 배치하도록 한다.
- 큰 댐에서 최상단의 물빼기 구멍은 토석류가 격돌할 때, 상부의 파괴원인이 되기 쉬우므로 방수로 바닥에서부터 1.5m 이하에 설치한다.

ⓔ 물받침 : 물받침 공사는 사방댐의 반수면의 세굴을 방지하기 위한 공사로서 앞댐 공사 또는 막돌놓기공사 등이 있다. 물받침공사는 호박돌이나 암석 등이 유하하는 경우에는 물받침이 파괴되므로 이 경우에는 앞댐과 본댐 사이에 약간의 물을 저장하도록 하는 물방석(워터쿠션)을 만든다. 최근에는 이 물방석이 여름에 어린이들을 위한 놀이터 기능을 병행하도록 하기도 한다.

ⓟ 수축줄눈 : 길이가 긴 콘크리트 구조물은 온도나 수분의 변화 또는 건조수축을 받게 되며 팽창이나 수축에 의한 내부 비틀림에 의하여 균열이 생기므로 댐의 길이 30m 이상의 콘크리트 댐에서는 수축줄눈을 설치해야 한다.

ⓗ 앞 댐
- 설치목적
  - 본댐의 앞댐 사이에 물방석이 설치되므로 낙수의 충격력을 약화시킴
  - 본댐 반수면 하단의 세굴을 방지
- 요구사항
  - 본댐과 앞댐의 중복 높이 : 앞댐은 본댐의 높이가 높은 경우, 낙하석력의 지름이 큰 경우, 유량이 많은 경우, 세굴의 위험성이 큰 경우 설치한다.
  - 본댐과 앞댐의 간격 : 본댐과 앞댐의 간격이 클 경우 본댐의 월류의 수세가 강화되어 앞댐의 토사가 유출되고, 그 반대면 토사유출뿐 아니라 앞댐이 물의 충격을 받아 손상된다.

사방댐에서 앞댐의 설치목적과 요구사항을 각각 2가지씩 쓰시오.

정답
- 설치목적 : 낙수의 충격력 약화, 세굴 방지
- 요구사항
  - 본댐과 앞댐의 중복 높이 : 앞댐은 본댐의 높이가 높은 경우, 낙하석력의 지름이 큰 경우, 유량이 많은 경우, 세굴의 위험성이 큰 경우 설치한다.
  - 본댐과 앞댐의 간격 : 본댐과 앞댐의 간격이 클 경우 본댐의 월류의 수세가 강화되어 앞댐의 토사가 유출되고, 그 반대면 토사유출뿐 아니라 앞댐이 물의 충격을 받아 손상된다.

⑥ 사방댐의 설계순서 : 예정지 측량 → 측량의 결정 → 방향의 결정 → 높이의 결정 → 형식의 결정 → 방수로 및 기타 부분의 설계 → 콘크리트 배합 설계 → 단면의 설계 → 물빼기구멍의 설계 → 물받침 여부의 설계 → 임시 배수로 및 물막이 공법의 설계 → 수량의 산정 → 부대공사의 설계 → 설계도서의 작성

(2) 구곡막이(Erosion Check Dam)

구곡의 침식을 방지하기 위한 계간사방공작물로서 계류의 물매를 수정하여 유속을 완화시키고, 계상을 보호하며, 산각을 고정하고, 운반토사를 촉진하기 위하여 구곡이나 구곡과 같은 다른 황폐계곡에 축설하는 일종의 작은 댐을 말한다.

① 구곡막이와 사방댐의 차이점 ★기출

구 분	사방댐	구곡막이
규 모	큼	작 음
시공위치	계류상 아래 부분	계류상 윗 부분
반수면과 대수면	반수면과 대수면 모두 축설	반수면만 축설
양쪽 귀	견고한 지반까지 파내고 시공	견고한 지반까지 파내고 시공하지 않고 그 양쪽 끝에 유수가 돌지 않도록 공작물의 둑마루를 높임

② 구곡막이의 종류 : 구곡막이는 축조재료에 따라 돌구곡막이, 흙구곡막이, 바자구곡막이, 돌망태구곡막이, 콘크리트구곡막이, 콘크리트블럭구곡막이, 통나무구곡막이 등이 있다.

③ 돌구곡막이의 축설요령

ㄱ 바닥파기를 충분히 실시하고, 크기는 길이 4~5m, 높이 2m 이내로 축설한다.

ㄴ 계천의 굴곡부를 피하고 직선부에 축설한다.

ㄷ 축설방향은 상류의 유심에 대하여 직각이 되도록 한다.

ㄹ 계상물매가 급한 곳에서는 계통적으로 축설한다.

ⓜ 댐마루 부분은 방수로를 설치하지 않는 대신 중앙부를 약간 낮게 하여 활꼴단면이 되도록 한다.

ⓗ 돌쌓기의 물매는 1 : 0.3을 표준으로 한다.

ⓢ 석재는 소정 규모의 막깬돌을 사용하되, 특히 견고도를 필요로 하는 곳의 공작물은 견치돌 쌓기나 찰쌓기로 한다.

ⓞ 뒷채움은 각 부위에 있어서 댐마루까지의 높이의 1/2에 해당하는 두께의 뒷채움을 한다 [B = (1/2)H].

ⓩ 물받침공사를 설치하지 않으므로 막돌놓기공법(감세용 사석공법) 등으로 수세를 약화시키도록 한다.

④ 돌구곡막이의 체적계산요령

기출문제

돌구곡막이에서 총체적 계산하기

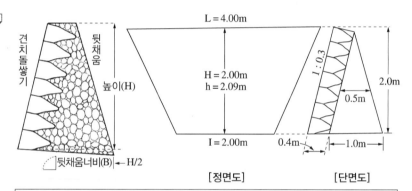

L(윗너비의 길이) = 4.0m
I(밑너비의 길이) = 2.0m
H(높이) = 2.0m
h(물매면의 비탈길이) = 2.09m(1 : 0.3의 반수면길이)

- 총체적(V) = 비탈면적 × (뒷채움 평균두께 + 돌쌓기의 두께)
  = 6.27 × (0.50 + 0.40) = 5.64m³
- 비탈면적 = [(4.0 + 2.0)/2] × 2.09 = 6.27m²
- 뒷채움 평균두께(구곡막이공작물의 마루에서 바닥까지 높이의 1/2이 되는 곳의 두께)
  = 0.5m
- 돌쌓기두께(석재의 길이) = 0.4m
- 평균두께 = 총체적/비탈면적 = 5.64/6.27 = 0.90m
- 뒷채움 자갈체적 = 비탈면적 × (뒷채움 평균두께 + 돌쌓기 두께의 40% 길이)
  = 6.27 × [0.5 + (0.4 × 0.4)] = 4.14m

(3) 기슭막이(Revetment)

① 계안의 횡침식을 방지하고 산복공작물의 기초 및 산복붕괴의 직접적인 방지 등을 목적으로 계안에 따라 설치하는 계간사방공작물이다.

② 설치 시 유의사항

　　㉠ 기초의 세굴을 피하도록 한다.

　　㉡ 유수에 의하여 기슭막이 공작물의 뒷부분이 세굴되지 않도록 한다.

　　㉢ 한편에 기슭막이 공사를 함으로써 다른 편의 계안에 새로운 세굴이 발생하지 않도록 하여야 한다.

③ 축설재료에 따라 돌기슭막이, 돌망태기슭막이, 콘크리트기슭막이, 콘크리트블럭기슭막이, 통나무기슭막이, 바자기슭막이 등이 있다.

(4) 수제(Spur, Spur Dike)

① 한쪽 또는 양쪽 계안으로부터 유심을 향하여 적당한 길이와 방향으로 돌출한 공작물로서 주로 유심의 방향을 변경시키기 위하여 시공하는 계간사방공작물이다. 보통 계상너비가 넓고 계상물매가 완만한 계류에 계획하며, 계안으로부터 유심을 멀리하여 수류에 의한 계안의 침식을 방지하고 기슭막이 공작물의 세굴을 방지하기 위하여 설치한다.

② 축설재료에 따라 돌수제, 돌망태수제, 콘크리트수제, 콘크리트블럭수제, 통나무수제, 바자수제 등이 있다.

06 조경사방

1 조경사방의 대상

(1) 조경사방이 필요한 사방은 자연비탈면(사면)과 인공비탈면으로 구분된다.

(2) 인공비탈면의 유형

① 흙깎기 비탈면(절개사면) : 암석, 토사, 토암 비탈면
② 흙쌓기 비탈면(성토사면) : 암석쌓기, 사력쌓기, 흙쌓기 비탈면

2 시공공법의 종류

(1) 녹화기초공종

① 비탈면 힘줄박기 : 정상적인 콘크리트블록으로 된 격자틀붙이기 공법으로, 처리하기 곤란한 비탈면 현장에서 직접 거푸집을 설치하고 콘크리트치기를 하여 비탈면의 안정을 위한 뼈대 즉, 힘줄을 만들어 그 안을 작은 돌이나 흙으로 채우고 녹화하는 비탈면 안정공법이다.

② 비탈면 격자틀붙이기 : 비탈면에 길이 1.0~1.5m 장방형 콘크리트블록을 사용하여 격자상으로 조립하고, 그 골조에 의하여 비탈면을 눌러 안정시키는 공법이다. 콘크리트블록으로 된 격자틀의 두께는 10~25cm이며, 미끄러지지 않도록 철침말뚝을 바른다. 격자틀 안의 처리방법은 조약돌채우기, 콘크리트채우기, 떼붙이기, 콘크리트조약돌박기 등이 있다.

③ 비탈면 콘크리트블록쌓기 : 비탈면의 안정을 도모하기 위해 각종 쌓기용 콘크리트블록을 사용하는 공법을 말하며, 각종 붙이기블록을 사용할 때는 비탈면 콘크리트블록붙이기공법이라 한다.

④ 낙석방지망덮기 : 주로 아연을 도금한 철사망 또는 합성직사로 짠 망을 사용하여 비탈면에서의 낙석이 도로 등지에 튀어 내리지 않고 망을 따라 미끄러져 내리도록 하거나 뜬 돌을 눌러 주도록 하기 위하여 사용하는 공법이다.

⑤ **모르타르 콘크리트뿜어붙이기** : 비탈면에 거푸집을 설치하지 않고 시멘트 모르타르 또는 콘크리트를 압축공기압으로 비탈면에 직접 뿜어 붙이는 공법으로 목적은 비탈면의 풍화와 붕락을 방지하고 안정성을 높여 비탈면 표면의 요철을 완화시킨다.

(2) 식생공종

① **비탈면 식수공법** : 종자를 파종하는 공법과 달리 직접 수목의 유묘 또는 성묘나 대묘 등을 식재하여 비탈면의 녹화를 도모하는 공법이다.

② **초식공법** : 주로 자연생떼 또는 미리 파종하여 양성한 떼나 풀포기 등을 비탈면 시공지에 옮겨 심고 착생공사를 하는 녹화 공법으로 평떼붙이기, 평떼심기, 줄떼다지기, 줄떼심기, 띠떼심기, 선떼붙이기, 떼단쌓기, 새심기 등의 공법이 있다.

③ **수벽공법** : 수목을 식재하여 생울타리와 같은 수벽을 조성하는 공법으로 주택 주위의 울타리용 수벽과 도로변의 차폐용 수벽이 있다. 수종으로는 향나무, 노간주나무, 사철나무, 주목, 회양목, 무궁화나무, 개나리, 쥐똥나무, 리기다소나무, 곰솔, 편백, 화백, 삼나무, 은수원사시나무 등이 있다.

④ **파종공법** : 나지상태의 비탈면에 파종상면을 정리하고 직접 초류 또는 목본류의 종자를 파종하여 지표식생을 조성하는 식물학적 비탈면 녹화공법으로 파종방법에 따라 산파공법, 조파공법, 점파공법, 분사식 파종공법 등으로 구분된다.

⑤ **암벽녹화공법**
ㄱ **상행식 피복녹화공법** : 암벽비탈면 위에 직접 식물을 식재하여 생육시킬 수 없을 경우 암벽비탈면의 직하부에 있는 토양층에 덩굴식물을 식재하여 암벽의 표면에 부착하면서 생육하여 암벽면을 피복녹화하는 방법이다. 덩굴 받침망 시설을 설치하지 않고도 피복력이 강한 담쟁이덩굴이나 송악같은 식물이 적합하다.
ㄴ **하행식 피복녹화공법** : 암벽비탈면을 피복녹화 할 경우 비탈면의 상부에 식물을 식재하여 아래로 자라나면서 녹화시키는 방법으로 칡 또는 등나무 등이 적합하다.
ㄷ **병용공법** : 상행식과 하행식을 한번에 시공하는 방법이다.
※ 기타 차폐공법, 분사파종공법, 비탈면 안정공법, 수압식 시멘트모르타르 뿜어붙이기 공법

⑥ **식생공법**
ㄱ 인위비탈면을 식물로 녹화하여 토양침식을 방지하고 지표면의 온도를 완화·조절하며 식물체에 의한 표토의 입자에 대한 동상붕락의 억제 및 녹화에 의한 경관조성효과를 목적으로 시공한다.

ⓛ 유의사항
　　• 빠르고 확실한 식물피복을 완성하기 위하여 식물이 생육할 수 있는 기반을 확보한다.
　　• 환경에 적합한 식물을 선택하고 경관을 고려한다.
　　• 수분을 확보하고 양분을 보급하며 토양침식방지공법을 사용한다.
　ⓒ 분사파종공법, 도장공, 비탈면 안정공법 등이 있다.
⑦ 새집공법

기출문제

새집공법 정의를 쓰시오.

정답 ┘　주로 노변의 절취한 암벽의 녹화와 조경공사를 목적으로 사용된다. 제비집 모양의 구축물 안에 객토를 한 다음 개나리, 눈향나무와 같은 조경수목을 식재하여 훼손된 암벽의 면상에 점상태의 식물을 녹화·조성한다.

암반비탈 및 암반녹화공법 4가지를 쓰시오.

정답 ┘　• 식생기반설치공법(부분객토공법) : 옹벽식 소단설치공법(선적 녹화공법), 식생상 설치공법(점적 녹화공법), 새집설치공법(점적 녹화공법)
　　• 구조물붙이기공법(전면객토공법) : 평떼붙이기공법 등의 각종 떼붙이기공법, 격자틀붙이기공법과 같은 구조물 설치공법
　　• 피복녹화공법(전면녹화공법)

1 모래언덕의 구분

(1) 치올린 모래언덕

지형조건이 비교적 편평한 비사지에서는 바다로부터 불어오는 파도에 의해 모래가 퇴적하여 얕은 모래둑이 형성된다.

(2) 설상사구

바다로부터 불어오는 바람은 치올린 언덕의 모래를 비산하여 내륙으로 이동시키는데, 이때 방해물이 있으면 방해물 뒤편에 합류하여 혀모양의 모래언덕이 된다.

(3) 반월사구

설상사구에 도달한 바람은 그 일부가 사구의 비탈면을 따라 상승하여 모래를 바람 방향 쪽으로 보내고, 일부의 모래는 수평으로 운반하여 바람이 불어가는 양쪽에 반달 모양의 날개를 가진 반월사구를 형성한다.

> **기출문제**
>
> **모래언덕 형성과정 3단계를 설명하시오.**
>
> [정답]
> - 치올린 모래언덕 : 지형조건이 비교적 편평한 비사지에서는 바다로부터 불어오는 파도에 의해 모래가 퇴적하여 얕은 모래둑이 형성된다.
> - 설상사구 : 바다로부터 불어오는 바람은 치올린 언덕의 모래를 비산하여 내륙으로 이동시키는데 이때 방해물이 있으면 방해물 뒤편에 합류하여 혀모양의 모래언덕이 된다.
> - 반월사구 : 설상사구에 도달한 바람은 그 일부가 사구의 비탈면을 따라 상승하여 모래를 바람 방향 쪽으로 보내고, 일부의 모래는 수평으로 운반하여 바람이 불어가는 양쪽에 반달 모양의 날개를 가진 반월사구를 형성한다.

2 시공공법의 종류

(1) 사구조성공법

① 퇴사울세우기
- ㉠ 퇴사울 : 바다 쪽에서 불어오는 바람에 의해 날리는 모래를 억류하고 퇴적시켜 사구를 조성하는 목적의 공작물을 말한다.
- ㉡ 퇴사울타리공법
  - 말뚝용 재료 : 곰솔, 소나무, 낙엽송, 삼나무 또는 잡목
  - 발의 재료 : 섶, 갈대, 대나무, 억새류 등
  - 높이 : 1.0m
- ㉢ 구정바자얽기
  - 퇴사울타리공법 등에 의하여 조성된 사구는 바람침식을 받아 파괴되는 경우가 있으므로 계획된 높이와 단면으로 퇴사되면 풍식방지를 위하여 구정바자얽기공사를 해야 한다.
  - 위치 : 가장 바람이 센 곳
  - 발의 재료 : 내구성이 큰 재료
  - 높이 : 0.4~0.6m
- ㉣ 인공모래쌓기 : 퇴사울타리공법만으로는 균등한 퇴사가 기대되지 않거나 긴급히 사구를 조성할 필요가 있는 경우 이용한다.

② 모래덮기 : 초류의 종자를 파종하고 거적으로 덮어주는 공법이다. 퇴사울타리공법과 인공모래쌓기공법으로 조성된 사구를 그대로 방치하였을 때 바람에 의해 침식되어 이미 조성된 사구가 파괴되는 것을 방지하기 위하여 설치한다.

기출문제

> **모래덮기 종류 3가지를 쓰시오.**
>
> 정답 ⟩ 모래덮기공법(소나무섶모래덮기공법, 갈대모래덮기공법), 사초심기공법(다발심기, 줄심기, 망심기)

③ 파도막이 : 고정된 사구가 예측되지 않는 파도에 의해 침식되지 않도록 사구의 앞에 설치하는 공작물을 말한다.

(2) 사지조림공법

① 정사울세우기
- ㉠ 주로 전사구의 육지 쪽에 후방모래를 고정하여 그 표면에 전면적인 모래의 안정을 도모하고, 식재목이 잘 생육할 수 있도록 환경을 조성하는 목적으로 시행한다.
- ㉡ 시공효과를 가장 크게 하기 위해서는 정사각형이나 직사각형으로 구획한다.

ⓒ 섶세우기, 짚세우기, 갈대세우기공법 등이 있다.

② 높이 : 1.0~1.2m 표준

② **사지식수공법**

ⓐ 해안사지를 조속히 산림으로 조성하기 위해서는 시공구역의 환경조건에 가장 적합한 수종, 본수, 혼효비, 식재방법을 고려해야 한다.

ⓑ 수종구비조건

  • 양분과 수분에 대한 요구가 적을 것

  • 온도의 급격한 변화에도 잘 견딜 것

  • 비사, 한해, 조해 등의 피해에도 잘 견딜 것

  • 바람에 대한 저항력이 클 것

  • 울폐력이 좋고 낙엽, 낙지 등에 의하여 지력을 증진시킬 수 있는 것

ⓒ 대표수종 : 곰솔, 소나무, 섬향나무, 노간주나무, 사시나무, 떡갈나무, 해당화, 아까시나무, 보리수나무, 자귀나무, 보리장나무, 싸리, 순비기나무, 팽나무 등

ⓓ 본수 : ha당 10,000본 정도

PART 03

산림기사 · 산업기사 실기

임도공학

임도의 종류와 특성

1 임도 개설효과 ★기출

(1) 직접효과

벌채비의 절감, 벌채시간의 절감, 벌채사고의 감소, 작업원의 피로 경감, 품질의 향상

(2) 간접효과

사업기간 단축, 지가 상승, 미이용자원의 개발촉진, 원료투입대비 제품생산의 비율 향상, 과다 벌채 완화, 산림보호 강화, 유통과정 합리화, 시장권의 확대

(3) 파급효과

산촌의 생활수준 향상, 지역산업 발전, 관광자원 개발

2 임도계획

임도의 계획은 임도망을 계획하고자 하는 구역 안에 임도를 어느 정도의 밀도로서 어떻게 배치하는 것이 경제적이고 이용효율성이 높은 임도를 시설할 수 있는가를 알기 위하여 필요하다. 임도의 계획은 계획기간에 따라서 장기계획, 단기계획, 시공계획의 단계로 구분된다.

(1) 장기계획

지역 전체를 대상으로 하는 5년 이상의 계획기간으로서 해당지역 내의 목표임도밀도에 해당되는 모든 노선을 임도망으로 편성하며 각 임도간의 상대적인 타당성, 경제성 및 문제점의 크기에 따라 우선순위와 투자계획을 수립한다.

(2) 단기계획

해당 노선 또는 구간을 대상으로 하는 5년 이내의 계획기간으로서 사업실행을 주목적으로 하는 타당성 조사가 이에 해당한다.

(3) 시공계획

공사실행을 위한 개별 사업계획으로 계약서류와 공사설계도·서 작성을 위한 실시설계가 이에 해당된다.

3 임도망

(1) 임도망계획 시 검토사항

임도의 계획은 임도를 매개체로 통행되는 교통류와 개발되는 유역에 활동요인을 부과하는 것이므로 통행의 목적, 개발목적, 자연경관, 지형, 작업조건 및 사회적 환경조건과 조화를 이룰 수 있도록 하여야 한다. 따라서 각각의 노선을 결정하고 평가할 경우에는 각각의 대안노선에 대하여 사회적, 경제적, 기술적 요인 등 세 가지 측면에서 검토하고 그 결과에 따라 가장 적정한 노선을 선정한다.

① **사회적 요인** : 다음 항목을 충분히 조사하여 관계기관과 협의·조정하고 지역주민의 의견도 수렴한다.

    ㉠ 산림경영의 현황과 금후계획 예측

    ㉡ 도시집락, 촌락, 경작지와 관계

    ㉢ 주택, 식수 등의 주거환경과 관계

    ㉣ 유적, 매장문화재, 절, 묘지 등 민족유산과 관계

    ㉤ 자연경관, 자연생태계와 관계

    ㉥ 자연조건의 변화

    ㉦ 지역의 장래 계획과 관계

② **경제적 요인**

    ㉠ 개략 계획 단계에서 경제적 요인 검토 : 노망 전체 또는 개개노선에 대해서 경제성 여부를 따져서 경제적 타당성을 판단한다.

    ㉡ 기본 계획 단계에서 경제적 요인 검토 : 임도망 계획으로 설정된 각각의 노선에 대하여 경제적 평가를 하거나, 주요구조물의 기본형식에 대해서도 공사비와 유지관리비 등의 경제성을 검토하며, 또한 간접적인 편익과 그 이외의 사회적 효과도 포함하여 검토한다.

    ㉢ 실시 설계 단계에서 경제적 요인 검토 : 기본계획 등에서 검토된 경제성 분석의 내용을 최종적으로 확인한다.

③ **기술적 요인**

    ㉠ 교통 기술적 요인 : 교통의 안전성과 원활한 이동성의 관점에서 다음과 같이 검토 평가한다.

- 지역도로망의 연계성 검토
- 설계속도와 선형설계의 검토
- 집재장, 회전장, 대피소 등의 검토
- 교통용량 및 활용수준을 분석

  ⓛ 구조 기술적 요인 : 시공성과 안전성 및 유지관리상의 문제점을 다음과 같이 검토 평가한다.
- 지질, 토질 등 자연조건
- 하천, 큰 계곡의 도하지점
- 타 도로 및 철도와의 접속
- 대능선의 통과

  ⓒ 작업적 요인 : 작업성 및 활용성을 다음과 같이 검토 평가한다.
- 설치 위치 : 활용가능 자동차 및 기계장비의 종류, 작업방법 등을 검토
- 산림생산성 향상성 : 지형(경사도, 기복도 등), 임상, 경급, ha당 재적 등을 검토

④ 임도의 주요 통과지점 결정

  ㉠ 교량, 석축, 옹벽 등의 구조물 시설이 적은 곳이어야 한다.

  ㉡ 건조하고 양지바른 곳이어야 한다.

  ㉢ 암석지, 연약지반, 붕괴지역은 가능한 피한다.

  ㉣ 너무 많은 흙깎기와 흙쌓기, 높고 긴 교량을 필요로 하는 곳은 되도록 우회한다.

  ㉤ 가교지점은 양안에 침식된 부분이 없는 곳을 선정하고 강 중심에 대하여 되도록 직각으로 건너야 한다.

  ㉥ 임도개설에 유리한 지점은 통과한다. 이와 같은 지점으로는 말안장 지역, 여울목, 급경사지 내의 완경사지, 공사용 자재의 매장지 등이 있다.

  ㉦ 임도개실에 불리한 지점은 피한다. 이외 같온 지점으로는 늪과 같은 습지, 붕괴지, 산사태지와 같은 지반이 불안정한 산지사면, 암석지, 홍수범람지역, 소유경계 등이 있다.

> **기출문제**
>
> **임도망 계획 시 고려사항을 5가지 서술하시오.**
>
> [정답] 통행의 목적, 개발목적, 자연경관, 지형, 작업조건 및 사회적 환경조건과의 조화

(2) 임도망 편성

임도망을 계획하고자 할 경우에는 입지조건에 따라서 여러가지의 노망형이 있을 수 있지만 다음과 같은 사항을 착안하여 합리적인 노망이 될 수 있도록 한다.

① **항구성의 원칙** : 임도도 항구적으로 유지될 수 있도록 견고하게 시설한다.

② **임지종속성의 원칙** : 국지적인 입지조건에 부합되도록 시설한다.

③ **다양성의 원칙** : 생태적, 환경적, 공익적인 기능도 함께 수용할 수 있도록 계획한다.

4 임도의 구분

(1) 기능에 따른 구분

① 간선임도(연결임도, 도달임도) : 산원까지 접근, 유역간의 연결, 농어촌도로망과 연계되어 지역경제활동에 기여하는 등 임업적 목적보다는 공익적 목적에 비중을 더 두고 시설되는 임도(공도에서 공도로 또는 순환하는 임도가 일반적)

② 지선임도(시업임도, 경영임도) : 조림, 육림, 수확 및 보호관리 등 임업경영의 목적으로 시설되는 임도(보통 간선임도에서 출발하여 간선임도로 연결하는 순환식 임도가 일반적)

③ 작업임도 : 일정구역의 산림사업 시행을 위하여 간선임도, 지선임도 또는 도로에서 연결하여 설치하는 임도(간선 또는 특히 지선 임도에서 출발하여 순환 또는 일자형으로 산림시업을 위한 도로가 일반적)

기출문제

간선임도, 지선임도, 작업임도를 그림으로 그려 기입하고 설명하시오.

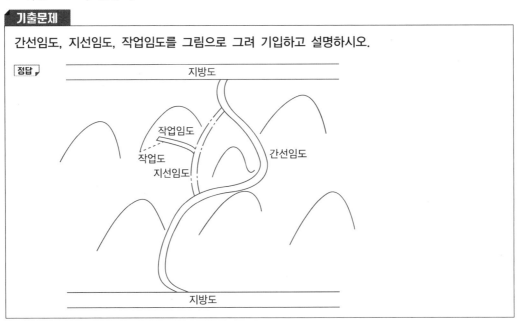

(2) 이용집약도에 따른 구분

① 주임도(Main Forest Road) : 집재장 또는 부임도로부터 공도까지 연결되는 영구적인 임도

② 부임도(Secondary Forest Road, Subsidiary Forest Road) : 집재장 또는 작업도로부터 주임도 또는 공도까지 연결되는 영구적인 임도

③ 작업도(Skidding Road, Strip Road) : 임지 또는 운재로로부터 집재장, 부임도 또는 주임도까지 연결되는 일시적인 임도

④ 운재로(Skidding Trail, Haul Road) : 임지에서부터 집재장 또는 작업도까지 연결되는 일시적인 임도로서 임목만 제거하고 대규모의 토양이동은 하지 않는다.

(3) 규정에 의한 구분

① 1급임도 : 유효너비 4m 이하
② 2급임도 : 유효너비 3m 이하

(4) 설치위치별 임도망 ★기출

① **계곡임도형** : 임지는 하단부로부터 점차적으로 개발하는 것이 일반적이므로 계곡임도는 임지개발의 중추적인 역할을 한다. 홍수로 인한 유실을 방지하고 임도시설비용을 절감하기 위하여 계곡하단부에 설치하지 않고 약간 위인 산록부의 사면에 최대홍수위 보다 10m 높게 설치한다. 횡단사면은 항상 높은 지지력을 유지하여야 하므로 비교적 간단한 사면처리방법 으로도 설치할 수 있는 곳이 바람직하다.

② **사면(산복)임도** : 사면임도는 계곡임도에서 시작되어 산록부와 산복부에 설치하는 임도로서 노선선정은 하단부로부터 점차적으로 계획하여 진행한다. 동일한 사면에서 부득이 배향곡 선(Hairpin Curve)을 설치하여야 할 경우에는 가능한 한 수를 최소한으로 줄여야 한다. 배향곡선을 설치하면 산림생산면적이 감소되어 임도의 이용율을 저하시킬 뿐만 아니라 토사 유출을 유발하여 임지훼손의 원인이 되므로 가능한 한 경사도가 40% 이하되는 사면에 설치 하되 동일사면에 1개 이상 설치하지 아니하도록 한다.

③ **능선임도** : 능선임도는 축조비용이 적고 토사 유출도 적지만 가선집재방법과 같은 상향집재 시스템에 의하지 않고는 산림을 개발할 수 없다. 능선임도에서 중력식 집재방법을 이용하는 한가지 방법은 어골형의 형태로서, 능선임도에서 사면의 하향으로 완물매 또는 등고선물매 로서 임도를 구축하는 것이다. 만약, 계곡의 기부가 늪(沼)이나 험준한 암석지대로 인하여 접근할 수 없거나 또는 능선에 부락이 위치하고 있을 때는 능선임도를 구축할 필요가 있다.

④ **산정부 개발형** : 산정부의 개발은 산정부 주위를 순환하는 노망을 설치하는 것이 적절하게 산림을 개발할 수있는 방법으로 이용될 수 있는 경우가 많다. 산정부의 사면이 발달된 곳에 서 순환임도를 설치하여 하향 또는 가선에 의한 상향집재 방법으로 수확작업의 실행이 가능 하며, 특히 상단부 사면이 발달한 반면에 중복부의 사면경사도가 급한 곳에 흔히 설치할 수 있는 노망형이다. 이때 순환임도의 시점과 종점은 능선부에 있는 안부(鞍部, Saddle)가 가장 적당한 곳이 된다.

⑤ **계곡분지의 개발형** : 산지 계곡부의 상류에 위치하는 막장부의 분지는 순환임도망의 설치방 법에 의하여 산림을 개발하는 것이 적정한 경우가 많다. 이때 설치하는 임도의 물매는 너무 급하지 않아야 한다.

⑥ 반대편 능선부 산림개발형 : 동일유역에서 통상적인 노망으로는 임도건설비가 과다하게 소요 되어 경제적인 타당성이 없기 때문에 계곡임도를 개설할 수 없는 경우의 임지에 대하여는 산림에서 생산되는 임목을 상향수송이 가능하도록 다른 사면에 개설된 임도의 안부를 경유하여 완물매(역물매로 설치됨 : 6%이하)의 임도를 개설하지 않으면 안된다. 계곡의 발달이 거의 없거나, 늪 또는 암석 급경사지 등의 원인으로서 경제적으로 임도설치가 곤란한 지역에서는 반대편에서 생산된 임목을 사면임도를 통하여 안부를 넘어 역물매로서 수송하여야 할 필요가 있는 곳에서 흔히 설치될 수 있는 노망형이다.

(5) 노선계획 시 검토사항

노선계획은 임도계획의 기초를 이루는 가장 중요한 단계로서 당해노선이 통과하게 될 유역의 입지환경과 경제효과, 교통 및 구조기술상의 특징, 경제성 등의 요구조건에 가장 부합되도록 하기 위한 과정으로서 개략계획–기본계획–실시설계의 순서로 실행된다.

① 개략계획

　㉠ 임도망계획에서 구상된 어느 한 노선에 대한 현지 노선선정작업의 준비단계이다. 1/50,000 또는 1/25,000 지형도에 주요 지역도로망과 구역내로 통과 또는 연접되는 농도, 마을도로, 경작지도로까지 확인하고 임산물의 반출로와 주변 교통체계상의 특성을 비교·분석하여 각 노선의 통제점(Control Point)을 감안하는 예비노선대를 설정하고, 노선의 특성을 파악·분석하여 노선계획대를 결정한다.

　㉡ 각 노선별로 길이와 주요구조물이 확정되면 개략공사비를 산출하고 사회성, 경제성, 기술성 등을 종합평가하여 노선계획대를 결정하고, 지형도에 디바이더를 이용하여 예비노선을 작도한다.

② 기본설계

　㉠ 개략계획단계에서 설정된 노선계획대에 따라 1/5,000 또는 1/1,200 지형도에서 예비노선에 대한 선형을 보다 세밀히 검토하여 공사비를 산출하고 경제성분석 등을 수행하여 최적노선을 결정한다.

　㉡ 비교노선이 있는 경우에는 먼저 선형을 그려서 노선연장, 각종 지장물, 기하구조적 조건, 절·성토 높이 및 균형, 구조물 길이, 시공조건, 유지관리조건 등을 고려하여 2~3개의 대안을 만들고, 공사비와 편익비 등을 계산하여 비교노선간의 우열을 판정한 후 최적노선을 결정한다.

③ 실시설계 : 기본설계의 결과를 기초로 통제점을 확인하고 각 구간마다 설계기준으로 제시된 기준에 맞게 설계한다. 중심선은 20m 간격으로 측점을 부설하여 체계적인 공사실행을 하기 위한 설계도·서를 작성하고, 용지폭을 결정하여 부지를 확정하며 공사비를 산정한다.

④ 임도노선을 설치할 수 없는 경우

 ㉠ 산지전용이 제한되는 지역이 포함되어 있는 경우

 ㉡ 임도거리의 10% 이상이 경사 35° 이상의 급경사지를 지나게 되는 경우. 다만, 절취한 토석을 급경사지 구간 밖으로 운반하여 처리할 것을 조건으로 하는 경우에는 그러하지 아니함.

 ㉢ 임도거리의 10% 이상이 도로법에 따른 도로로부터 300m 이내인 지역을 지나게 되는 경우. 다만, 절토·성토면의 전면적에 경관유지를 위한 녹화공법을 적용할 것을 조건으로 하는 경우에는 그러하지 아니함.

 ㉣ 임도거리의 20% 이상이 화강암질 풍화토로 구성된 지역을 지나게 되는 경우. 다만, 무너짐·땅밀림 방지를 위한 보강공법을 적용할 것을 조건으로 하는 경우에는 그러하지 아니함.

 ㉤ 임도거리의 30% 이상이 암반으로 구성된 지역을 지나게 되는 경우. 다만, 절토·성토면의 전면적에 경관유지를 위한 녹화공법을 적용할 것을 조건으로 하는 경우에는 그러하지 아니함.

 ㉥ 도로법에 따른 도로 또는 농어촌도로정비법에 따른 농로로 확정·고시된 노선과 중복되는 경우

5 임도밀도 산정

(1) 임도밀도(Forest Road Density)

① 노망의 충족도를 나타내는 양적 지표

② 산림의 단위면적당 임도연장(m/ha)으로 나타낸다.

③ 임도밀도의 대소는 산림개발정도 및 사업의 집약도를 보여준다.

④ 임도밀도 = 총임도연장거리(m)/경영대상면적(ha)

기출문제

> 면적 300ha인 산림에 지선임도가 500m 개설되어 있고, 간선임도가 10km 개설되어 있을 때, 이 산림의 임도밀도가 40m/ha에 이르기 위해 증설되어야 하는 임도연장거리는?
>
> **정답**
>
> $$40m/ha = \frac{500m + 10,000m + xm}{300ha}$$
>
> $x = 1,500m$

(2) 기본임도밀도

예상문제

기본임도밀도 산정에 미치는 인자를 쓰시오.

정답 · 기본임도밀도는 조림부터 수확까지 산림작업에 투입되는 노동인력들이 작업장까지 왕복통근에 소요되는 보행경비, 즉 비생산노무경비를 임도시설에 전환하여 사회간접자본화 하는 개념(Minami kata(南方)에 의하여 만들어짐), 임도개설비(ro), 노임단가(Cw), 보행우회계수(η'), 보행속도(Vw), 조림부터 수확까지 노동투입량(Nw)

(3) Mattews의 최적임도간격 및 최적임도밀도이론(적정임도밀도)

Matthews는 생산원가관리이론을 적용하여 임도간격이 크게 되면 단위재적당의 임도비용은 감소하지만 집재거리가 길어져서 단위재적당의 집재비용은 증가한다. 그러나 이들 두 비용을 합한 합계비용은 임도간격이 좁거나 넓으면 모두 증가하나 어느 한 지점에서 가장 적어진다. 이 점이 적정임도간격이고 적정임도간격은 양자의 교점에 해당되는 지점이 된다고 하고 임도의 우회율과 집재거리 우회율 등을 고려하여 다음 식에 의하여 적정임도밀도를 산출하였다.

$$d = \sqrt{\frac{V \cdot E \cdot \eta \cdot \eta'}{r}}$$

여기서, d : 적정임도밀도(m/ha)

　　　　r : 임도개설비(원/m)

　　　　E : 집재비(원/m/m^3)

　　　　V : 생산예정재적(m^3/ha)

　　　　η : 임도우회 계수(1.0~2.0)

　　　　η' : 집재우회 계수(1.0~1.5)

이때 집재작업을 기계화하는 장비로서 사용할 경우에는 다음 식과 같다.

$$E = \sqrt{\frac{c \cdot t \cdot 1,000}{L}}$$

여기서, E : 집재비(원/m/m^3)

　　　　c : 장비운영비(원/분)

　　　　t : 작업왕복시간(분/m)

　　　　L : 장비의 평균적재량(m^3)

다음 그림은 임도개설비와 집재비용의 합계비용에 대한 손익분기점(Break-even Point)을 나타내고 있다.

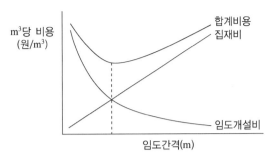

[적정 임도가격 산출 모식도]

기출문제

적정임도밀도를 도식화하고 Mattews 이론에 대해 쓰시오.

정답 ▸ 위의 내용을 그대로 작성한다.

(4) 임도간격, 집재거리, 평균집재거리(임도밀도)의 관계

① 임도간격은 임도와 임도사이의 거리로 표현한다.
② 집재거리는 양쪽의 임도에서 서로 집재작업이 실행되므로 평지림의 경우 임도간격의 1/2이
된다.
③ 평균집재거리는 임도변의 집재작업(최소집재거리)과 집재한계선까지(최대집재거리) 집재
작업이 동일하게 실행되므로 평지림의 경우 집재거리의 1/2이 되고 임도간격의 1/4이 된다.
④ 임도의 효율성을 계수로서 정하고 이 계수와 현실적으로 그 산림에 적용될 수 있는 집재장비
의 최대집재거리로서 경험적인 임도밀도를 산출하는 방법은 다음과 같다.

$$D - \frac{a}{s}$$

여기서, D : 지선임도밀도(m/ha)
     s : 평균집재거리(km)
     a : 임도효율계수

구 분	임도효율계수	구 분	임도효율계수
기복이 약간 있는 평지	4~5	경사지	7~9
구릉지	5~7	급경사지	9 이상

예상문제

경사지에서 트랙터 평균집재거리가 500m일 때 지선임도밀도는 얼마인가?

정답 ▸ $D = \dfrac{a}{s}$ = 8/0.5km = 16m/ha

임도간격, 집재거리, 평균집재거리 특징 및 상호관계 설명하고, 각각의 값을 쓰시오.

• 임도간격 : 임도와 임도 사이의 거리

임도간격(m) = 10,000m^2/임도밀도(m/ha)

• 집재거리 : 양쪽의 임도에서 서로 집재작업이 실행되므로 평지림의 경우 임도간격의 1/2이 됨

집재거리(m) = (10,000m^2/임도밀도(m/ha)) × 1/2

• 평균집재거리 : 임도변의 집재작업(최소집재거리)와 집재한계선(최대집재거리)까지 집재작업이 동일하게 실행되므로 평지림의 경우 집재거리의 1/2이 되고, 임도간격의 1/4이 됨

평균집재거리(m) = (10,000m^2/임도밀도(m/ha)) × 1/4

(5) 개발지수

개발지수는 임도의 질적 기준을 나타내는 지표로서 임도배치 효율성의 정도를 표현하며 다음 식으로 나타낸다.

$$개발지수 = \frac{평균집재거리(m) \times 임도밀도(m/ha)}{2,500}$$

이론적으로 균일하게 임도가 배치되었을 때는 평균집재거리(m) × 임도밀도(m/ha) = 2,500이 되므로 개발지수는 1.0이 되고, 이보다 크거나 작을수록 더 불균일한 상태가 된 것으로 본다. 개발지수는 임도망의 배치상태가 균일하면 개발지수는 1.0으로서 이용효율성이 높지만, 노선이 중첩되면 될수록 이용효율성은 그 비율만큼 저하하게 된다.

트랙터 평균집재거리가 500m이고 지선임도밀도가 5m/ha 일때 개발지수는 얼마인가?

개발지수 = $\frac{500m \times 5m/ha}{2,500}$ = 1.0

⑥ 양각기 계획법에 의한 도상 임도망 편성

① 양각기의 1폭을 임도의 영선(Zero Line)에 대한 수평거리로 하고 등고선 간격을 높이로 간주하여 종단물매를 산출한 후 지형도상에서 적정한 노선을 선정하는 노망계획법이다.

② 수평거리 100m에 대한 높이 p(m)의 물매가 G(%)라고 한다면 다음과 같이 산출된다.

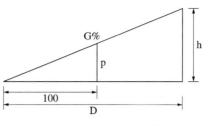

[양각기에 의한 물매설정]

$$D : h = 100 : G$$

$$D = 100 \cdot h / G$$

여기서, D : 양각기 1폭에 대한 실거리(m)

　　　 h : 등고선 간격

　　　 G : 물매(%)

도상거리(d) = 실거리(D) ÷ 축척의 분모수

예상문제

1/25,000 지형도에서 양각기 계획법으로 임도망을 편성하고자 한다. 종단물매를 8%로 계획할 때 도상거리는 몇 m인가?

정답

- 실거리(L) = $\dfrac{100 \times 10}{8}$ = 125m

- 지형도에서의 도상거리(양각기 폭) = 1/25,000 = $\dfrac{125m}{25,000}$ = 0.005m × 1,000 = 5mm

1 임도의 구조

(1) 평면선형, 종단선형, 횡단구조, 시설물 등이 포함된다.

(2) 선형설계 시 제약요소

① 자연환경의 보존, 국토보안상의 제약

② 시공상의 제약

③ 지질, 지형, 지물 등의 제약

④ 사업비, 유지관리비 등의 제약

(3) 설계차량 ★기출

① 기준차량규격(임도시설기준)

(단위 : m)

자동차종별 　　제 원	길 이	폭	높 이	최소회전반경
소형자동차	4.7	1.7	2.0	6.0
보통자동차	13.0	2.5	4.0	12.0
2.5톤 트럭	6.1	2.0	2.3	7.0

② 임도의 종류별 설계속도(시설기준)

구 분	설계속도(km/hr)
간선임도	40~20
지선임도	30~20
작업임도	20 이하

2 종단선형

(1) 종단물매(기울기)

① 길 중심선의 수평면에 대한 기울기

② 종단물매가 너무 급하면 차량의 주행이 어렵거나 제동이 곤란하며, 강우 시 종방향의 유수에 의하여 노면침식이 발생한다.

③ 종단물매가 너무 완만하면 노면에서 정체수 및 침투수가 발생하여 노체의 약화 및 붕괴를 일으킨다.

④ 설계속도별 종단물매

설계속도(km/hr)	종단기울기(순기울기)	
	일반지형	특수지형
40	7% 이하	10% 이하
30	8% 이하	12% 이하
20	9% 이하	14% 이하

지형여건상 특수지형의 종단에 기준을 적용하기 어려운 경우에는 노면포장을 하는 경우에 한하여 종단기울기를 18%의 범위에서 조정하여 행할 수 있다.

(2) 물매의 산출

물매의 표현 방법은 다음과 같다.

① 각도 = 수평을 0°, 수직을 90°로 하여 그 사이를 90등분한 것

② 1 : n 또는 1/n = 높이 1에 대하여 수평거리 n으로 나눈 것

③ n% = 수평거리 100에 대하여 n의 고저차를 갖는 백분율

④ 비탈물매 = 수직높이 1에 대한 수평거리의 비로서 하할법 또는 할푼법이라 한다.

(3) 종단곡선

① 종단물매가 m, n인 두 기울기선이 교차하는 점에서는 물매가 급하게 변화되어 자동차의 안전운행에 지장을 주게 되므로 그 수직면 내에 적당한 곡선을 삽입하여 물매의 변화를 완만하게 해야 한다. 이때 사용되는 곡선을 종단곡선이라고 한다.

② 종단곡선으로는 포물선이 많이 이용된다.

③ 설계속도에 따른 종단곡선의 길이

설계속도(km/hr)	종단곡선의 반경(m)	종단곡선의 길이(m)
40	450 이상	40 이상
30	250 이상	30 이상
20	100 이상	20 이상

ⓐ 포장도로가 아닌 곳으로서 종단기울기의 대수차가 5% 이하인 경우에는 이를 적용하지 아니한다.

ⓑ 종단곡선은 포물선곡선방식을 적용할 수 있다.

3 횡단구조

기출문제

임도의 구조에서 횡단선형의 구성요소 4가지를 쓰시오.

정답 ✏ 차도유효너비, 길어깨, 옆도랑(측구), 절성토 비탈면

(1) 노체의 구조

① 노체(Road)의 구성 : 노상, 노반(보조기층), 기층 및 표층으로 구성된다.

ⓐ 노상 : 최하층에 위치한 도로의 기초부분으로서 균등한 지지력을 확보해야 한다.

ⓑ 노반(보조기층) : 상부의 포장부분을 지지하며, 상부의 교통하중을 분산하여 노상에 전달하는 중요한 역할을 한다.

ⓒ 기층 : 표층 바로 아래에 위치하므로 하중조건도 극심하고 역학적으로도 안정된 층을 요구

ⓓ 표층 : 표층은 차량하중에 의한 노면의 마모에 직접 저항하는 부분이다.

② 재료에 따른 노면의 종류

기출문제

노면 재료에 따른 임도 3가지(토사도, 사리도, 쇄석도) 설명하시오.

임도 노면 재료 중 사리도 설명하고 2가지 방식을 서술하시오.

쇄석도에서 수체·교통체 머케덤도에 대하여 설명하시오(쇄석도의 노면 포장 방법).

ⓐ 토사도(흙모랫길) : 노면이 자연지반의 흙으로 된 도로 또는 여기에 입자를 조정하여 인공적으로 개량한 도로이다.

ⓑ 자갈도(사리도)

- 표면에 자갈, 부순돌, 슬래그(Slag) 등에 적당량의 모래와 점토를 혼합한 결합재로 다짐하여 안정을 유도시키며 노면두께는 15~25cm로 한다.

- 시공법은 다음과 같다.

  - 표면공법(상치식) : 표층저면을 수평으로 2~3층 나누어 시공한다.

  - 상굴공법 : 동일두께 단면으로 2~3층 나누어 하층은 대립(12~40mm), 상층은 소립(3~12mm)의 자갈을 사용한다.

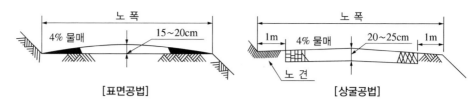

[표면공법]   [상굴공법]

ⓒ 쇄석도(부순돌길) : 부순돌로 구성된 쇄석들끼리 서로 물려서 죄는 힘과 결합력에 의하여 단단한 노면을 만드는 것으로서 중하중에도 견디고, 가장 경제적이어서 임도에서 가장 널리 사용된다.

- 교통체 머캐덤도 : 쇄석이 교통과 강우로 인하여 다져진 도로
- 수체 머캐덤도 : 쇄석의 틈 사이에 석분을 물로 삼투시켜 롤러로 다져진 도로
- 역청 머캐덤도 : 쇄석을 타르나 아스팔트로 결합시킨 도로
- 시멘트 머캐덤도 : 쇄석을 시멘트로 결합시킨 도로
- 시멘트 콘크리트 포장
  - 보통콘크리트 포장(무근콘크리트 포장, 줄눈을 둔 콘크리트 포장) : 철근의 보강없이 줄눈을 배치하여 균열을 허용치 않는 포장
  - 철근콘크리트 포장 : 콘크리트 슬래브 단면의 상하를 복철근으로 배치 보강하여 줄눈을 두며 균열발생을 허용하는 포장
  - 연속철근 콘크리트 포장 : 줄눈의 취약점을 근본적으로 개선하기 위하여 콘크리트 슬래브의 단면적의 0.6~0.8%정도의 철근으로 보강하여 줄눈의 설치없이 미세균열의 발생을 허용하는 포장
  - 프리스트레스트(Pre-stresed) 콘크리트 포장 : 슬래브내에 강선을 배치하여 프리스트레스를 도입하고 줄눈을 두며 균열발생을 허용하는 포장

③ 노면 : 노체의 죄상층면으로 차노와 길어깨로 구성된다.

기출문제

임도의 유효너비와 길어깨(기능)에 대하여 설명하시오.

[정답]
- 임도너비(유효너비) : 차량의 너비에 여유너비를 더한 것으로 임도구조에서 실제 차량, 소, 말이 지나가는 데 쓰이는 너비이다. 길어깨·옆도랑의 너비를 제외한 임도의 유효너비는 3m를 기준으로 한다. 다만, 배향곡선지의 경우에는 6m 이상으로 한다.
- 길어깨 및 옆도랑의 너비
  - 차도의 구조부를 보호(기능)하기 위해 차도의 양쪽에 접속해 수평되게 설치하는 부분이다.
  - 길어깨 및 옆도랑의 너비는 각각 50cm~1m의 범위로 한다. 다만, 암반지역 등 지형 여건상 불가피한 경우 또는 옆도랑이 없는 임도의 경우에는 그러하지 아니할 수 있다.
  - 차량 주행 시의 여유, 시거 확보, 보행자의 통행, 대피 등 여러 가지 목적(기능)으로 이용

(2) 횡단물매(기울기)

① 횡단물매는 임도에서 중앙부를 높게 하고 양쪽 길가 쪽을 낮게 하여 배수의 목적으로 설치하며, 클수록 배수에는 유리하지만 운전상의 안전면에서는 수평에 가까울수록 좋다. 따라서 배수에 지장이 없는 범위에서 가능한 완만하게 하는 것이 좋으므로, 쇄석도, 사리도(3~5%), 포장도(1.5~2%)로 하며 도로의 가장자리인 배수시설(측구)로 배수를 유도한다.

② 곡선부의 외쪽물매의 산출 : 자동차가 원심력에 의하여 도로의 바깥쪽으로 뛰쳐나가려는 힘이 생기므로 이를 방지하기 위하여 곡선부에서는 외쪽물매를 설치한다. 외쪽물매는 노면 바깥쪽이 안쪽보다 높게 설치되도록 일반적으로 8% 이하가 되게 횡단선형을 조정한다.

$$i = \frac{V^2}{127R} - f$$

여기서, i : 곡선부외쪽물매(%/100)

V : 설계속도(km/hr)

R : 곡선반지름(m)

f : 가로미끄러짐에 대한 노면과 타이어의 마찰계수

(3) 합성물매(기울기)

① 종단물매와 외쪽물매 또는 횡단물매를 합성한 물매이다. 자동차가 곡선구간을 주행할 경우에는 보통 노면보다 더 급한 합성물매가 발생되기 때문에 자동차의 안전운행에 위험부담을 주거나, 실은 짐이 편중되어 곡선저항에 의한 차량의 저항이 커져서 주행에 좋지 않은 영향을 미치므로 이를 어느 한계까지 제한할 필요가 있다.

② 임도시설규정에서는 12% 이하로 한다. 다만, 현지의 지형여건상 불가피한 경우에는 간선임도는 13% 이하, 지선임도는 15% 이하로 할 수 있으며, 노면포장을 하는 경우에 한하여 18% 이하로 할 수 있다.

③ 합성물매의 산출

$$S = \sqrt{(i^2 + j^2)}$$

여기서, S : 합성물매(%)

i : 외쪽물매 또는 횡단물매(%)

j : 종단물매(%)

임도의 구조에서 노면의 횡단기울기, 곡선부의 외쪽기울기, 합성기울기 설명하시오.

합성기울기(물매) 구하시오.

차도, 길어깨, 옆도랑 횡단면도를 그리고 설명하시오.

표면공법(L자형 측구) 참조

노면의 횡단경사 설치 필요성과 설치 방법에 대해 쓰시오.

(4) 평면선형

① 곡선의 종류

　㉠ 단곡선 : 평형하지 않는 2개의 직선을 1개의 원곡선으로 연결하는 곡선

　㉡ 반향(반대)곡선 : 방향이 다른 두 개의 원곡선이 직접 접속하는 곡선으로 곡선의 중심이 서로 반대쪽에 위치한 곡선

　㉢ 복심(복합)곡선 : 동일한 방향으로 굽고 곡률이 다른 두 개 이상의 원곡선이 직접 접속되는 곡선

　㉣ 배향곡선 : 단곡선, 복심곡선, 반향곡선이 혼합되어 헤어핀 모양으로 된 곡선으로 산복부에서 노선 길이를 연장하여 종단물매를 완화하게 하거나 동일사면에서 우회할 목적으로 설치되며 교각이 180°에 가깝게 됨

　㉤ 완화곡선 : 노선에 있어서 원곡선부와 직선부 사이에 설치되는 곡선으로 차량이 직선부에서 곡선부로 갑자기 진입하면 원심력 때문에 위험이 생기는데 곡률 반경을 순차적으로 변화시켜 식선과 원곡선을 연속직으로 잇는 억할로 그 목적은 일정한 주행속도 및 주행궤적 유지, 원활한 시야 확보, 곡선부의 확폭된 폭과 표준횡단폭을 자연스럽게 접속, 급한 곡선부에서는 확폭이 필요한 경우이다.

　• 3차포물선(Parabolic) : 접선장에 비례하여 곡률반경이 감소하는 곡선 – 철도에 이용

　• 쌍곡선(Clothoid) : 완화곡선장에 비례하여 곡률반경이 감소하는 곡선 – 도로에 이용

　• 연주곡선(Lemniscate) : 현장에 비례하여 곡률반경이 감소하는 곡선 – 입체교차로에 이용

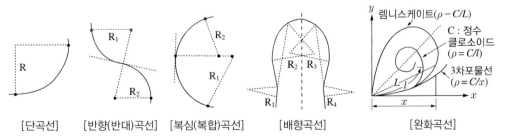

[단곡선]　　[반향(반대)곡선]　　[복심(복합)곡선]　　[배향곡선]　　[완화곡선]

② 임도설계 시 곡선 설정방법

    ㉠ 교각법 : 두 직선이 만나는 교각을 쉽게 구할 수 있을 때 사용하는 곡선설치법으로 비교적 작은 곡선을 설정하는데 이용

    ㉡ 편각법 : 편각(접선과 현이 이루는 각)으로 거리를 측정하여 곡선상의 점을 얻는 매우 정밀한 방법으로 반경이 크거나 주요 지점의 곡선부 중심선은 편각법으로 설치

    ㉢ 진출법 : 교각을 구하지 못해 시준이 좋지 않은 곳에서는 폴과 줄자 만으로 곡선 설치 가능

③ 곡선부의 명칭과 산출식

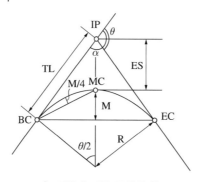

[교각법에 의한 곡선설치]

- BC(Beginning of Curve) : 곡선시점
- IP(Intersecting Point) : 교각점
- MC(Middle of Curve) : 곡선중점
- CL(Curve Length) : 곡선길이
- R(Radius) : 곡선반지름
- α : 내각($180° - \theta$)
- ES = $R[\sec(\theta/2) - 1]$ ★기출
- M = $R[1 - \cos(\theta/2)]$

- TL(Tangent Length) : 접선길이
- ES(External Secant) : 외선길이
- EC(End of Curve) : 곡선종점
- M(Middle Ordinate) : 중앙종거
- θ : 교각(Intersection Angle)
- TL = $R\tan(\theta/2)$ ★기출
- CL = $2\pi \cdot R \cdot \theta/360$ ★기출

임도내 곡선 제원이 교각θ = 32°15′(내각 147°45′), R = 200m 일 때 접선길이와 곡선길이를 구하시오.

정답
- 접선장(TL) = 200 × tan(32°15′(32.25)/2) = 57.82m
- 곡선장(CL) = 2π · R · θ/360 = 0.017453 × 200 × 32°15′(32.25) = 112.57
- 외선길이(ES) = 200 × [sec(32°15′(32.25)/2) − 1] = 8.19m

④ 곡선반지름

   ㉠ 노선의 굴곡 정도는 곡선부 중심선의 곡선반지름으로 나타내며, 차량의 안전한 주행을 위하여 가급적 큰 것이 좋다.

   ㉡ 곡선부 중심선 반지름 : 곡선부의 중심선 반지름은 다음의 규격 이상으로 설치해야 한다. 다만, 내각이 155° 이상 되는 장소에 대하여는 곡선을 설치하지 아니할 수 있다.

설계속도(km/hr)	최소곡선반지름(m)	
	일반지형	특수지형
40	60	40
30	30	20
20	15	12

   ㉢ 배향곡선은 중심선 반지름이 10m 이상이 되도록 설치한다.

임도간격 200m, 산지사면기울기 30%, 종단기울기 6% 일 때 배향곡선의 적정간격은?

정답   배향곡선의 적정간격 = (0.5 × 200 × 0.3)/0.06 = 500m

⑤ 곡선반지름의 산출 ★기출

   ㉠ 운반되는 통나무의 길이에 의한 경우

$$R(\text{m}) = \frac{I^2}{4 \times B}$$

   여기서, I : 통나무 길이(m)
          B : 노폭(m)

   ㉡ 원심력과 타이어 마찰계수에 의한 경우

$$R(\text{m}) = \frac{V^2}{127 \times (i+f)}$$

   여기서, V : 설계속도(km/hr)
          i : 곡선부 외쪽물매(편구배 : %/100)
          f : 가로 미끄러짐에 대한 노면과 타이어의 마찰계수

⑥ 곡선부의 확폭 : 곡선부의 내각이 예각일 경우 곡선부의 안쪽으로 그만큼 더 확폭하여야
한다.

㉠ 트럭 ★기출

$$확폭량(m) = \left(\frac{L^2}{2R} \right)$$

여기서, R : 곡선반지름(m)

L : 차량앞면에서 뒤차축까지 거리(m)(= 8m 적용)

㉡ 세미트레일러연결차

$$확폭량(m) = 견인차의\ 확폭량 + 피견인차의\ 확폭량 = \frac{L_1^2}{2R} + \frac{L_2^2}{2R'}$$

여기서, R : 곡선반지름(m)

R' : R-견인차의 확폭량(m)

L_1 : 세미트레일러 앞면에서 제2차축까지 거리(m)

L_2 : 세미트레일러 제2차축에서 최후차축까지 거리(m)

기출문제

임도의 최소곡선 반지름 크기에 영향을 끼치는 인자 5가지를 쓰시오.

정답 ▸ 도로의 너비, 반출할 목재의 길이, 차량의 구조 및 운행속도, 도로의 구조, 시거

---

4 임도시설물

(1) 배수시설

① 표면배수 : 강우, 눈 등에 의하여 노면에 흘러들거나 근접지에서 임도수지 내로 유입하는
물을 처리하는 것을 말한다.

② 지하배수 : 지하수위를 저하시키는 것과 지하에 모인 물을 배수하는 것이다.

③ 옆도랑(측구)

㉠ 노면 또는 땅깎기 비탈면의 물을 모아서 배수하기 위하여 길어깨와 비탈의 사이에 종단
방향으로 설치하는 배수시설이다.

㉡ 옆도랑의 깊이는 30cm 내외로 하고, 암석이 집단적으로 분포되어 있는 구간 및 능선부분
과 절토사면의 길이가 길어지는 구간은 L자형으로 설치할 수 있으며, L자형 상부지점에는
배수시설을 설치한다. 다만, 노출형 횡단수로를 설치하여 물을 분산시킬 수 있는 경우에는
옆도랑을 설치하지 아니할 수 있다.

ⓒ 옆도랑은 동물의 이동이 용이하도록 설치한다.

ⓔ 종단기울기가 급하여 침식의 우려가 있는 옆도랑에는 중간에 유수를 완화하는 시설을 설치한다.

ⓜ 성토면이 안정되고 종단경사가 5% 미만인 경우에는 옆도랑을 파지 않고 3~5% 내외로 외향경사를 주어 물을 성토면 전체로 고르게 분산시킬 수 있다. 이 경우 임도를 횡단하여 유수를 차단하는 노출형 횡단수로를 30m 내외의 간격으로 비스듬한 각도로 설치한다.

ⓗ 옆도랑의 형태는 V자형, 사다리꼴형, U형, L형 등이 있다. ★기출

④ 배수구

ㄱ 배수구의 통수단면은 100년 빈도 확률강우량과 홍수도달시간을 이용한 합리식으로 계산된 최대홍수유출량의 1.2배 이상으로 설계·설치한다.

ㄴ 배수구는 수리계산과 현지여건을 감안하되, 기본적으로 100m 내외의 간격으로 설치하며 그 지름은 1,000mm 이상으로 한다. 다만, 현지여건상 필요한 경우에는 배수구의 지름을 800mm 이상으로 설치할 수 있다.

ㄷ 배수구는 공인시험기관에서 외압강도가 원심력 철근콘크리트관 이상으로 인정된 제품을 기준으로 시공단비 및 시공 난이도를 비교하여 경제적인 것을 선정하며, 집수통 및 날개벽은 콘크리트·조립식 주철맨홀 등으로 시공하되, 현지의 석재활용이 용이할 때에는 석축 쌓기로 설계할 수 있다.

ㄹ 배수구에는 유출구로부터 원지반까지 도수로·물받이를 설치한다.

ㅁ 배수구는 동물의 이동이 용이하도록 설치한다.

ㅂ 종단기울기가 급하고 길이가 긴 구간에는 노면으로 흐르는 유수를 차단할 수 있도록 임도를 횡단하는 노출형 횡단수로를 많이 설치한다.

기출문제

횡단배수구를 설치하는 장소 4곳을 쓰시오.

정답
- 물이 흐르는 아랫방향의 종단기울기 변이점
- 종단기울기가 급하고 길이가 긴 구간
- 외쪽물매로 인해 옆도랑물이 역류하는 곳
- 물이 모여 정체되는 곳

임도의 횡단배수구 종류를 쓰시오.

정답
- 속도랑(암거) : 철근콘크리트관, 파형철판관, 파형 FPR관 등 원통관이 주로 사용되며 매설깊이는 보통 배수관의 지름 이상이 되도록 한다.
- 겉도랑(명거) : 말구가 약 10cm 내외의 중경목 통나무 2개를 말뚝으로 고정시키며 폭은 통나무 하나 크기 정도로 한다. 조립식이나 규격화된 횡단구가 일반화되고 있다.

횡단배수구 관거(암거)의 낙수에 의한 침식 피해 방지책을 쓰시오.

정답 ▶
- 도로 등에 직각방향으로 설치하지 않고 비스듬히 설치한다.
- 도수로나 배수로 등의 바닥은 콘크리트 등의 시설로 하여 낙수의 침식을 감소시킨다.
- 도수로나 배수로 등에 세굴 방지시설을 한다.

임도 시공 시 배수시설을 쓰고 설명하시오.

정답 ▶ 임도의 배수는 다음 그림과 같이 대상구역에 따라 표면배수, 지하배수, 임도용지 외의 배수로 구분할 수 있다.

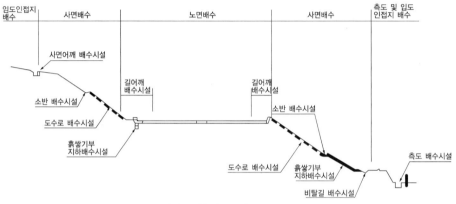

[임도배수의 종류]

- 표면배수시설
  - 노면배수시설 : 길어깨 배수시설, 중앙분리대 배수시설
  - 사면배수시설 : 사면끝 배수시설, 도수로 배수시설(세로 배수시설), 소단 배수시설(가로 배수시설)
- 지하배수시설
  - 땅깍기 구간의 지하 배수시설 : 가로지하 배수구(맹암거 등), 세로지하 배수구(횡단배수구)
  - 흙쌓기 구간의 지하 배수시설
  - 절·성 경계부의 지하 배수시설
- 임도 인접지 배수시설
  - 사면어깨(산마루) 배수시설 : 산마루 측구, 감쇄공(Energy Dissipater) 등의 배수시설
  - 배수구 및 배수관 : 집수정, 배수구, 배수관 및 맨홀 등의 배수시설

⑤ **소형 사방댐** : 계류 상부에서 물과 함께 토석·유목이 흘러내려와 교량·암거 또는 배수구를 막을 우려가 있는 경우에는 계류의 상부에 토석과 유목을 동시에 차단하는 기능을 가진 복합형 사방댐(소형)을 설치한다.

⑥ **물넘이 포장**
  ⊙ 임도가 소계류를 통과하는 지역에는 가급적 배수구 또는 암거보다 콘크리트 등으로 물넘이포장 또는 세월교를 설치하되, 수리계산에 따른 적정한 배수단면을 확보하고 차량통과가 가능하도록 충분한 반경으로 설치한다.

ⓛ 세월공은 다음과 같은 곳에 주로 설치한다. **★기출**

- 선상지, 벼랑 등을 횡단할 때
- 황폐계류를 횡단할 때
- 관거 등에서 복토할 흙이 부족할 때
- 계상물매가 급하여 노면 상부로부터 유입하는 형태가 될 때
- 평시에는 유수가 없고 홍수시에만 물이 많이 흐르는 계곡

(2) 구조물

임도노선이 급경사지 또는 화강암질 풍화토 등의 연약지반을 통과하는 경우 피해발생 방지를
위하여 옹벽·석축 등의 피해방지시설을 설치한다.

> **기출문제**
>
> **옹벽의 시공 요령을 쓰시오.**
>
> 정답
> - 옹벽의 4대조건(사방댐의 4대조건)에 부합하여야 한다.
> - 기초지반이 연약한 경우에는 말뚝기초나 콘크리트 기초 등의 방법으로 보강해야 한다.
> - 높이는 토심에 따라 다르나 통상 4m 이하로 하고 산복사면에 시공할 경우에는 2m 내외로 시공한다.
> - 콘크리트치기를 한 후 충분히 다져서 콘크리트가 철근의 주위와 거푸집의 구석구석까지 들어가도록
>   하여야 하고 수축이음과 신축이음을 두어야 한다.
> - 물빼기 구멍은 PVC관으로 하고 기초지표면에서 30cm 위에 설치하고, 콘크리트 타설 후 거적
>   을 덮고 양생한다.
> - 되메우기는 옹벽 몸체가 양생된 후 시행하고 뒤채움 흙은 배수가 양호한 토양으로 충분히 다짐
>   실시하여 침하를 방지한다.
> - 현지 상황을 감안하여 (반)중력식, L형, 역L형, 역T형, 부벽식 등으로 시공한다.

(3) 임도부속시설

대피소, 차돌림곳, 방호시설 등

① 대피소의 설치기준

구 분	기 준
간 격	300m 이내
너 비	5m 이상
유효길이	15m 이상

② **차돌림곳의 너비** : 차돌림곳은 너비를 10m 이상으로 한다.

③ 붕괴가 우려되는 곳, 교통에 지장을 주는 곳, 사고의 위험이 있는 곳 등에 방호시설이나
안전시설을 설치한다.

6 작업임도의 시설기준

① 작업임도의 설치대상지
  ㉠ 산림사업을 위하여 필요한 지역
  ㉡ 기존의 작업로·운재로 등으로서 임도로 활용가치가 높다고 판단되는 지역
② 차량규격

(단위 : m)

자동차종별 제 원	길 이	폭	높 이	앞뒤바퀴 거리	앞내민 길이	뒷내민 길이	최소회전 반경
2.5톤 트럭	6.1	2.0	2.3	3.4	1.1	1.6	7.0

③ 속도기준 : 작업임도의 속도기준은 20km/hr 이하로 한다.
④ 너 비
  ㉠ 유효너비 : 작업임도의 유효너비는 2.5~3m를 기준으로 하며, 배향곡선지의 경우에는 6m 이상으로 한다.
  ㉡ 옆도랑·길어깨 너비
    • 작업임도에는 옆도랑을 설치하지 아니한다. 다만, 성토면 보호를 위하여 필요하다고 인정하는 때에는 옆도랑을 설치할 수 있다.
    • 길어깨의 너비는 50cm 내외로 한다.
  ㉢ 기울기
    • 종단기울기 : 최대 20%의 범위에서 조정한다.
    • 횡단기울기 : 물이 성토면으로 고르고 원활하게 분산될 수 있도록 외향경사를 3~5% 내외가 되도록 한다. 다만, 옆도랑을 설치하는 경우 등 특수한 경우에는 그러하지 아니할 수 있다.
    • 합성기울기 : 최대 20% 이하로 한다.
  ㉣ 배수시설
    • 배수구 : 배수구 설치가 필요한 경우, 배수구 통수단면은 100년 빈도 확률강우량과 홍수 도달시간을 이용한 합리식으로 계산된 최대홍수유출량의 1.2배 이상으로 설계·설치하며, 현지여건을 감안하여 적절하게 설치한다.
    • 노출형 횡단수로
      - 임도를 횡단하여 유수를 차단하는 노출형 횡단수로를 30m 내외의 간격으로 비스듬한 각도로 설치한다. 다만, 현지여건상 필요한 경우에는 설치간격을 늘리거나 줄일 수 있다.
      - 노출형 횡단수로의 성토면 쪽 끝부분에는 원지반까지 도수로·물받이를 설치한다.

- 물넘이포장 등 : 작업임도가 소계류를 통과하는 지역에는 충분한 폭으로 물넘이포장 또는 세월교를 설치한다. 다만, 옆도랑을 설치하는 경우 등 배수구 또는 암거가 필요한 경우에는 그러하지 아니하다.
  ㉤ 노면·차돌림곳·소단 등
  - 종단경사가 급하거나 지반이 약하고 습한 구간에는 쇄석·자갈을 부설하거나 콘크리트 등으로 포장한다.
  - 각 구간마다 차량의 통행이 가능하도록 차돌림곳을 충분히 확보한다.
  - 노선이 급경사지 또는 화강암질 풍화토 등의 연약지반을 통과하는 경우 피해방지를 위하여 옹벽·석축 등의 피해방지시설을 설치한다.
  - 절토·성토한 경사면이 붕괴 또는 밀려 내려갈 우려가 있는 지역에는 사면길이 2~3m마다 폭 50cm~100cm로 단을 끊어서 소단을 설치한다.
⑤ 그 밖의 사항 : 작업임도의 설계지침서, 현장감독관의 임무, 기타 사항에 대하여는 간선임도·지선임도의 시설기준을 적용한다.

6 설 계

(1) 임도의 설계 업무 순서 ★기출

예비조사 – 답사 – 예측 – 실측 – 설계도 작성 – 공사수량의 산출 – 설계서 작성

기출문제

임도 설계도면 작성 전 준비작업 4단계를 쓰시오.

정답 예비조사 - 답사 - 예측 - 실측

① 예비조사 : 임도설계에 필요한 각종 요인을 조사하여 개괄적인 검토 작업을 함
② 답사 : 건설비, 유지비가 최소화될 수 있도록 그 지역에서 가장 적정한 지형도에 노선을 도시하여 현지에 나가서 시종점 결정 및 주요 통과지를 결정하고 대략적인 노선을 결정하기 위한 것
③ 예측 : 답사에서 결정된 노선(1~2개)을 따라 트래버스 측량을 실행하여 노선의 상태를 시점, 종점, 교량의 가설지점, 임도의 분지점, 주요한 통과지점, 구간마다의 고저차와 개략적인 거리에 의한 종단물매를 산출하고 개략적인 공사비를 산출할 수 있는 자료를 조사한다. 또한 노선을 횡단하는 도로, 하천, 부락, 토지의 경계 등을 기록하고, 지질, 경작상황, 절토의 난이, 기타 임도시설에 관계되는 사항을 조사한다. 이와 같은 조사사항을 정리하여 예측도를 작성한 후 각 노선별로 대안비교법에 의하여 가장 타당한 노선을 결정한다.

④ **실측** : 예측의 결과에 의하여 노선을 현지지상에 측설하는 방법은 노선의 중심선을 기준으로 측량하는 경우와 영선을 기준으로 측량하는 경우의 2가지 방법이 있다.

(2) 실시설계

① 중심선 측량과 영선측량

　⃝ 예측의 결과에 의하여 노선을 현지 지상에 측설하는 방법은 노선의 중심선을 기준으로 측량하는 방법과 영선(Zero Line)을 기준으로 측량하는 두 가지 방법이 있는데, 전자를 중심선측량법이라 하고 주로 평탄지와 완경사지에서 많이 사용되며, 후자를 영선측량법이라 하고 주로 산악지에서 많이 사용된다.

　ⓛ 노폭의 1/2이 되는 지점을 측점별로 연결한 노선의 종축을 중심선이라 한다. 경사지에서 설치하는 임도에서 노면의 시공면과 산지의 경사면이 만나는 점을 영점이라 하고, 이 점을 연결한 노선의 종축을 영선이라 한다. ★기출

　ⓒ 영선은 절토작업과 성토작업의 경계선이다. ★기출

　ⓔ 중심선 측량은 중심점을 기준으로 중심선을 따라 측량하고, 영선측량은 영점을 기준으로 영선을 따라 측량한다.

　ⓜ 중심선 측량은 지반고 상태에서 측량하며 종단면도상에서 계획선을 설정하여 계획고를 산출한 후 종단과 횡단의 형상을 결정한다.

　ⓑ 영선측량은 시공기면의 시공선을 따라 측량하므로 굴곡부를 제외하고는 계획고의 상태로 측량하며, 필요시 지반고를 유추 산정하여 종·횡단의 형상이 결정되고 노선은 영점과 중심점의 차이에 따라 조정된다.

　ⓢ 균일한 사면일 경우 중심선과 영선은 일치되는 경우도 있지만 대개 완전히 일치되지 않고, 지반 기울기가 급할수록 영선보다 중심선이 경사지의 안쪽에 위치하고, 약 45~55% 지형에서는 중심선과 영선이 거의 일치되다가 지반 기울기가 완만할수록 중심선이 영선보다 바깥쪽에 위치한다.

　ⓞ 지형의 상태에 따라 중심선측량은 파상지형의 소능선과 소계곡을 관통하며 진행되고, 영선측량은 구불구불한 형태로 우회하여 진행된다.

　ⓩ 중심선측량은 평면측량에서 중심선을 설정한 후 종·횡단측량을 실행하지만, 영선측량은 종단측량에서 영선을 먼저 설정한 후 평면·횡단측량을 실시한다.

　ⓩ 측점 간격은 20m로 하고 중심말뚝을 설치하되, 지형상 종·횡단의 변화가 심한 지점, 구조물 설치지점 등 필요한 각 점에는 보조말뚝을 설치한다.

② 종단측량
　　㉠ 철도·도로·수로 등의 일정한 노선에 따라 거리와 고저의 관계, 즉 종단면의 측량을 말한다. 일정한 간격마다 중심말뚝을 박아 중심선을 설정하여 이 선상의 지반의 변화를 측정하고, 이때 고저의 변화가 있는 곳은 플러스말뚝을 박는다.
　　㉡ 종단면도를 작성하는데 표시되는 것은 측점간의 수평거리, 각 측점의 지반고 및 B.M.의 높이, 계획선의 기울기, 측점에서의 계획고 등이다.
　　㉢ 고저차는 수평거리에 비해 작아 그 차를 분명히 알기 위하여 수직축적은 수평축적보다 크게 한다. 우리나라 임도의 종단도면의 축척은 횡 1/1,000, 종 1/200로 작성한다.
　　㉣ 주요 구조물 주변 및 연장 1km마다 변동되지 아니하는 표적에 임시기표를 표시하고 평면도에 이를 표시한다.
③ 횡단측량
　　㉠ 노선의 각 측점, 즉 중심말뚝 및 플러스말뚝에서 중심선에 직각인 방향으로 지반의 고저변화를 측정하는 측량이다.
　　㉡ 임의의 수평선을 긋고 그 수평선상에 중심점을 정한 다음, 중심점에서 좌우로는 중심점을 기준으로 승강을 한 높이를 취하여 그 점을 연결하거나 중심점의 읽음값을 수평선으로 표시하고, 각 점에서의 읽음값을 아래쪽에 취하고 각 점을 연결하는 방법이 있다.
　　㉢ 중심선의 각 측점 및 지형이 급변하는 지점, 구조물 설치지점의 중심선에서 양방향으로 현지지형을 설계도면 작성에 지장이 없도록 측정한다. ★기출

(3) 도면제도 ★기출

① 평면도
　　㉠ 평면도는 종단도면 상단에 축척 1/1,200로 작성한다.
　　㉡ 평면도에는 임시기표·교각점·측점번호 및 사유토지의 지번별 경계·구조물·지형지물 등을 도시하며, 곡선제원 등을 기입한다.
② 종단면도
　　㉠ 축척은 횡 1/1,000, 종 1/200로 작성한다.
　　㉡ 평면선형, 측점, 거리, 누가거리, 지반고, 계획고, 절토고, 성토고, 종단선형의 란으로 구분하고, 횡(수평)축을 거리(m)로 표시하고 종(수직)축은 높이(표고 : m)로 표시한다.
③ 횡단면도
　　㉠ 축척은 1/100로 작성한다.
　　㉡ 횡단기입의 순서는 좌측하단에서 상단방향으로 한다.
　　㉢ 절토부분은 토사·암반으로 구분하되, 암반부분은 추정선으로 기입한다.

ⓔ 구조물은 별도로 표시한다.

ⓜ 각 측점의 단면마다 지반고·계획고·절토고 단면적, 지장목제거·측구터파기 단면적·
사면보호공 등의 물량을 기입한다.

기출문제

횡단면도에 사용되는 용어 답하기

1) B.P.는 무엇의 약자?

2) B.P. +5.0의 의미?

3) B.H.와 B.A의 의미?

4) C.H.의 의미?

5) B.H. = 2.09의 의미?

6) 1 : 1.2의 의미?

[정답] 1) 기점(Beginning Point)
2) 기점에서 5m 지점
3) 성토고(Banking Height), 성토면적(Banking Area)
4) 절토고(Cutting Height), 절토면적(Cutting Area)
5) 성토 높이를 2.09m로 실시
6) 절성토면의 기울기로 수직높이 1에 대한 수평거리 1.2

---

(4) 공사 설계서 작성 ★기출

설계서는 목차·공사설명서·일반시방서·특별시방서·예정공정표·예산내역서·일위대가
표·단가산출서·각종중기경비계산서·공종별 수량계산서·각종 소요자재총괄표·토적표·
산출기초 순으로 작성한다.

(5) 유토곡선 ★기출

① 공사시점에서 종점까지 보정된 성토량을 (−)로 하고 절취량을 (+)로 하고 각 측점마다 누적
대수화하여 누가토량을 구한 후, 횡축은 종단면도의 축척과 같이 거리별로 측점의 위치를
나타내고 종축은 각 측점까지의 누가토량을 그린다. 이 곡선을 유토곡선(Mass Curve)또는
토량곡선이라고 한다.

② 유토곡선의 성질과 적용

㉠ 유토곡선이 상향인 구간은 절토구간이고 하향인 구간은 성토구간이며, 곡선의 곡점은
성토에서 절토로 정점은 절토에서 성토로 바뀌는 점이다.

㉡ 곡선과 평행선이 교차하는 점은 절토량과 성토량이 거의 같은 평행상태를 나타낸다.

ⓒ 평행선에서 곡선의 곡점과 정점까지의 높이는 절토에서 성토로 운반되는 전체의 토량을 나타내고 토량과 운반거리는 토량유용계산표에서 직접 인용하고 만약 평형점이 측점과 측점의 중간에 위치할 경우에는 비례보간법에 의하여 토량을 구한다.

ⓔ 절토와 성토의 평균운반거리는 유토곡선 토량의 1/2점을 통과하는 길이가 되고, 평균운반 거리는 절토의 중심과 성토의 중심간의 거리를 의미한다.

ⓜ 유토곡선이 평형선보다 위에 있을 경우에는 절토에서 성토로 운반되는 작업방향은 좌에서 우로 이루어지고 아래에 있을 경우에는 우에서 좌로 이루어진다.

ⓗ 평형선은 반드시 1개의 연속된 직선으로 설정할 필요는 없지만 유토곡선과 교차하는 측점에서 다른 평형선을 설정하여야 한다. 이때 2개의 평형선간의 상하간격은 보급토량 또는 사토량을 나타낸다.

ⓢ 절토는 양방향으로 운반될 수 있게 하는 것이 능률적이고, 종단구배가 급한 구간에는 배수나 운반을 고려하여 종단곡선을 따라 내리막 구배로 굴착될 수 있도록 평형선을 긋는다.

ⓞ 성토구간에 교량 등의 구조물이 있고 그 구조물 너머로 흙을 운반할 경우는 구조물까지 토량을 평형시키거나 우회하여 운반계획을 세운다.

7 임도시공

(1) 토공작업

① 토공은 흙을 재료로 하는 구조물의 시공을 말한다.
② 절취(Cutting)와 성토(Banking)로 나눈다.
③ 공사의 끝손질면을 시공기면이라 하며, 이 시공기면보다 지반이 높을 때는 절취(절토, 땅깎기)하고, 낮을 때는 성토(땅돋기)한다.

기출문제

시공기면 설계에 영향을 미치는 요인 3가를 쓰시오.

[정답] 절토량, 성토량, 토사 운반거리

④ 순서 : 절취 → 싣기 → 운반 → 성토 → 다짐
⑤ 지장목 제거
  ㉠ 절취 및 성토예정지의 초목 및 장애물은 미리 제거한다.
  ㉡ 벌도한 나무는 공사에 지장이 없도록 공사착공에 집재·반출한다.
  ㉢ 산복에 임도를 개설할 경우에는 계곡의 입목은 남긴다.

흙일 작업 전 준비 2가지, 공사측량을 간단히 설명하시오.

정답 • 준비 : 지장목 제거 및 벌개 제근, 표토 제거, 배수작업, 규준틀 설치, 구조물 및 지장물 제거
  • 공사측량
    - 기초측량 : 원지반면에 대하여 절성토 구역과 토량을 산출하며, 토공규준틀 설치
    - 최종측량 : 땅파기, 되메우기, 쌓기 등이 완료됐을 때 하는 최종측량

(2) 절 취

① 절토 경사면의 기울기 기준 : 토질 및 용수 등 지형여건을 종합적으로 고려하여 절토사면에 대한 안정성이 확보될 수 있도록 기울기를 설정한다.

구 분	기울기	비 고
경 암	1 : 0.3 ~ 0.8	
연 암	1 : 0.5 ~ 1.2	토사지역은 절토면의 높이에 따라 소단 설치
토사지역	1 : 0.8 ~ 1.5	

소단을 설치하는 이유를 쓰시오.

정답 소단의 폭은 보통 1.5m(1~2m)가 표준이고, 소단에는 5~10%의 횡단물매를 주며 설치높이의 간격은 절취고에 따라 다르나 5~10m 간격으로 하는데 설치 이유는 유수의 흐름을 완화시켜 비탈면을 침식으로부터 보호하고 낙석 등을 잡아주는 역할을 하여 비탈의 안정성을 높이며 사면보호 유지보수작업 시 작업공간(발판)으로 활용할 수 있고 사면을 여러 부분으로 분리하여 보행자나 운전자의 심적 안정감을 높이며 배수구를 두면 비탈면의 지하수 배출능력을 향상시킬 수 있다.

② 안식각 : 지반을 수직으로 깎으면 시간이 지남에 따라 흙이 무너지다 어느 각에서 영구히 안정을 유지하게 되는데, 이때의 수평면과 비탈면이 이루는 각을 말한다. ★기출

(3) 성 토

① 성토시공은 양질의 재료를 30~50cm의 수평층으로 균등히 편다. 다지기는 양질토의 경우는 불도저 혹은 파워쇼벨계 기계로써 층층으로 쌓아 올리는 작업과 병행하여 전압다지기를 실시할 수 있다. 양질이 아닌 경우에는 불도저 혹은 백호 등으로는 충분한 다지기를 실시하지 못하므로 전용다짐기계를 필요로 한다.

② 다지기는 성토에 있어서 가장 중요한 작업이며, 다지기의 양부가 완성 후의 임도의 유지보수에 커다란 영향을 미친다. 일반적으로 토사도인 임도의 경우는 특히 다짐횟수, 기계종류 등을 결정하기 위한 시험을 생략하며, 토공기계의 주행에 의해서 다지기를 실시한다. 이 경우에는 성토의 깊이를 30cm 이하, 각층의 다지기 횟수는 5회 이상으로 하며, 주행부분만이 다져지는 현상이 발생되지 않도록 노면 전체를 균일하게 주행하여야 한다.

③ 성토는 충분히 다진 후에 이를 반복하여 쌓아야 하며, 성토한 경사면의 기울기는 1 : 1.2~2.0의 범위 안에서 토질 및 용수 등 지형여건을 종합적으로 고려하여 성토사면에 대한 안정성이 확보되도록 기울기를 설정한다. 다만, 성토너비가 1m 이하이고 지형여건상 부득이한 경우에는 기울기를 조정할 수 있다.

④ 성토사면의 길이는 5m 이내로 한다. 다만, 5m를 초과하는 경우에는 성토사면의 보호를 위하여 옹벽·석축 등의 피해방지시설을 설치한다.

기출문제

흙쌓기 공사 중 더 쌓기를 하는 이유를 쓰시오.

정답 ▶ 흙쌓기 공사 중에 흙의 압축이나 공사완료 후의 수축이나 지반의 침하에 대비하여 계획된 단면 유지를 위하여 계획단면 이상으로 높이와 물매를 더 쌓는 것으로 일반적으로 5~10% 더 쌓는다.

주어진 공기 계산식에서 괄호 채우기

정답 ▶ 공기 = (총작업량/1시간 평균작업량 × 1일당 평균운전시간) × (100/작업 가능일수)

(4) 토공기계

임도공사에 사용되고 있는 토공기계는 불도저, 백호, 덤프트럭이 주종을 이루고 롤러, 모터 그레이더(Motor Grader) 등의 사용은 극히 적다.

① 작업능력의 산정 : 토공기계의 작업은 반복 작업이므로 운전시간당 작업량의 일반식은 사이 클타임(Cycle Time) C_m 으로 나누면 다음과 같은 식이 된다.

$$Q = 60 \times q \times f \times E / C_m$$

여기서, Q : 1시간당 작업량(m^3/h)

q : 1회 작업사이클당 표준작업량(m^3/h)

f : 토량환산계수

E : 작업효율

C_m : 1회 작업당의 사이클타임(min)

② 불도저 작업 : 임도개설공사에 사용되는 불도저의 규격은 11톤 혹은 13톤을 표준으로 한다.
운전 1시간당의 작업량은 다음 식과 같다.

$$Q = 60 \times q \times f \times E / C_m$$

여기서, Q : 1시간당 작업량(m^3/h)

q : 1회의 토공판 용량(m^3)

f : 토량환산계수

E : 불도저의 작업효율

C_m : 1회 작업당의 사이클타임(min)

③ 쇼벨계 굴삭기 작업 : 쇼벨계 굴삭기의 선정은 0.6m^3을 표준으로 하나 소규모의 백호의
작업에서는 0.3m^3을 사용한다.

$$Q = 60 \times q \times K \times f \times E / C_m$$

여기서, Q : 운전 1시간당 작업량(m^3/h)

q : 버킷의 공칭용량(m^3)

K : 버킷의 계수

f : 토량환산계수

E : 작업효율

C_m : 사이클타임(min)

기출문제

0.7m^3의 백호로 6,000m^3을 굴착 시 작업소요 일수는?(사이클타임 24초, 버킷계수 0.9, 토량변화
율 1.2, 작업능률 0.8, 1일 작업시간 7시간)

정답 ▶ • 토량환산계수 = 1/토량변화율 = 1/1.2 = 0.833
- 시간당 작업량 = 60 × 0.7 × 0.9 × 0.833 × 0.8/(24초 = 0.4분) = 62.98m^3
- 일일작업량 = 62.98m^3 × 7시간 = 440.86m^3
- 작업일수 = 6,000m^3/440.86m^3 = 13.6일 = 약 14일

토량변화율 L과 C의 의미는?

정답 ▶ • 토량변화율 L(Loose) = 흐트러진 상태의 토량(m^3)/자연상태의 토량(m^3)
- 토량변화율 C(Compact) = 다져진 상태의 토량(m^3)/자연상태의 토량(m^3)

④ **덤프트럭 작업** : 보통 8t과 6t을 표준으로 하고, 현장이 좁고 적은 회전이 필요할 때는 2t 정도로 한다. 대규모 공사에는 대형 덤프트럭을 선정한다.

$$Q = 60 \times q \times f \times E / C_m$$

여기서, Q : 1시간당 운반토량(m^3/h)

q : 적재토량(m^3)

f : 토량환산계수

E : 작업효율

C_m : 사이클타임(min)

⑤ **다지기 작업** : 토공 공사용의 다지기 기계로는 타이어 롤러, 불도저, 또는 노반공용으로는 머캐덤롤러, 텐덤롤러 등을 사용하고, 충격식 다지기 기계로서는 콤팩터, 래머(Rammer) 등을 사용한다.

$$Q = V \times W \times D \times f \times E / n$$

$$A = V \times W \times E / n$$

여기서, Q : 운전 1시간당 작업량(m^3/h)

A : 운전 1시간당 작업면적(m^2/h)

V : 다짐속도(m/h)

W : 롤러의 유효다짐 폭(m)

D : 펴는 흙의 두께(m)

n : 다짐횟수

f : 토량환산계수

E : 작업효율

(1) 측량오차

정확치와 관측치와의 차이

① 원 인

    ㉠ 자연적 원인 : 기상의 변화, 광선의 굴절, 기계류의 바람에 의한 동요 등

    ㉡ 기계적 원인 : 기계류 성능의 불완전, 팽창, 수축의 불균일 등

    ㉢ 인위적 원인 : 조작의 미숙, 과오, 측정자의 시각 및 감각의 불완전 등

② 종 류 ★기출

    ㉠ 정오차 : 일정한 조건에서는 언제나 같은 방향 및 크기로 일어나는 오차로서 '상차(常差)'
라고도 하며, 때로는 작은 오차가 모여서 큰 오차가 되는데 이를 '누차(累差)'라고도 한다.

    ㉡ 부정오차 : 오차의 원인을 찾기가 어렵거나 모를 경우의 오차

    ㉢ 과오 : 관측자의 부주의나 미숙에서 발생하는 과실

(2) 체적 측정

① 가늘고 긴 지역의 측정 방법 : 평균단면적법, 평균거리법, 중앙단면적법, 각주법 등 ★기출

    ㉠ 평균단면적법 : 각 공종별로 앞측점의 단면적과 현측점의 단면적을 더하여 평균한 값을
현측점의 평균단면적란에 기재하고 두 단면간의 거리를 곱하여 체적란에 기재하고, 거리
및 각공종별로 체적을 합계하면 해당노선의 공사수량이 된다.

> **예상문제**
>
> (BP 절토단면적 $0.92m^2$ + No.1 절토단면적 $4.16m^2$) ÷ 2 = $2.54m^2$(No.1의 평균절토단면적)
>
> $2.54 \times$ No.1의 거리 20.0 = $50.80m^3$(No.1의 절토체적)

    ㉡ 평균거리법 : 현재 측점거리에 다음 측점거리를 더하여 평균한 값을 현 측점의 평균거리
란에 기재하고 공종별 단면적을 곱하여 해당 체적란에 기재하고, 거리 및 각 공종별로
체적을 합계하면 해당노선의 공사수량이 된다.

> **예상문제**
>
> (BP 거리 0.00 + No.1 거리 20.00) ÷ 2 = 10.00m(BP의 평균거리)
>
> $10.00 \times$ BP의 단면적 0.92 = $9.20m^3$(BP의 절토체적)

ⓒ 점고법(구형 주체법) : 넓은 지역을 동일한 면적의 직(정)사각형 또는 직각삼각형(가급적 한 변의 길이가 20m 이하)으로 구획하고 각 꼭지점의 높이(點高)를 측정하고, 각 구역을 사각(또는 직삼각)기둥으로 생각하여 각 구역의 면적과 평균높이를 구하는 방법으로 전체체적을 산출한다.

② 넓은 지역의 측정 방법

ⓐ 사각형 구형 주체법 : 지역을 여러 개의 사각형으로 구분할 경우에는 각 구역을 사각기둥으로 생각하여 각 구역의 체적과 전체체적을 다음과 같이 구한다.

$$구역체적 \quad V_0 = \frac{A(h_1+h_2+h_3+h_4)}{4}$$

$$전체체적 \quad V = \frac{A(\sum H_1 + 2\sum H_2 + 3\sum H_3 + 4\sum H_4)}{4}$$

여기서, A : 한 구역의 수평 단면적

$\sum H_1$: 1회 사용된 지반고의 합

$\sum H_2$: 2회 사용된 지반고의 합

$\sum H_3$: 3회 사용된 지반고의 합

$\sum H_4$: 4회 사용된 지반고의 합

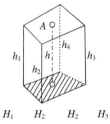

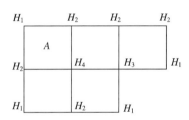

예상문제

아래 토지를 그림의 각 꼭지점에 나타낸 높이만큼 토지를 깎아 정지하고자 한다. 땅깎기할 토량과 시공면고를 구하시오(단, 구역면적은 30m²이다).

```
  0.2      0.3      0.5      0.4
   ┌────────┬────────┬────────┐
0.5│        │0.3     │0.4     │0.2
   │        │        │        │
   ├────────┼────────┼────────┤
0.4│        │0.5     │0.2     │0.3
   │        │        │        │
   ├────────┼────────┼────────┤
0.3│        │0.5     │0.1     │0.3
   │        │        │        │
   ├────────┼────────┼────────┤
0.2     0.4      0.5      0.4
```

ⓛ 삼각형 구형 주체법 : 지역을 여러 개의 삼각형으로 구분할 경우에는 각 구역을 삼각기둥으로 생각하여 각 구역의 체적과 전체체적을 다음과 같이 구한다.

$$구역체적 \quad V_0 = \frac{A(h_1 + h_2 + h_3)}{3}$$

$$전체체적 \quad V = \frac{A(\sum H_1 + 2\sum H_2 + 3\sum H_3 + 4\sum H_4 + 5\sum H_5 + 6\sum H_6)}{3}$$

여기서, A : 한 구역의 수평 단면적

$\sum H_n$: n회 사용된 지반고의 합

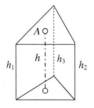
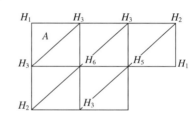

(3) 등고선

① 등고선의 성질

㉠ 동일 등고선에 있는 모든 점은 높이가 같다.

㉡ 등고선은 도면 내 또는 밖에서 폐합하며, 도중에 소실되지 않는다.

㉢ 등고선이 도면 안에서 폐합되는 경우는 산정이나 요지(凹地)를 나타낸다.

㉣ 높이가 다른 등고선은 낭떠러지나 동굴을 제외하고 교차하거나 합쳐지지 않는다.

㉤ 등고선은 급경사지에서는 간격이 좁고, 완경사지에서는 넓다.

㉥ 등고선의 계곡을 통과할 때에는 한쪽에 연하여 거슬러 올라가서 곡선을 직각방향으로 횡단한 다음 곡선 다른 쪽에 연하여 내려간다.

㉦ 등고선이 능선을 통과할 때에는 능선 한쪽에 연하여 내려가서 능선을 직각방향으로 횡단한 다음 능선 다른 쪽에 연하여 거슬러 올라간다.

㉧ 한 쌍의 등고선의 철(凸)부분이 서로 마주 서 있고, 다른 한 쌍의 등고선이 바깥쪽으로 향하여 내려갈 때는 그곳은 고개이다.

② 등고선의 간격 ★기출

축 척	계곡선	주곡선	간곡선	조곡선
1/5,000	25m	5m	2.5m	1.25m
1/25,000	50m	10m	5m	2.5m
1/50,000	100m	20m	10m	5m

㉠ 계곡선 : 주곡선 5개마다 1개를 굵게 표시한 선

㉡ 주곡선 : 지형의 기본 곡선

㉢ 간곡선 : 주곡선의 1/2로 주곡선만으로 지모의 상태를 나타내지 못할 곳은 긴 점선으로 표시

㉣ 조곡선 : 간곡선의 1/2로 간곡선만으로 지모의 상태를 나타내지 못할 곳은 점선으로 표시

기출문제

지형도에서 확인해야 할 3가지 요소를 쓰시오.

정답 축척, 방위, 범례

(4) 평판측량

평판측량은 삼각위에 제도지를 붙인 평판을 고정하고, 앨리데이드(Alidade)를 사용하여 거리·각도·고저 등을 측정함으로써 직접 현장에서 제도하는 측량법이다.

① 평판설치 3가지 조건 ★기출

㉠ 정치(Leveling Up) : 평판이 수평이어야 할 것

㉡ 치심(Centering) : 평판상의 측점을 표시하는 위치는 지상의 측점과 일치하며, 동일 수직선상에 있을 것

㉢ 표정(Orientation) : 평판이 일정한 방향 또는 방위를 취할 것

② 귀심(Reduction to Center)

㉠ 지형에 따라서 측점상에 평판을 설치할 수 없는 경우에는 적당한 위치에 평판을 설치하고, 평판을 설치한 점과 측점과의 관계 위치를 측정하여 조정하는 것

㉡ 한도는 축적 1/50,000의 경우에는 5.0m, 1/10,000은 1.0m, 1/1,000은 0.1m, 1/500은 0.05m이며 정밀을 요하지 않을 때에는 이 값의 2배 정도를 취하여도 무방하다.

③ 평판측량의 종류

㉠ 사출법(방사법)

㉡ 도선법 : 단도선법, 복도선법

㉢ 교차법(교회법) : 전방교차법, 측방교차법, 후방교차법

㉣ 교차법에서 3개의 방향선이 한 점에서 만나지 않고 하나의 삼각형을 이룰 때 이를 시오삼각형(Triangle of Error)이라 하는데, 이를 소거하고 제자리를 구해야 한다(시오삼각형의 소거방법 : 레만법, 베셀법, 투사지법).

④ 측량의 오차와 정도

    ㉠ 기계적 오차 : 평판은 기계의 조정이 불완전하며, 완전히 오차를 수정하기 어렵기 때문에 사용 전에 충분히 검사하여 불량품은 사용치 않고 평판의 구조를 잘 이해하여 오차의 발생이 적도록 노력한다.

    ㉡ 설치 및 시준시에 생기는 오차 : 도판의 경사에 의한 오차, 앨리데이드의 잣눈면과 시준면의 불일치에 의한 오차, 구심의 불완전에 의한 오차, 시준에 의한 오차, 표정에 의한 오차가 있다.

    ㉢ 제도 오차 : 방향선을 그릴 때나 거리측정 시 도지(圖紙)의 신축 등에 의하여 발생하는 오차가 있다.

    ㉣ 폐합오차의 수정 : 다각형을 도선법으로 측량하여 오차가 없으면 폐합하지만, 실제로는 다소의 오차를 면하기 어렵다. 이 때에는 허용오차를 산출한 후, 실제오차가 허용오차보다 작으면 도면상에서 오차를 수정하고, 허용오차보다 크면 다시 측량하여야 한다.

(5) 고저측량

① 용어 정리

    ㉠ 시준면 : 수평으로 설치한 레벨의 회전으로 시준선이 이루는 수평면

    ㉡ 수준기면 : 고저측량에서 기준이 되는 수평면

    ㉢ 기계고(시준고, I.H.) : 수준기면에서 레벨의 시준면까지의 수직거리

    ㉣ 수준점 : 고저측량의 기준되는 점

    ㉤ 후시(정시, B.S.) : 표고를 이미 알고 있는 점

    ㉥ 전시(부시, F.S.) : 표고를 아직 알지 못하는 점

    ㉦ 이점(환점, T.P.) : 스태프를 세워 전시와 후시를 두 번 하는 점

    ㉧ 중간점(간시, I.P.) : 전시만을 읽는 점

    ㉨ 측점(S.P.)

② 측량방법(야장기입법) ★기출

㉠ 기고식 : 야장에 기록하여야 할 사항은 S.P.(측점), B.S.(후시), F.S.(전시), I.H.(기계고), T.P.(이점), I.P.(중간점), G.H.(지반고), Remarks(비고) 등이다.

S.P.	B.S.	I.H.		F.S.		G.H.	Remarks
				T.P.	I.P.		
B.M.No.8	2.30	32.30	I.H. = 30.00 + 2.30			30.00	B.M.No.8의 H = 30.00m
1					3.20	29.10	G.H. = 32.30 − 3.20
2					2.50	29.80	G.H. = 32.30 − 2.50
3	4.25	35.45	I.H. = 31.20 + 4.25	1.10		31.20	G.H. = 32.30 − 1.10
4					2.30	33.15	G.H. = 35.45 − 2.30
5					2.10	33.35	G.H. = 35.45 − 2.10
6				3.50		31.95	G.H. = 35.45 − 3.50
Sum	+6.55			−4.60			S.P.6은 B.M 8에 비하여 1.95m 높다(6.55 − 4.60 = 1.95).

㉡ 승강식

S.P.	B.S.	F.S.		Rise(+)	Fall(−)	G.H.	Remarks
		T.P.	I.P.				
B.M.No.8	2.30					30.00	B.M.No.8의 H = 30.00m
1			3.20		0.90	29.10	G.H. = 30.00 − 0.90
2			2.50		0.20	29.80	G.H. = 30.00 − 0.30
3	4.25	1.10		1.20		31.20	G.H. = 30.00 + 1.20
4			2.30	1.95		33.15	G.H. = 31.20 + 1.95
5			2.10	2.15		33.35	G.H. = 31.20 + 2.15
6		3.50		0.75		31.95	G.H. = 31.20 + 0.75

교육은 우리 자신의 무지를 점차 발견해 가는 과정이다.

– 윌 듀란트 –

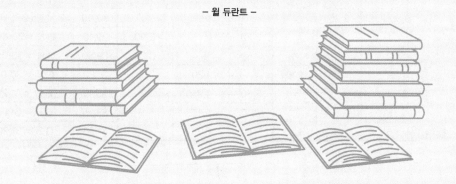

PART 04

임업기계

| Chapter 01 | 임업기계 |

1 산림작업도구

(1) 작업도구의 구비조건

① 도구는 손의 연장이며, 적은 힘으로 보다 많은 작업효과를 가져다 줄 수 있는 구조를 갖추어야 한다.

② 형태와 크기는 작업자 신체에 적합하여야 한다.

③ 날 부분은 작업목적을 효과적으로 충족시킬 수 있도록 단단하고 날카로운 것이어야 한다.

④ 손잡이는 사람의 손에 자연스럽게 꼭 맞아야 한다.

⑤ 작업자의 힘을 최대한 도구 날 부분에 전달할 수 있어야 한다.

⑥ 도구 날과 자루는 작업 시 발생하는 충격을 작업자에게 최소한으로 줄일 수 있는 형태와 재료로 만들어져야 한다.

⑦ 자루의 재료는 가볍고 녹슬지 않으며 열전도율이 낮고, 탄력이 있으며 견고해야 한다.

(2) 임업용 소도구

① 양묘사업용 소도구

  ㉠ 이식판 : 소묘 이식 시 사용되며, 열과 간격을 맞출 때 적합한 도구이다.

  ㉡ 이식승 : 이식판과 같은 용도로 사용되며, 묘상이 긴 경우에 적합하다.

  ㉢ 묘목운반상자 : 묘목운반에 사용되는 도구이다

  ㉣ 식혈봉 : 유묘 및 소묘 이식용으로 사용된다.

  ㉤ 기타 : 호미, 삽, 쇠스랑 등

② 조림사업용 소도구

  ㉠ 재래식 삽, 재래식 괭이 : 산림작업에 있어 식재·사방분야에서 많이 사용되고 있다.

  ㉡ 각식재용 양날괭이 : 조림작업 시 한쪽은 땅을 가르는 데 사용되고, 다른 쪽은 땅을 벌리는 데 사용된다.

  ㉢ 사식재 괭이 : 대묘보다 소묘의 사식에 적합하다.

  ㉣ 아이디얼 식혈삽 : 우리나라에는 사용되지 않으나 대묘식재와 천연치수 이식에 적합하다.

  ㉤ 손도끼 : 뿌리의 단근작업에 사용한다.

  ㉥ 묘목 운반용 비닐 주머니 : 운반용 주머니로 건포 및 비닐주머니가 있다.

③ 숲가꾸기(육림) 작업용 소도구

    ㉠ 재래식 낫 : 풀베기 작업도구로 적합하다.

    ㉡ 스위스 보육낫 : 손잡이 끝에 손이 미끄러지지 않도록 받침쇠가 있어 침·활엽수 유령림 숲가꾸기 작업에 적합하다.

    ㉢ 소형 전정가위 : 신초부와 쌍가지 제거 등 직경 1.5cm 내외의 가지를 자를 때 사용한다.

    ㉣ 무육용 이리톱 : 역학을 고려하여 손잡이가 구부러져 있어 가지치기와 어린나무 가꾸기 작업에 적합하다.

    ㉤ 가지치기 톱 : 가지치기 톱에는 직경 2cm 이하에 사용되는 소형 손톱, 수간의 높이가 4~5m 정도의 높이에 사용되는 고지절단용 가지치기톱이 있다.

    ㉥ 재래식 톱 : 우리나라의 재래식 톱으로 체인톱에 밀려서 거의 사용되지 않는다.

④ 벌목작업용 소도구

    ㉠ 도끼 : 작업목적에 따라 벌목용, 가지치기용, 각목다듬기용, 장작패기용 및 소형 손도끼로 구분한다.

      • 벌목용 도끼 : 무게 440~1,400g, 날의 각도 9~12°

      • 가지치기용 도끼 : 무게 850~1,250g, 날의 각도 8~10°

      • 각목다듬기용 도끼 : 무게 2~3kg

      • 단단한 나무(활엽수) 장작패기용 도끼 : 무게 2.5~3kg, 날의 각도 30~35°

      • 약한 나무(침엽수) 장작패기용 도끼 : 무게 2~2.5kg, 날의 각도 15°

      • 손도끼 : 무게 800g

    ㉡ 쐐기 : 주로 벌도방향의 결정과 안전작업을 위하여 사용되며 용도에 따라 벌목용 쐐기, 나무쪼개기용 쐐기, 절단용 쐐기 등으로 구분한다. 쐐기재료에 따라서는 목재쐐기, 철제 쐐기, 알루미늄쐐기, 플라스틱쐐기 등으로 구분한다.

    ㉢ 원목방향 전환용 지렛대 : 벌목 시 나무가 걸려 있을 때 밀어 넘기거나 또는 벌목된 나무의 가지를 자를 때 벌도목을 반대방향으로 전환시킬 경우에 사용한다.

    ㉣ 방향전환 갈고리 : 벌도목의 방향전환을 갈고리와 전달해 놓은 원목을 운반하는 데 사용하는 것으로 방향용 갈고리, 운반용 갈고리, 집게 등이 있다.

    ㉤ 박피용 도구 : 수피의 두께나 특성에 적합한 것을 사용하며 소형 박피도구, 재래식 박피도구, 외국형 박피도구(솔타우어형, 다우너유니버설형, 벨리형 등) 등이 있다.

    ㉥ 측척 : 벌채목을 규격대로 자를 때 사용한다.

    ㉦ 사피(도비) : 산악지대에서 벌도목을 끌 때 사용하는 도구로 한국형과 외국형이 있다.

2 임업기계

(1) 벌목용 체인톱

① 체인톱(기계톱, 체인쏘)의 개요

　㉠ 구 조

　　• 원동기부분 : 실린더, 피스톤, 피스톤핀, 크랭크축, 크랭크케이스, 소음기, 기화기, 연료탱크, 점화장치, 플라이휠, 시동장치, 쏘체인, 급유장치, 연료탱크, 체인오일탱크, 에어필터, 손잡이 등

　　• 동력전달부분 : 클러치, 감속장치, 스프라킷 등

　　• 쏘체인부분 : 쏘체인, 안내판, 체인장력조절장치, 체인덮개

　㉡ 안전장치

기출문제

기계톱의 안전장치에 대해 쓰시오.

정답　• 전방 손잡이 및 후방 손잡이 : 체인톱의 운반 및 작업시 사용되며, 체인톱으로부터 발생하는 진동을 완화시키기 위해서 방진고무가 부착되어 있다.

　　• 전방 손보호판, 후방 손보호판, : 작업중 가지의 튐에 의하여 손에 위험이 생기는 것을 방지한다. 또한 체인톱이 작업자를 향하여 튀어 올라오는 상황에서 앞손보호판에 손이 닿는 경우 원심클러치를 급제동하는 기능을 한다.

　　• 체인브레이크 : 체인톱이 튀거나 충격을 받았을 때 브레이크밴드가 스프로킷을 잡아 회전하는 체인을 강제로 급정지 시킨다.

　　• 체인잡이 볼트 : 체인이 끊어지거나 튀는 것을 막아주는 고리

　　• 지레발톱(스파이크) : 작동작업시 정확한 작업위치를 선정함과 동시에 체인톱을 지지하여 지렛대 역할을 함으로서 작업을 수월하게 한다.

　　• 스로틀레버 차단판 : 스로틀레버를 정확히 잡지 않으면 스로틀레버가 작동되지 않도록 하는 장치

　　• 체인보호집 : 체인톱을 운반할 때 톱날에 의한 작업자의 상해를 방지하고 톱날을 보호한다.

　㉢ 엔진의 출력에 따른 분류

　　• 소형 체인톱 : 엔진출력 2.2kw, 무게 6kg

　　• 중형 체인톱 : 엔진출력 3.3kw, 무게 9kg

　　• 대형 체인톱 : 엔진출력 4.0kw, 무게 12kg

② 체인톱의 점검

　㉠ 일일 정비 : 휘발유와 오일의 혼합, 에어필터 청소, 안내판 손질

　㉡ 주간 정비 : 안내판, 체인톱날, 점화부분, 체인톱 본체

ⓒ 분기별 정비 : 연료통과 연료필터 청소, 윤활유 통과 거름망 청소, 시동줄과 시동스프링 점검, 냉각장치, 전자점화장치, 원심분리형 클러치, 기화기

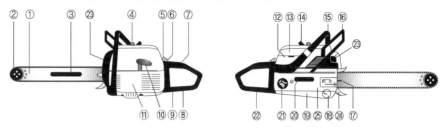

① 안내판(가이드바)	⑥ 초크밸브	⑫ 에어필터(공기여과기)	⑲ 오일량 조정나사
② 안내판	⑦ 악셀레버 차단판	⑬ 기화기	⑳ 스프라켓
③ 체인(기계톱날)	⑧ 악셀레버	⑭ 점화플러그	㉑ 연료탱크
④ 감압밸브	⑨ 악셀레버 고정단추	⑮ 전방손잡이(왼손)	㉒ 후방보호판
⑤ 전원스위치	⑩ 시동손잡이	⑯ 체인브레이크	㉓ 소음기
	⑪ 시동뭉치	⑰ 체인장력 조정나사	㉔ 지레발톱
		⑱ 오일탱크	㉕ 안내판 덮개

[휴대용 체인톱의 구조]

(2) 임목집재용 기계

집재는 임지 내에 흩어져 있는 벌채목이나 원목을 임도변까지 끌어모으는 작업이다.

① 중력식 : 목재의 자중(自重)을 이용하여 집재하는 방법

ⓐ 활로에 의한 집재

구 분	장 점	단 점	특 징
토수라	시설비 적음	임지훼손, 목재훼손	토수라의 최소경사 • 얼음판 : 8% • 눈 : 12% • 습할 때 : 35%
목수라, 판자수라	목재훼손 적음	시설비용이 높음	—
플라스틱수라	효율성 높음	구입비용이 높음	조 건 • 최소물매 : 25% • 최대물매 : 55% • 최대거리 : 500m • 최적거리 : 100~150m

ⓑ 와이어로프에 의한 집재 : 와이어로프나 강선을 이용하여 원목을 고리에 걸어 내려 보내는 방법

② 소형원치류

ⓐ 소형 소집재용 원치 : 아크야 원치, 체인톱 원치(KBF 소형 원치)

ⓑ 소형 집재용 차량 : 보행 조작형 크롤러 바퀴식(아이언 호스), 탑승형 크롤러 바퀴식(Yanmar), 타이어 바퀴식(Oikawa)

③ 트랙터 윈치류

　　㉠ 독립된 원동기를 구비하여 물체를 견인하기에 적합한 구조와 성능을 지닌 특수 차량

　　㉡ 다목적 트랙터 : 작업기를 차체에 얹을 수 있는 플랫폼 형식으로 시스템 트랙터라고도 하며, MB 트랙터, 우니목(Unimog) 트랙터 등이 있다.

　　㉢ 농업용 트랙터 : 농업용 트랙터를 표준형 트랙터라고도 하며, 3점 링크히치에 작업기를 부착하여 사용하는 것으로 대표적인 작업기로 Farmi 윈치가 있다.

　　㉣ 차체 굴절식 임업용 트랙터 : 일명 스키더라고도 하며, 동일한 크기인 4개의 대형 바퀴와 차체 굴절식 조향장치를 구비한 것이 특징으로 팀버잭, 그래플, 스키더 등이 있다.

④ 가선집재기계

　　㉠ 야더(Yarder) 집재기 : 타워야더집재기가 개발되기 전에 사용하던 집재기로 드럼용량이 커서 일반적으로 장거리 집재에 적합하나, 이동 시 트럭 등을 이용해야 하는 불편함이 있다.

　　㉡ 이동식 타워야더 : 타워가 부착되어 이동·설치가 쉬우나 800m 이상의 장거리 집재에 부적합하다. 콜러집재기(K-300) 등이 대표적인 장비이다.

⑤ 가선집재기계용 부속기구

　　㉠ 반송기(캐리지) : 가선집재기의 가공본줄 위에서 목재를 적재하여 운반하는 장비로 보통 반송기, 슬랙풀링반송기, 계류형 반송기, 자주식 반송기 등이 있다.

　　㉡ 활차(블록, 도르래) : 로딩블록, 새들블록, 힐블록, 가이드블록, 콘트롤블록, 자동스내치 블록 등이 있다.

⑥ 와이어로프

　　㉠ 와이어로프는 가선집재 뿐만 아니라 윈치를 이용한 집재작업에서 반드시 필요한 부품이다.

　　㉡ 구조와 멍칭

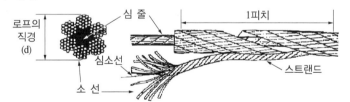

기출문제

구성기호 6×7인 와이어로프의 단면구조를 그리고 와이어로프의 지름(직경)을 표시 하시오.

정답 ▸ 윗 그림(왼편)에서 소선(와이어)이 7개이고 소선이 뭉쳐진 6개의 스트랜드로 구성

ⓒ 꼬임방법 ★기출

• 보통꼬임 : 와이어로프의 꼬임과 스트랜드의 꼬임방향이 반대로 된 것으로 마모가 잘되고 취급이 용이하다(예 작업줄).

• 랑(Lang)꼬임 : 와이어로프의 꼬임과 스트랜드의 꼬임이 같은 방향으로 된 것으로 킹크가 잘 생기나 마모에 강하다(예 가공본줄).

보통Z꼬임   보통S꼬임   랑Z꼬임   랑S꼬임
(보통 오른꼬임)   (랑 오른꼬임)

[와이어로프의 꼬임]

ⓓ 연결방법 ★기출

명 칭	그 림	효 과	특 징	단 점	비 고
약식연결법		30~50%	간단하여 응급사용 목적으로 사용한다.	매우 위험하고 본 사용은 불가하다.	공구가 없고 긴급할 때 사용한다.
아이스프라이스 이음		60~90%	기계가 필요하지 않고 현장작업이 가능하다.	숙련도에 따라 불안전하고 위험하다.	전통적인 방법이다.
U볼트 (클립연결)		약 80%	간단히 부착되며 점검이 용이하다.	볼트조임이 어렵고 지나치면 위험하다.	높은 시설물 등에 직접부착 시 사용한다.
클램프연결 (Lock 가공)		약 100%	매우 안전하다.	특수 고압기계가 필요하다.	작업환경상 안전하고 우수하다.
소켓연결		약 100%	효율이 좋고 사용이 안전하다.	소켓부분의 손상이 쉽고 작업이 불편하다.	연결용으로 사용한다.

ⓔ 교체(폐기) 기준 ★기출

• 와이어로프의 1피치 사이에 와이어가 끊어진 비율이 10%에 달하는 경우

• 와이어로프의 지름이 공식지름보다 7% 이상 마모된 것

• 심하게 킹크되거나 부식된 것

ⓕ 안전계수 : 집재가선에 있어서는 작업줄 및 운재삭도의 되돌림줄 등에 이용되는 와이어로프에 적용하는 하중에 대해 충분한 안전을 확보하기 위하여 각 용도별로 안전계수를 결정하여 사용해야 한다. 안전계수는 다음의 식을 이용하여 산출한다.

$$안전계수 = \frac{와이어로프\ 절단하중(kg)}{와이어로프\ 최대장력(kg)}$$

[임업용로프의 안전계수]

와이어로프	스카이라인	짐당김줄	되돌림줄	짐올림줄	버팀줄	고정줄	짐매달음줄
안전계수	2.7 이상	4.0 이상	4.0 이상	6.0 이상	4.0 이상	4.0 이상	6.0 이상

기출문제

와이어로프의 표시를 설명하시오(6 × 7 · C/L · 20mm · B종).

정답 ▸ 와이어로프 6개의 스트랜드가 7개의 와이어(소선)으로 구성된 20mm 와이어로프로서 가운데 들어 있는 심줄이 마심에 콤포지션 유가 도포된 랑꼬임의 인장강도가 높은 B형의 와이어로프

풀이 ▸
- (6 × 7) : 스트랜드의 본수(6개)와 1개의 스트랜드를 구성하는 와이어의 개수(7개)
- C/L : 콤포지션유 도장 랑Z꼬임, G/O : 표면이 아연 도금되어 있는 보통꼬임
- 20mm : 와이어로프의 지름
- B종(180kg/mm^2), A종은165kg/mm^2 : 와이어로프의 인장강도

와이어로프의 형태에 대해 설명하시오.

정답 ▸
- 씰(Seal)형 : 내층과 외층의 와이어가 동일하고, 내층 와이어의 홈에 외층 와이어가 완전히 들어가는 형태로 내마모성이 크다.
  예 씰형 19개 와이어 8스트랜드, 구성기호 : 8 × S(19)
- 워링톤(Warrington)형 : 외층 와이어가 내층 와이어의 2배이다. 외층 와이어는 대소 2종류이고 그것과 내층을 조합시켜 꼬임 간극을 작게 한 형태이다.
  예 워링톤형 19개 와이어 8스트랜드, 구성기호 : 8 × W(19)
- 필러(Filler)형 : 스트랜드의 내층, 외층 와이어를 같은 종류의 와이어로 구성하여 내·외층의 와이어 간에 가능한 간격을 좁게 하여 와이어를 넣은 형태이다. 씰형에 비해 유연성이 다소 높아 곡률 특성이 양호하다.
  예 필러형 25개 와이어 8스트랜드, 구성기호 : 8 × Fi(25)

(3) 다공정 처리기계

① 벌도, 가지제거, 작동, 집적, 칩생산 등의 공정 가운데 복수의 공정을 연속적으로 처리하는 차량형 기계를 총칭한다.

② 하베스터 : 임내를 이동하면서 입목의 벌도·가지제거·절단작동 등의 작업을 하는 기계로 서 벌도 및 조재작업을 1대의 기계로 연속작업을 할 수 있는 장비 ★기출

③ 프로세서 : 하베스터와 비교하면 벌도 기능만 없다는 것을 제와하고는 기능이 같은 장비 ★기출

④ 펠러번처 : 오직 벌목과 집적 기능만 가진 장비 ★기출

⑤ 포워더 류 : 목재를 적재함에 적재한 후, 작업로 또는 임지를 주행하여 임도변 토장까지 운반하 는 장비를 총칭하며, 궤도식 소형 집재차(미니포워더), 4륜형 소형·대형 집재차가 있다.

기출문제

다공정 임목수확장비의 제약점 4가지를 쓰시오.

정답 • 급경사지에서는 주행이 어려워 완경사지나 평지 드리고 임상이 균일한 임지 내에서만 작업이 제한된다.
- 가격이 매우 고가이므로 경제적으로 운용할 수 있는 임상이나 작업계획이 필요하다.
- 1인 작업용이므로 숙련도가 높은 조종원이 확보되어야 한다.
- 자동화 기능이 많이 탑재되어 고장 시 수리 비용과 기간이 많이 요구된다.

(4) 집적 및 상·하차기계

① 운반 및 하역작업은 원목의 상차, 하차, 선별, 집적 등을 실시하는 작업이다.
② 원목 집계류, 운재용 트럭(크레인 트럭, 다목적 작업차, 칩 운반차 등) 등이 있다.

(5) 산림토목용 기계

① 불도저
  ㉠ 궤도형 트랙터의 전면에 작업목적에 따라 부속장비로서 다양한 블레이드(토공판, 배토판)를 부착한 기계이다.
  ㉡ 배토판의 종류에 따라 불도저(스트레이트 도저), 틸트도저(배토판 상하이동), 앵글도저(배토판 전후이동) 등이 있다.
② 굴착기 : 쇼벨계통 굴착기, 백호 등
  ㉠ 파워셔블 : 흙이나 모래, 자갈 등을 파서 싣는 건설장비로 기계가 위치한 지면보다 높은 곳의 토사를 퍼올리는데 적합하다. 비교적 단단한 토질의 굴착에 용이하고 운반장비에 적재하는데 편리하다.
  ㉡ 백호 : 땅이나 암석 따위를 파거나 파낸 것을 처리하는 건설기계로 기계가 서 있는 지면보다 낮은 곳이나 굳은 지반, 옆도랑 등의 작업에 적합하다.
  ㉢ 리퍼 : 도저나 트랙터의 뒤쪽에 설치되어 굳은 지면, 나무뿌리, 암석 등을 파는데 사용한다.
③ 트랙터 쇼벨 : 궤도형, 차륜형
④ 노반용 장비(정지 장비) : 도저, 모터그레이더와 스크래퍼 등
  ㉠ 모터그레이더 : 고무 타이어의 전륜과 후륜 사이에 상하·좌우·산회 등과 같은 임의 동작이 가능한 블레이드(Blade)를 부착하여 주로 노면을 평활하게 깎아 내고 비탈면이나 측구 등의 정리 및 깍기 등에 사용한다.
  ㉡ 스크레이퍼 : 건설공사에서 토사를 굴삭(掘削)하고 운반하는 데 사용되는 기계로, 피견인과 자주식으로 나뉘는데, 불도저가 운반거리의 한도에 이르렀을 경우, 덤프트럭의 운반거리의 최소한도내일 경우 등에 유효하게 사용된다.

⑤ 노면다짐용 장비(전압 장비)

　　㉠ 탠덤롤러 : 전륜, 후륜 각 1개의 철륜을 가진 롤러로 바퀴 내부에 진동을 일으키는 기진기
　　　　(起振機)를 갖추고 롤러의 자체 중력과 진동력으로 다짐 작업을 하는데 사용한다.

　　㉡ 탬핑롤러 : 롤러 표면에 돌기를 부착한 것으로 점착성이 큰 점성토 다짐에 적합하며
　　　　다짐 유효깊이가 크다.

　　㉢ 타이어롤러 : 고무 타이어를 이용해서 다지기를 하는 기계

　　㉣ 머캐덤롤러 : 3륜차의 형식으로 쇠바퀴 롤러가 배치된 기계

기출문제

임도시공에 쓰이는 정지기계 3가지를 쓰시오.

정지기계와 전압기계의 종류 한 가지씩 쓰고 설명하시오.

암석굴착기 종류 3가지와 적용 범위를 쓰시오.

[정답]　윗 설명 그대로 기술

임업토목공사에서 기계화 시공의 장단점을 쓰시오.

[정답]　• 장 점
　　- 규모가 큰 공사를 효율적인 기계로 시공하여 공사기간을 단축한다.
　　- 절토, 운반, 성토, 진압 등의 작업을 용이하게 할 수 있다.
　　- 공사비를 절감할 수 있고, 시공능률을 높일 수 있다.
　　- 인력으로 곤란한 공사라도 기계화 시공으로 무난히 완공할 수 있다.
　　• 단 점
　　- 기계의 구입 및 설치비가 비싸다.
　　- 동력 연료, 기계 정비, 수리비 등이 필요하다.
　　- 숙련된 조종원 및 정비원이 필요하다.
　　- 소규모 공사에는 인력보다 경비가 많이 든다.
　　- 소음, 진동 등의 공해가 많이 발생한다.

3 임목수확작업

(1) 임목수확작업에 미치는 영향

① 기후적 영향

    ㉠ 강수 : 지속적 강우로 인한 토양의 견밀도 감소 및 임도나 작업로에서의 장비의 주행성 저하

    ㉡ 기온 : 추위와 결빙에 의한 사고의 위험성 증대와 기계장비의 효율성 저하

    ㉢ 바람 : 강풍이 불 때는 작업 중지

    ㉣ 계절적 영향 ★기출

여름 작업	겨울 작업
작업환경이 온화하여 작업이 용이하다.	해충과 균류에 의한 피해가 없다.
작업장으로의 접근성이 수월하다.	수액 정지 기간에 작업하므로 양질의 목재를 수확할 수 있다.
일조시간이 길어 긴 작업 가능 시간으로 도급제 실시에 유리하다.	농한기여서 인력수급이 원활하다.
벌도목이 쉽게 건조되어 집재에 유리하다.	잔존 임분에 대한 영향이 적다.

② 지형적 요인

    ㉠ 지형구분 : 양호한 지역, 보통 지역, 제한적 가능지역, 불가능 지역

    ㉡ 경 사

      • 경사도 : 작업능률에 제일 중요한 인자

      • 경사형 : 평탄형, 굴곡형, 계단형, 凸형, 凹형

      • 경사 길이 : 300m 이상일 경우 작업 능률 저하

      • 지표구조 : 작업의 안전성과 관계됨

    ㉢ 토양 요인

      • 토양의 강도 : 토양의 전단저항

      • 토양의 연경도 : 흙의 함수량에 의해 나타나는 성질

③ 임분의 구조적 요인

    ㉠ 입목의 크기

    ㉡ 임분의 동일성

    ㉢ 임목의 공간적 분포

    ㉣ 수 종

(2) 벌목작업

① 벌목 기본 방법의 순서

㉠ 재적 비율을 높이기 위해 벌채점은 되도록 낮아야 하는데, 대경목의 경우 보통 지상 20~30cm의 높이에서 벌채한다.

㉡ 벌도방향에 대하여 직각으로 근주직경 1/4 이상의 수구 자르기를 한다(흉고직경 50cm 이상은 1/3 이상이 바람직).

㉢ 수구 자르기를 할 때의 경사는 30~40° 정도로 한다.

㉣ 추구는 수구 높이의 2/3 정도로 자르고 수구와 평행하도록 입목직경의 1/10 정도 벌도맥을 남긴다.

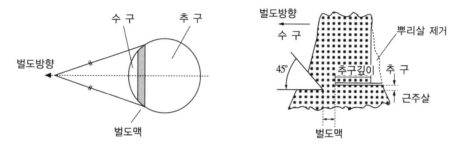

[벌목 시 수구 및 추구자르기]

기출문제

벌도맥을 남기는 이유를 쓰시오.

정답　입목이 따라베기(추구작업) 할 때 갑자기 나무가 넘어지는 것을 방지하여(속도 감소) 작업자가 대피 할 수 있도록 안전 작업에 유리하도록 하는 작업 종류이다.

② 벌도대상목의 주위정리

㉠ 수간의 가슴높이까지 가지를 먼저 자른다.

㉡ 벌도목 주위에 벌도작업에 방해가 되는 관목, 덩굴, 치수 등을 제거한다.

㉢ 벌도목 주위의 돌을 치운다.

㉣ 수피가 두꺼운 수종은 벌도하기 전에 도끼로 벌채점 부분에 대한 박피를 한다.

㉤ 근주 부근의 톱질할 부근에 융기부나 팽대부가 있는 나무는 이것을 절단·제거해야 한다.

㉥ 벌목지 주위에 서있는 고사목은 벌목작업 전에 먼저 벌도·제거해야 한다.

③ 벌도방향

㉠ 벌목방향은 수형, 인접목, 지형, 하층식생, 풍향, 대피장소 등을 고려하여야 하나, 무엇보다도 집재방향과 집재방법에 의해 벌도방향이 우선적으로 고려되어 결정되어야 한다.

㉡ 경사진 방향에서의 발도방향은 경사방향에 대하여 약 30° 경사진 방향이 적당하다.

기계톱 사용하여 조재 및 벌도 시 유의사항을 쓰시오.

정답   • 조재작업 시 유의사항
- 작업 시작 전에 조재작업에 지장을 줄 수 있는 주위를 정리한다.
- 나무를 절단할 때에는 끼임을 방지하도록 쐐기 등을 사용할 수 있다.
- 경사지에서 조재작업을 할 때에는 작업자의 발이 조재목 밑으로 향하지 않게 주의한다.
- 작업 중 항상 정확한 자세와 발 디딤을 유지한다.
• 벌목작업 시 유의사항
- 벌목 안전장비와 장구를 갖춘 후 먼저 벌도목 대상목의 주위를 정리(윗 내용)하고 나무의 벌도방향을 정하고 안전하게 벌도되는 방향으로 수구자르기를 한 후 반대쪽의 추구자르기를 한다.
- 나무가 쓰러지기 시작할 때 빨리 체인톱을 빼고, 나무가 넘어가는 반대방향으로 신속히 대피하여야 한다.
- 벌목방향은 수형, 인접목, 지형, 하층식생, 풍향, 대피장소 등을 고려하여야 하나, 무엇보다도 집재방향과 집재방법에 의해 벌도방향이 우선적으로 고려되어 결정되어야 한다.

④ 기계화 벌도작업

㉠ 펠러 : 벌도작업만 수행할 수 있으며 방향 벌도만 가능

㉡ 펠러번처 : 벌도작업 수행 후 벌도목의 용도 분류 가능

㉢ 펠러스키더 : 벌도작업과 동시에 임도변까지 운반함

㉣ 하베스터 : 벌도작업 뿐만 아니라 초두부 제거, 가지제거 작업을 거쳐 일정 길이의 원목생산에 이르는 조재작업을 동시에 수행

기계화 벌목의 장점 3가지를 쓰시오.

정답   • 원목의 손상이 적어 수익이 향상된다.
• 인력을 줄일 수 있어 경제적이며, 안전사고 확률도 줄인다.
• 동일 장비로 발목뿐만 아니라 조재작업 또는 집재작업을 동시에 수행함으로써 장비의 이용률과 함께 작업 생산성을 높일 수 있다.

(3) 조재작업

벌도한 수목의 가지를 자르고, 필요에 따라서 박피를 하며, 용도에 적합한 길이로 측정하여 통나무 자르기를 하는 일련의 작업

(4) 집재작업

① 사용하는 동력에 의한 집재작업의 종류

　㉠ 인력에 의한 집재

　㉡ 축력에 의한 집재

　㉢ 중력에 의한 집재(활로에 의한 집재, 와이어로프에 의한 집재)

　㉣ 기계력에 의한 집재

② 트랙터집재

　㉠ 트랙터집재의 종류

　　• 지면끌기식 집재(지면견인식 집재) : 기계력을 이용하여 생산하고자 하는 원목을 지면에 끌면서 이동하는 방법

　　• 적재식 임내주행 : 임내에 벌도, 모아쌓기(집적)된 벌도목을 회전 반경이 작은 소형 집재용 차량이나 포워더 등에 적재하여 집재하는 방법

　㉡ 트랙터집재작업 능률에 영향을 미치는 인자 ★기출

　　• 임목의 소밀도 : 낮은 임목 밀도는 생산성 저하

　　• 경사 : 일반적으로 50~60%가 작업 한계 경사이지만 30% 내의 경사가 작업의 능률과 안전면에서 유리

　　• 토양상태 : 젖은 토양의 생산성 저하

　　• 단재적 : 단재적이 적은 것은 여러 개의 원목을 집재함으로 생산성 저하

　　• 집재거리 : 크롤러 바퀴식 트랙터 집재기는 100~180m, 바퀴식은 300m까지가 경제성 있는 집재거리

　㉢ 트랙터 견인력에 영향을 미치는 요인

　　• 토양상태 : 연약한 지반에서 견인력 저하

　　• 차축하중 : 습한 토양에서 견인력 저하

　　• 타이어의 직경 및 공기 압력 : 타이어의 직경이 클수록, 공기압이 낮을수록 견인력이 증가

　　• 주행장치 : 주행장치의 종류별 특성상 생산성 차이가 발생

크롤러 바퀴식과 타이어 바퀴식의 각각 특성을 설명하시오.

[정답]
- 크롤러 바퀴식
  - 견인력이 크고 접지면적이 커서 연약지반, 험한 지형에서도 주행성이 양호하며, 작업임도 등에 대한 피해가 적다.
  - 중심이 낮아 경사지에서의 작업성과 등판력이 우수하다.
  - 회전반지름이 작다.
  - 중량이 무겁고 속도가 낮으며 기동력이 떨어진다.
  - 가격이 고가이고 수리비 및 유지비가 타이어 바퀴식보다 많이 소요된다.
- 타이어 바퀴식
  - 접지압이 높으나 견인력은 크롤러에 비해 작다.
  - 회전반경이 크롤러식에 비해 크다.
  - 크롤러식에 비해 구입가격이 저렴하고 운전이 용이하다.
  - 크롤러에 비해 무게가 가볍고 고속주행이 가능하여 기동력이 좋다.

③ 가선집재

　㉠ 가선집재의 종류

　　• 고정 스카이라인방식 : 고정된 가공본줄(스카이라인)을 사용하는 방식 **★기출**

　　　- 타일러방식 : 하향집재의 2드럼과 평탄지 작업의 3드럼 방식으로 지간 경사각이 10~25°로 대면적 개벌지의 집재작업에 적합하다. 측방집재가 용이하고, 반송기가 자중에 의해 주행을 하므로 경제적이고 능률적이다. 되돌림줄의 드럼용량이 집재거리를 제한한다. 택벌작업지 측방집재는 잔존목을 손상시키므로 부적당하다.

　　　- 엔드리스 타일러방식 : 타일러 방식과는 달리 순환하는 엔드리스 드럼이 있으며 지간경사각 10° 이하로 반송기의 자중주행이 가능하지 않을 때, 20° 이상에서 가속으로 너무 밀착할 때 개벌지의 집재에 적합하다. 운전, 측방집재, 쵸커풀기 등이 용이하다. 측방집재를 위한 장치도 고안되어 있고, 택벌지에서는 직각집재도 가능하다.

　　　- 폴링블록방식 : 지간경사각 10° 전후까지의 단거리, 소면적, 소량의 집재에 적합하다. 가선방식이 간단하여 설치·철거가 용이하지만, 운전조작이 어렵고 집재속도가 빠르지 않다.

　　　- 호이스트 캐리지방식 : 두 개의 엔드리스 드럼이 있으며, 임지 및 잔존목의 손상을 될 수 있는 한 적게하는 경우에 유효한 가선집재방식이고 운전조작이 용이하다. 큰 중추가 필요없고 측방집재시 잡아당기는 것이 용이하다. 전용반송기가 필요하고 측방집재 폭은 드럼용량에 제한을 받으며, 설치에 약간 시간이 걸린다.

　　　- 스너빙방식 : 하나의 작업줄을 가지고 작업 가능 하며 집재기를 상부에 위치시키고 지간경사각 10~30°의 집재에 적합하다. 시스템이 단순하여 운전이 쉽지만 측방집재가 불가능하다. 자동계류반기를 이용하면 어느 정도 측방집재가 가능하다.

- 이동 스카이라인방식 : 가공본줄을 사용하지 않거나 고정하지 않는 방식
- 하이리드방식 : 가공본줄을 이용하지 않는 간단한 방법으로 지간 100m 전후, 완경사지에서의 소량 하향집재에 적합하다. 가선설치 및 운전이 간단하나 지면끌기에 의한 원목과 임지의 손상이 크고, 기복이 심한 경우 당기는 장력의 변동이 심하다.
- 슬랙라인방식 : 가공본줄의 인장력을 조정하는 형태로 자중에 의한 반송기 이동 가능
- 러닝스카이라인방식 : 인터록킹 드럼을 사용하여 작업줄이 세로 방향으로 순환하는 방식으로 지간(Span) 300m 정도까지, 경사각 10° 전후의 소량 소경목집재, 간벌, 택벌에 적합하다. 가선방식이 간단하나 운전이 비교적 어렵다. 측방집재거리가 짧지 않은 특징이 있다.
- 모노케이블방식 : 별모양의 특수 도르래를 이용한 작업줄이 가로 면적으로 순환하는 형태의 방식으로 간벌, 택벌재의 집재에 적합하다. 가선집재로 지장목이 적지 않고, 잔존목의 손상도 비교적많다. 와이어로프 직경에 적합한 원목의 반출이 가능하고 연속이송식이므로 효율이 높다.

기출문제

타워야더 임목수확시스템의 특징을 쓰시오.

정답 ▶ 집재용 드럼을 이동하기 위해 이동용 바퀴를 가진 차량에 탑재한 구조를 가진 집재기다. 작은 것은 소형트랙터에 1~2개의 드럼을 장착한 것에서부터 큰 것은 트랙터나 대형트럭에 타워를 부착한 집재기를 탑재한 기계까지 다양한 종류가 있다. 이동식 집재기는 기동성이 좋고, 여러곳의 비교적 적은 집재면적에 대해 간단한 설치 및 철거로 집재할 수 있는 특징을 가지고 있다. 일반 집재기와 용도가 비슷하나 이동·설치가 쉽게 자체에 타워가 부착되어 임도상에 설치하여 대형의 경우 800m까지 집재를 실시할 수 있으며 일반 집재기가 1회 가선통로를 설치하는데 2~3일 소요되는데 비하여 설치조건이 좋으면 몇 시간내로 설치 작업을 신속히 할 수 있다. 스카이라인 설치 가능 길이에 따라 소, 중, 대형으로 분류하며 트랙터에 부착하여 300m까지의 상향집재가 가능한(예 Koller K-300) 기종부터 전용차량에 탑재되어 800m까지 상하향(上下向) 집재가 가능한 기종(Koller K-800)등의 대형기종까지 있다.

ⓛ 트랙터집재와 가선집재의 지형 구분

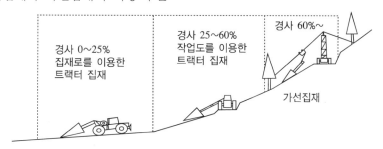

[트랙터집재작업과 가선집재작업 지형의 구분]

ⓒ 트랙터집재와 가선집재의 특징 ★기출

집재방법	트랙터집재	가선집재
장 점	• 기동성이 높다. • 작업생산성이 높다. • 작업이 단순하다. • 작업 비용이 낮다.	• 주위환경, 잔존임분에 대한 피해가 적다. • 낮은 임도밀도에서도 작업이 가능하다. • 급경사지에서도 작업 가능하다.
단 점	• 환경에 대한 피해가 크다. • 완경사지에서만 작업 가능하다. • 높은 임도밀도를 필요로 한다.	• 기동성이 떨어진다. • 장비구입비가 비싸다. • 숙련된 기술이 필요하다. • 세밀한 작업계획이 필요하다. • 장비설치 및 철거시간이 필요하다. • 작업생산성이 낮다.

ⓓ 가선집재에 사용되는 주요 도구와 시설 및 장비

• 머리기둥 : 가공본줄이 통과하는 지주목 중 집재기에 가까운 쪽을 말한다.

• 뒷기둥 : 가공본줄이 통과하는 지주목 중 집재기에 먼 쪽을 말한다.

• 사잇기둥 : 가공본줄을 지표면으로부터 일정 높이를 유지시켜 주기 위해 설치하는 지지 대로서 반송기가 통과할 수 있는 구조로 되어있고, 입목을 이용하거나 철제 또는 목재기 둥을 이용한다.

• 삭도 : 임도와 같이 원목을 운반하기 위한 시설물의 한가지로서 보통 고정된 두 지점을 연결하는 고정식이나 반영구적으로 설치된 가선설비로, 이는 단순히 두 지점간의 원목 의 운반역할을 하며 가로집재(측방집재)를 할 수 있는 기능이 없다.

• 집재기 : 동력원으로 벌채한 목재를 운반에 편리한 곳에 모을 때 사용하는 장비로 이동식 (콜러 집재기, 타워야더 등)과 고정식(야더 집재기)이 있다.

• 가공본줄 : 주삭, 가공삭 또는 스카이라인이라고도 하며, 원목을 운반하는 반송기가 지표면에 끌리지 않고 공중에 들려 이동하도록 일정한 장력을 주어 설치한 와이어로프로 서 반송기가 여기에 매달려 왕복하는 통로역할을 한다. ★기출

• 지간 : 기둥 간의 가공본줄 수평거리로 머리기둥과 꼬리기둥 사이에 사잇기둥이 있는 경우를 다지간 가공본줄 시스템, 없는 경우를 단지간 가공본줄 시스템이라 한다.

• 반송기 : 반기 또는 캐리지라 하며, 집재 대상목을 매달고 스카이라인을 왕복하는 장치로 단순히 도르래를 이용하는 간단한 것으로부터, 엔진과 리모콘 장치, 클램프 등이 장착된 복잡한 형태 등 다양한 종류가 있다.

• 작업본줄 : 메인라인, 당김줄, 견인삭이라고 하며 반송기를 작업 장소에서 집재기 방향 으로 이동시키는 와이어로프로 보통 가공본줄의 1/2 정도 되는 8~14mm(12mm가 일반 적임)의 와이어로프를 많이 사용한다. ★기출

• 되돌림줄 : 회송삭이라 하며 반송기를 당김줄과 반대방향으로, 즉 집재기 방향에서 작업장 쪽으로 되돌려 주는 역할을 하는 줄

• 토장 : 집재목의 하역 장소로 다음 단계의 운반을 위해서는 임시로 쌓이는 장소
ⓜ 가선집재 노선의 선정

가선집재 노선 선정에 대해 준비작업, 답사, 집재선의 측량에 대해 설명하시오.

[정답] • 사전검토 : 도상계획에 따라 사업지의 벌채, 반출계획 등을 고려하고, 항공사진 및 기본도를 충분히 활용한 집재가선의 배치를 합리적으로 실시한다.
• 답사 : 답사는 도면 및 기초자료를 근거로 정리하고, 집재예정구역의 지형, 지주 및 그루터기 등의 위치, 집재기의 설치위치, 토장의 위치 및 규모 등을 조사한다. 또한 가선방식, 뒷기둥 및 앞기둥의 수종, 수고 및 흉고직경 등 기타 필요한 사항에 대해 조사한다.
• 집재선 측량 : 집재선 측량은 그 규모에 따라 트랜싯, 포켓용콤파스 등을 이용하고 다음 사항에 대하여 실시한다. 여기서, 상황에 맞추어 공중사진 또는 기본도를 사용하여 실측에 대신할 수 있다. 지간거리, 지간경사각, 고저차, 장애물, 중간지지부, 기타 필요한 사항을 측량하여야 한다.

가공본줄 노선선정에 있어 집재선 측량 시 조사사항 3가지를 쓰시오.

[정답] 지간거리, 지간경사각, 고저차, 장애물, 중간지지부, 기타 필요한 사항

• 설계서 작성 : 설계서는 답사, 측량 등의 결과에 기초하여 작성한다.

가선집재 작업순서를 쓰시오.

[정답] 반송기 상 또는 하향 주행 - 집재목 근처에서 반송기 정지 후 작업줄을 내린 후 작업자가 집재목으로 끌고 감 - 집재목에 쵸커설치 - 반송기로 당기는 가로집재 - 반송기 도달 후 임도로 적재주행 - 임도변에서 쵸거제기 　집재 장소에 모아쌓기(굴사기나 크레인 이용)

4 임목수확작업 시스템

(1) 우리나라 기계화의 제약인자

① 지형이 복잡하고 경사도가 높아 기계화에 불리함
② 소유규모가 작고 규모 경제성이 낮아 불리
③ 장령림 이상의 인공림 비율이 낮음
④ 기계화에 적합한 대단위 시업 단지가 필요
⑤ 임도시설이 미비함
⑥ 임업수익성이 낮아 기계화 투자를 꺼려함
⑦ 전문기술 인력의 부족 및 행정지원 체계 개선 필요

(2) 경사별 작업 시스템 분류

① 완경사지형 작업 시스템(경사도 30% 미만)

　㉠ 대규모 작업 형태

　　• 대형장비 이용 : 하베스터 집재 → 포워더 운반

　　• 인력 + 대형장비 : 체인톱 벌목 → 프로세스 작업 → 포워더 운반

　㉡ 소규모 작업 형태

　　• 인력 집재 : 체인톱 벌목조재 → 인력 집재

　　• 수라 집재 : 체인톱 벌목조재 → 수라 집재

　　• 임내차 집재 : 체인톱 벌목조재 → 소형 임내차 집재 → 굴삭기 집적

② 중경사지형 작업 시스템(경사도 30~60%)

　㉠ 대규모 작업 형태

　　• 트랙터 윈치 집재 : 체인톱 벌목지타 → 트랙터 집재 → 그래플 쏘우 조재

　　• 그래플 스키더 집재 : 펠러번처 벌목 → 그래플 스키더 집재 → 프로세서 조재

　　• 소형 스키더 집재 : 체인톱 벌목 → 스키더 집재 → 프로세서 조재

　㉡ 소규모 작업 형태

　　• 수라 집재 : 체인톱 벌목조재 → 수라집재

　　• 임내차(1) 집재 : 체인톱 벌목조재 → 소형 임내차 집재 → 굴삭기 집적

　　• 임내차(2) 집재 : 체인톱 벌목조재 → 굴삭기 소집재, 적재 → 임내차 집재 → 굴삭기 집적

③ 급경사지형 작업 시스템(경사도 60% 초과)

　㉠ 대규모 작업 형태

　　• 타워식 집재기 + 프로세서 : 체인톱 벌목 → 타워식 집재기 → 프로세서 조재

　　• 타워식 집재기 + 그래플 쏘우 : 체인톱 벌목조재 → 타워식 집재기 → 그래플 쏘우 작동

　㉡ 소규모 작업 형태

　　• 라디케리 집재 : 체인톱 벌목 → 라디케리 집재 → 체인톱 조재

(3) 수확작업 기종별 기능 구분

전업형과 겸업형으로 구분한다.

① 전업형 : 고성능 고가장비를 이용한 작업 형태

② 겸업형 : 소규모 벌채 현장 이용

[수확작업 기종별 전·겸업형 구분]

구 분	기종명	작업기능	적용규모
벌목장비	체인톱	인력벌목, 작동, 지타	겸업형
	펠러번쳐	벌목, 작동	전업형
조재장비	프로세서	지타, 집적 및 작동작업	전업형
	그래플 쏘우	작동작업	전·겸업형
벌목조재장비	하베스터	벌목, 지타, 측적 및 작동	전업형
집재장비	굴삭기 그래플	임내 단거리 소집재	겸업형
	트랙터 윈치	임내 작업도 이용 집재	겸업형
	스키더	임업전용 굴절식 트랙터	전·겸업형
	임내차	임업용 소형 집·운재 차량	겸업형
	타워식 집재기	자주식 가선집재 장비	전업형
	자주식 반송기	가선집재	겸업형
	수 라	중력집재	겸업형
집운재장비	포워더	작업도 이용 집·운재	전업형
	4륜 구동트럭	작업도 이용 집·운재	겸업형
원목상차장비	굴삭기 그래플	원목상차	전·겸업형
	크레인 트럭	원목상차	겸업형

(4) 목재생산방법의 종류 ★기출

임목의 가공 상태에 따라 전목, 전간, 단목 생산방법으로 구분한다.

① **전목생산방법** : 임분 내에서 벌도된 벌도목을 그래플 스키더, 케이블 크레인 등으로 끌어내어 임도변 또는 토장에서 지타·작동을 하는 작업형태로, 프로세서 등의 고성능 장비를 사용하여 소요인력을 최소화할 수 있는 임목수확방법으로 제거된 가지 등이 임내에 환원되지 않아 척박한 임지에서는 토양 양료 순환 등의 문제점 발생

② **전간생산방법** : 임분 내에서 벌도와 지타를 실시한 벌도목을 트랙터, 케이블 크레인 등을 이용하여 임도변이나 토장까지 집재하여 원목을 생산하는 방법으로, 전목집재와 같이 대형 장비와 임도변에 넓은 토장이 필요하며 긴 수간의 이동으로 잔존임분에 피해를 줄 우려가 있으나 토양 양료 순환의 문제점은 감소

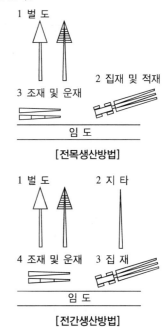

[전목생산방법]

[전간생산방법]

③ 단목생산방법 : 임분 내에서 벌도와 지타(가지자르기), 작동(통나무자르기)을 실시하여 일정규격의 원목으로 임목을 생산하는 방법으로 이 작업은 주로 인력작업에 많이 활용되며, 평탄한 간벌작업지는 트랙터를 이용하고, 산악 간벌지에서는 케이블크레인을 이용함. 체인톱을 이용하여 벌목조재작업을 임내에서 실시하므로 인건비 비중이 높아 작업비용이 많이 들어감

[단목생산방법]

(5) 기계화 작업 단계별 임목수확작업 방법

다음은 기계화 작업 단계별 산림수확작업 방법의 적용가능 범위를 나타낸 것이다.

기계화 수준		작업단계별 작업수단			목재생산 방법		
		벌 목	조 재	집재방법	전 목	전 간	단 목
인력작업단계		체인톱	체인톱, 도끼	인력, 축력		○	◎
기계화단계	중급기계화	체인톱	체인톱	트랙터, 가선	○	◎	○
	고급기계화	체인톱		트랙터, 가선	◎		
	완전기계화	하베스터		포워더			◎
		펠러번처	프로세서	그래플 스키더	◎		

※ ○ 부분적으로 적용가능한 작업방식, ◎ 대부분의 작업방식

5 임업노동 및 작업관리

(1) 작업조직

① 1인 1조
  ㉠ 장점 : 독립적이고 융통성이 크고 작업능률도 높다.
  ㉡ 단점 : 과로하기 쉽고 사고발생 시 위험하다.
② 2인 1조
  ㉠ 장점 : 2인의 지식과 경험을 합하여 작업할 수 있으므로 융통성을 갖고 능률을 올릴 수 있다.
  ㉡ 단점 : 타협해야 하고 양보해야 한다.
③ 3인 1조
  ㉠ 장점 : 책임량이 적어 부담이 적다.
  ㉡ 단점 : 작업에 흥미를 잃기 쉽고 책임의식이 낮으며, 사고 위험이 크다.
④ 편성효율 : 편성효율은 작업조의 인원이 적으면 적을수록 좋다고 할 수 있으며 1인 작업조가 효율이 가장 좋고, 홀수 인원보다 짝수 인원의 작업조의 효율이 높다.

(2) 작업안전

① 산림작업이 어려운 이유

  ㉠ 더위, 추위, 비, 눈, 바람 등과 같은 기상조건에 영향을 많이 받는다.

  ㉡ 산악지의 장애물과 경사로 인해 미끄러지기 쉽다.

  ㉢ 산림작업도구 및 기계 자체가 위험성을 내포하고 있다.

  ㉣ 작업장소를 계속 이동하여야 한다.

  ㉤ 무거운 통나무가 넘어지거나 굴러 내리는 경우가 많다.

  ㉥ 기타 독충, 독사, 구르는 돌 등에 의해 피해를 받기 쉽다.

② 안전사고 발생원인

  ㉠ 위험을 두려워하지 않고 오만한 태도를 지녔을 때

  ㉡ 안일한 생각으로 태만히 작업을 할 때

  ㉢ 과로하거나 과중한 작업을 수행할 때

  ㉣ 계획 없이 일을 서둘러 할 때

  ㉤ 실없는 자부심과 자만심이 발동할 때

③ 안전사고 예방 준칙

  ㉠ 작업 실행에 심사숙고할 것

  ㉡ 작업의 중용을 지킬 것

  ㉢ 긴장하지 말고 부드럽게 할 것

  ㉣ 규칙적인 휴식을 취하고 율동적인 작업을 할 것

  ㉤ 휴식 직후에는 서서히 작업속도를 높일 것

  ㉥ 몸의 일부로만 계속 작업을 피하고 몸 전체를 고르게 움직일 것

  ㉦ 위험을 항상 염두에 두고 보호장비를 항상 착용할 것

  ㉧ 작업복은 작업종과 일기에 맞추어 입을 것

  ㉨ 올바른 기술과 적당한 도구를 사용할 것

  ㉩ 유사시를 대비하여 혼자서 작업하지 말 것

  ㉪ 산불을 조심할 것

④ 안전장비

  ㉠ 안전헬멧 : 머리를 보호하는 장비

  ㉡ 귀마개 : 난청을 예방하는 장비

  ㉢ 얼굴 보호망 : 눈을 보호하는 안전 장비

  ㉣ 안전복 : 추위나 더위로부터 신체보호 및 오염이나 각종 상해로부터 작업자 보호

  ㉤ 안전장갑 : 손을 보호

  ㉥ 안전화 : 안전화 코에 철제가 달려있어 발을 안전하게 보호

(3) 산림작업 사고 및 재해

① 재해발생의 주요 원인
  ㉠ 사회적 환경과 유전적 요소
  - 적절한 태도
  - 전문지식의 결여 및 기술, 숙련도 부족
  - 신체적 부적격
  - 부적절한 기계적·물리적 환경
  - 정신적·성격적 결함(무모함, 신경성, 흥분, 과격한 기질, 동기부여 실패)
  ㉡ 불안전한 행동(인적 원인)
  - 권한 없이 행한 조작
  - 불안전한 속도 및 위험 경고 없이 조작
  - 안전장치의 고장이나 기능 불량
  - 결함 있는 장비, 물자, 공구, 차량 등 운전 및 시설의 불안전한 사용
  - 보호구 미착용 및 위험한 장비에서 작업
  - 필요장비를 사용하지 않거나 불안전한 기구를 대신 사용
  - 불안전한 적재, 배치, 결합, 정리정돈 미비
  - 불안전한 인양, 운반
  - 불안전한 자세 및 위치
  - 당황, 놀람, 잡담, 장난
  ㉢ 불안전한 상태(물적 원인)
  - 결함 있는 기계 설비 및 장비
  - 불안전한 설계, 위험한 배열 및 공정
  - 부적절한 조명, 환기, 보장, 보호구
  - 불량한 정리정돈
  - 불량상태(미끄러움, 날카로움, 거칠음, 깨짐, 부식)

② 재해예방의 4원칙
  ㉠ 손실우연의 원칙 : 재해손실은 사고 발생 시 사고대상의 조건에 따라 달라지므로 한 사고의 결과로서 생긴 재해 손실은 우연성에 의해서 결정된다. 따라서 재해 방지의 대상은 우연성에 좌우되는 손실의 방지보다는 사고발생 자체의 방지가 되어야 한다.
  ㉡ 원인계기의 원칙 : 사고에는 반드시 원인이 있고 원인은 대부분 복합적 연계원이다.
  ㉢ 예방가능의 원칙 : 자연적 재해, 즉 천재지변을 제외한 모든 인재는 예방이 가능하다.

ⓔ 대책선정의 원칙 : 재해예방을 위한 가능한 안전대책은 반드시 존재한다.
- 기술적 대책(공학적 대책) : 안전설계, 작업행정 개선, 안전기준의 설정, 환경설비의 개선, 점검보전의 확립 등을 행한다.
- 교육적 대책 : 안전교육 및 훈련을 실시한다.
- 관리적 대책
  - 적합한 기준설정
  - 각종 규정 및 수칙의 준수
  - 전 종업원의 기준 이해
  - 경영자 및 관리자의 솔선수범
  - 부단한 동기부여와 사기 향상

6 임업기계의 감가상각방법

(1) 감가상각의 4가지 기본요소

취득원가 또는 기초가치, 잔존가치, 추정내용연수, 감가상각방법

(2) 정액법(직선법) ★기출

감가상각비 총액을 각 사용연도에 할당하여 해마다 균등하게 감가하는 방법

$$감가상각비 = \frac{취득원가 - 잔존가치}{추정내용연수}$$

(3) 정률법

취득원가에서 감가상각비 누계액을 뺀 다음의 장부 원가에 일정율의 감가율을 곱하여 감가상각비를 산출하는 방법

$$감가상각비 = (취득원가 - 감가상각비누계액) \times 감가율$$

(4) 연수합계법

각 연도의 감가율은 내용연수의 합계를 분모로 하고, 내용연수를 역순으로 표시한 수치를 분자로 하여 계산하는 방법

$$감가상각비 = (취득원가 - 잔존가치) \times 감가율$$

$$감가율 = \frac{내용연수를 \ 역순으로 \ 표시한 \ 수}{내용연수의 \ 합계}$$

(5) 작업시간비례법 ★기출

자산의 감가가 단순히 시간의 경과에 따라 나타나는 것이 아니라, 사용정도에 비례하여 나타난다는 것을 전제로 하여 계산하는 방법

$$감가상각비 = 실제작업시간 \times 시간당 \ 감가상각률$$

$$시간당 \ 감가상각률 = (취득원가 - 잔존가치)/추정 \ 총작업시간$$

$$시간당 \ 감가상각률 = \frac{취득원가 - 잔존가치}{추정 \ 총작업시간}$$

(6) 생산량비례법

벌채권이나 채굴권 등의 조업도를 상각하는 경우로 작업시간비례법과 유사한 방법

$$감가상각비 = 실제생산량 \times 생산량당 \ 감가상각률$$

$$생산량당 \ 감가상각률 = \frac{취득원가 - 잔존가치}{추정 \ 총생산량}$$

제2편

산림기사 · 산업기사 실기

작업형

국가기술자격 실기시험 공개문제

자격종목	산림기사	과제명	산림조사 및 경영계획서 작성

※ 시험시간 : 2시간 30분

1. 요구사항

(1) 본 임지는 주소(감독위원이 제시)의 임야 김공단 소유의 4.0ha로서 이를 합리적으로 경영하고자 합니다. 주어진 야장으로 구획된 표준지에 대한 산림조사를 실시하고 이를 바탕으로 경영계획서를 작성하시오(단, 해당 임야는 목재생산림으로 수확을 위한 간벌은 1회 이상 실시하며 간벌량은수험자가 제시한 수준으로 경영할 예정임).

① 1임반 1소반은 2.5ha 임분(편백 조림지로 1-1 묘목을 식재한지 1년 경과)이고, 1임반 2소반의 1.5ha 임분(소나무 단순림으로 임령은 20/15-25)입니다(단, 산림조사 대상 표준지는 1임반 2소반의 것으로 크기는 20m×10m, 조사본수는 15본으로 실시함).

② 표준지에서 산림조사는 1시간, 야장 정리 등 나머지 작업은 1시간30분 동안 진행하여 답안지를 작성 후 제출해야 합니다(제출 사항 : ㉠ 표준지 매목조사야장, ㉡ 표준지 수고조사야장, ㉢ 표준지 재적조서, ㉣ 산림조사야장, ㉤ 산림경영 계획서, ㉥ 경영계획도, ㉦ 수목 감별).

③ 표준지 수고조사야장에서 적용수고는 정수로 기입하되 반올림한 값으로 기입하고, 적용수고를 제외한 수고는 정수가 나오는 경우에도 소수점 1째자리까지 기재하시오(단, 기준 소수점 미만은 모두 반올림하며, 조사한 직경급이 없는 경우 야장 기입 생략이 가능함).

④ 재적계산 시 단재적은 수간재적표를 활용하며, 표준지내 재적을 구한 후 이를 기준으로 해당 임분에 대한 축적을 산출하시오(단, 재적은 소수점 4째자리까지, 합계재적은 소수점 3째자리까지, 재계재적 및 축적은 소수점 2째자리까지 기재(기준 소수점 미만은 모두 절사)).

⑤ 산림조사야장의 모든 항목(임황, 지황 등)을 기재하시오(단, 시험일 기준 현지여건상 측정이 불가능한 경우 감독위원이 제시한 값에 따름).

⑥ 감독위원이 제시한 수목의 명칭(보통명 또는 학명)을 답안지에 기재하시오.

⑦ 산림경영계획을 작성함에 가장 적합하다고 생각되는 시설계획을 작성하시오(단, 경영계획도 작성 시 범례에 필요한 사항은 수험자가 임의로 지정함).

⑧ 경영계획개시는 2022년 1월 1일(감독위원이 제시)부터입니다.

2. 수험자 유의사항

※ 다음 유의사항을 고려하여 요구사항을 완성하시오.

(1) 수험자 인적사항 및 답안작성은 검은색 필기구만 사용하여야 하며, 그 외 연필류, 빨간색, 파란색 등의 필기구를 사용하여 작성할 경우 0점 처리되오니 불이익을 당하지 않도록 유의해 주시기 바랍니다(단, 경영계획도 작성은 예외로 함).

(2) 답안 정정 시에는 정정하고자 하는 단어에 두 줄(=)을 긋고 다시 작성하거나 수정테이프(수정액 제외)를 사용하여 정정하시기 바랍니다.

(3) 수험자는 타인과의 불필요한 대화를 금지하며 문의 사항은 감독위원에게만 질의해야 합니다.

(4) 한번 지급된 재료는 다시 지급하지 않습니다.

(5) 작업 과정별로 제한시간을 초과하는 경우 수행한 작업만 채점에 포함됩니다.

(6) 사용기구는 정밀기구이므로 사용할 때 특히 주의하고 안전관리에 최대한 유의하십시오.

(7) 산림조사 작성에 필요한 야장 기입은 요구사항에 의하여 작성해야 하며, 요구사항에서 주어지지 않은 사항은 관계규정에 따라 작성합니다.

(8) 필기구와 자를 제외한 수험자가 개인적으로 가져온 종이, 도구, 기구, 장비는 일체 사용 불가하며, 종이가 필요한 경우 문제지 여백을 활용합니다.

(9) 계산 및 소수점자리 기록에 주의해야 합니다.

(10) 산림작업을 시행하는데 안전상 위험이 없도록 적합한 복장을 갖추어야 합니다.

(11) 국가기술자격 실기시험 지급재료는 시험종료 후(기권, 결시자 포함) 수험자에게 지급되지 않습니다.

(12) 도면(작품, 답란 등)에는 문제와 관련 없는 불필요한 낙서나 특이한 기록사항 등을 기재하여서는 안되며, 답안지의 인적사항 기재란 외의 부분에 답안과 관련 없는 특수한 표시를 하거나 특정인임을 암시하는 경우 답안지 전체를 0점 처리합니다.

(13) 다음 사항에 대해서는 채점 대상에서 제외하니 특히 유의하시기 바랍니다.

   ① 기권 : 수험자 본인 의사에 의하여 시험 중간에 퇴실한 경우

   ② 실격 : 요구사항의 한 개 과제라도 수행하지 않은 경우

표준지 매목조사 야장

수 종	흉고직경	본 수	계	수 종	흉고직경	본 수	계
	6cm				32cm		
	8cm				34cm		
	10cm				36cm		
	12cm				38cm		
	14cm				40cm		
	16cm				42cm		
	18cm				44cm		
	20cm				46cm		
	22cm				48cm		
	24cm				50cm		
	26cm						
	28cm						
	30cm			합 계			

1 표준지 매목조사 야장 기입방법

수 종	흉고직경	본 수	계	수 종	흉고직경	본 수	계
소나무	6cm		–	소나무	32cm		
〃	8cm		–	〃	34cm		
〃	10cm	一	1	〃	36cm		
〃	12cm	T	2	〃	38cm		
〃	14cm	一	1	〃	40cm		
〃	16cm	F	3	〃	42cm		
〃	18cm	一	1	〃	44cm		
〃	20cm	一	1	〃	46cm		
〃	22cm	T	2	〃	48cm		
〃	24cm	一	1	〃	50cm		
〃	26cm	一	1				
〃	28cm	一	1				
〃	30cm	一	1	합 계			15

※ '본수'는 正자로 입목수대로 표기
※ '본수'는 합계표기 않음
※ '계'하단부에 합계표기

(1) 흉고직경 측정방법

① 윤척 사용방법 : 윤척은 2cm 범위를 하나의 직경 단위로 묶어서 괄약(짝수) 적용하여 만들어진 도구

예 16cm인 경우는 15cm 이상 ≤ 16cm(괄약 직경값) < 18cm 미만

② 측정 시 주의사항

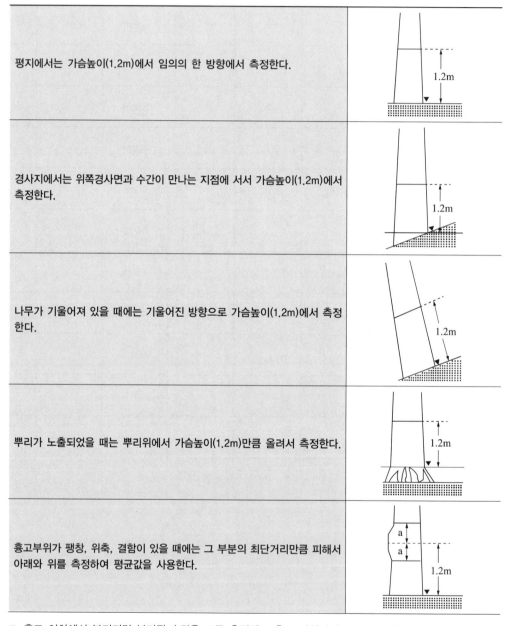

평지에서는 가슴높이(1.2m)에서 임의의 한 방향에서 측정한다.	1.2m
경사지에서는 위쪽경사면과 수간이 만나는 지점에 서서 가슴높이(1.2m)에서 측정한다.	1.2m
나무가 기울어져 있을 때에는 기울어진 방향으로 가슴높이(1.2m)에서 측정한다.	1.2m
뿌리가 노출되었을 때는 뿌리위에서 가슴높이(1.2m)만큼 올려서 측정한다.	1.2m
흉고부위가 팽창, 위축, 결함이 있을 때에는 그 부분의 최단거리만큼 피해서 아래와 위를 측정하여 평균값을 사용한다.	a a 1.2m

※ 흉고 이하에서 분지되면 분지된 수간을 모두 측정하고 흉고 이상에서 분지되면 흉고에서 한번만 측정

(2) 야장기입 시 주의사항

① 흉고직경은 6cm부터 2cm 괄약으로 측정하여 누락없이 표준지내 최대경급까지 표기한다.

　例 8cm에는 해당경급의 입목이 없지만 8cm를 표기(흉고직경 란)하고 본수(본수 란)는 기재하지 않는다.

② 조사 입목수는 표준지내 본수가 많더라도 제시된 수량만(15본) 조사하고 더이상 하지 않는다.

표준지 수고조사 야장

흉고 직경	조사목별수고(m)											삼점 평균	적용 수고
	조사수고									합 계	평 균		
	1	2	3	4	5	6	7	8	9				

2 표준지 수고조사 야장 기입방법

흉고 직경	조사목별수고(m)									합 계	평 균	삼점 평균	적용 수고
	조사수고												
	1	2	3	4	5	6	7	8	9				
6													
8													
10	10.2									10.2	10.2	10.2	10
12	14.5	11.3								25.8	12.9	12.1	12
14	13.3									13.3	13.3	14.0	14
16	17.4	15.5	14.4							47.3	15.8	14.5	15
18	14.5									14.5	14.5	16.3	16
20	18.5									18.5	18.5	16.6	17
22	17.5	15.8								33.3	16.7	18.1	18
24	19.0									19.0	19.0	17.7	18
26	17.5									17.5	17.5	18.5	19
28	18.9									18.9	18.9	18.6	19
30	19.3									19.3	19.3	19.3	19
계										237.6			

(1) 수고 측정방법

① 측고기 사용방법

　㉠ 사용장비 : 순토측고기(Suunto Heightmeter), 줄자

　㉡ 사용방법

　　• 줄자를 사용하여 측정하는 나무 중심에서부터 수평방향으로 거리를 측정한다.

　　• 이동한 거리(15m 또는 20m)에서 순토측고기 장비를 사용하여 초두부와 근주부의 측정 수치를 확인하고 높이를 절대값으로(높이의 간격) 측정한다.

　　－ 눈금은 15m 거리에서는 1/15에, 20m 거리에서는 1/20에 해당하는 눈금의 수치를 읽는다(다음 그림 참고).

　　－ 순토측고기 사용 시 두 눈을 뜨고 한눈은 눈금을 한눈은 초두부와 근주부를 확인하여 눈금 내 가로선을 해당 부위에 일치하여 가로선 위치 수치를 측정한다.

　　　㉘ 측정자의 위치와 측정하고자 하는 입목의 근주부가 수평일 경우 초두부 13, 근주부 −2측정 시 수고는 15m에 해당한다. 측정자의 위치와 측정하고자 하는 입목의 근주부가 수평이 아닐 경우 근주부 측정 시 − 또는 + 수치로 읽어진다(초두부 13, 근주부 2 측정 시 수고는 11m이다).

(2) 야장 기입방법

① 조사수고, 평균수고, 삼점평균은 소수점 1째자리(기준 소수점 미만은 반올림)까지 표기하여야 한다.

㉠ 10 = 10.0

② **삼점평균** : 처음과 마지막은 평균값 그대로 하고, 구하고자 하는 란의 삼점평균값은 해당란의 평균값과 전후 평균값 3점을 합산하여 3으로 나누어 소수 1자리까지 표기한다.

※ 흉고직경 10cm와 30cm에서의 삼점평균은 평균수고값이 삼점평균값이다.

※ 흉고직경 12cm에 해당하는 삼점평균수고 산출식은 $\dfrac{A+B+C}{3}$이다.

여기서, A는 흉고직경 10cm, 평균수고 10.2m, B는 흉고직경 12cm, 평균수고 12.9m,

C는 흉고직경 14cm, 평균수고 13.3m이므로 $\dfrac{10.2+12.9+13.3}{3} = 12.1m$이다.

③ **적용수고** : 반올림값을 적용하여 m단위(정수)로 표기한다.

표준지 재적조서

표준지					재 적	
경급(cm)	수고(m)	단재적(m³)	본수(본)	재적(m³)	ha당재적(m³)	총재적(m³)
합 계	–	–				
계	–	–	–			

3 표준지 재적조서 기입방법

표준지					재 적	
경급(cm)	수고(m)	단재적(m^3)	본수(본)	재적(m^3)	ha당재적(m^3)	총재적(m^3)
10	10	0.0406	1	0.040		
12	12	0.0677	2	0.135		
14	14	0.1042	1	0.104		
16	15	0.1421	3	0.426		
18	16	0.1877	1	0.187		
20	17	0.2414	1	0.241		
22	18	0.3040	2	0.608		
24	18	0.3562	1	0.356		
26	19	0.4352	1	0.435		
28	19	0.4985	1	0.498		
30	19	0.5658	1	0.565		
합 계	–	–				
계	–	–	15	3.595	179.75	269.62

(1) 야장 기입방법

① 단재적(소수점 4째자리 까지)은 강원도 지방소나무의 수간재적표에서 각경급과 수고에 맞는 수치를 찾는다.

② 재적은(소수점 4째자리 까지, 기준 소수점 미만은 절사) 본수에 단재적을 곱한 수치이다.

③ 본수합계와 재적합계(소수점 2째자리 까지, 기준 소수점 미만은 절사)를 더하여 적는다.

④ ha당 재적은 표준지가 200m^2(20m × 10m)이므로 (10,000m^2 / 200m^2) × 재적(3.595m^3) = 179.75m^3이다.

⑤ 총재적은 1임반 2소반 1.5ha에 대한 것이므로 179.75m^3 × 1.5ha = 269.62m^3이다.

□ 강원도지방소나무의 수간재적표 : 강원도, 경북북부(영주, 봉화, 울진, 영양)

경급 수고	6m	8	10	12	14	16	18	20	22	24	26	28
5m	0.0081	0.0135	0.0202	0.0280	0.0370	0.0471	0.0584	0.0707	0.0841	0.0987	0.1143	0.1310
6	0.0097	0.0163	0.0243	0.0337	0.0445	0.0567	0.0702	0.0850	0.1011	0.1185	0.1373	0.1573
7	0.0114	0.0190	0.0284	0.0394	0.0520	0.0662	0.0819	0.0992	0.1180	0.1384	0.1602	0.1836
8	0.0130	0.0218	0.0325	0.0450	0.0595	0.0757	0.0937	0.1135	0.1350	0.1582	0.1832	0.2099
9	0.0146	0.0245	0.0365	0.0507	0.0669	0.0852	0.1055	0.1277	0.1519	0.1781	0.2061	0.2362
10	0.0163	0.0272	0.0406	0.0564	0.0744	0.0947	0.1172	0.1419	0.1688	0.1979	0.2291	0.2624
11	0.0179	0.0300	0.0447	0.0620	0.0819	0.1042	0.1290	0.1562	0.1857	0.2177	0.2520	0.2887
12	0.0195	0.0327	0.0488	0.0677	0.0893	0.1137	0.1407	0.1704	0.2026	0.2375	0.2749	0.3149
13	0.0212	0.0354	0.0528	0.0733	0.0968	0.1232	0.1525	0.1846	0.2195	0.2573	0.2978	0.3412
14	0.0228	0.0381	0.0569	0.0790	0.1042	0.1327	0.1642	0.1988	0.2364	0.2771	0.3207	0.3674
15	0.0244	0.0409	0.0610	0.0846	0.1117	0.1421	0.1759	0.2130	0.2533	0.2969	0.3436	0.3936
16	0.0261	0.0436	0.0650	0.0903	0.1191	0.1516	0.1877	0.2272	0.2702	0.3167	0.3665	0.4198
17	0.0277	0.0463	0.0691	0.0959	0.1266	0.1611	0.1994	0.2414	0.2871	0.3364	0.3894	0.4461
18	0.0293	0.049	0.0732	0.1015	0.1340	0.1706	0.2111	0.2556	0.3040	0.3562	0.4123	0.4723
19	0.0310	0.0518	0.0772	0.1072	0.1415	0.1801	0.2228	0.2698	0.3208	0.3760	0.4352	0.4985
20	0.0326	0.0545	0.0813	0.1128	0.1489	0.1895	0.2346	0.2840	0.3377	0.3958	0.4581	0.5247
21	0.0342	0.0572	0.0854	0.1185	0.1564	0.1990	0.2463	0.2982	0.3546	0.4155	0.4810	0.5509
22	0.0358	0.0599	0.0894	0.1241	0.1638	0.2085	0.2580	0.3124	0.3715	0.4353	0.5039	0.5771
23	0.0375	0.0627	0.0935	0.1297	0.1713	0.2180	0.2697	0.3265	0.3883	0.4551	0.5267	0.6033
24	0.0391	0.0654	0.0976	0.1354	0.1787	0.2274	0.2815	0.3407	0.4052	0.4748	0.5496	0.6295
25	0.0407	0.0681	0.1016	0.1410	0.1861	0.2369	0.2932	0.3549	0.4221	0.4946	0.5725	0.6557
26	0.0424	0.0708	0.1057	0.1467	0.1936	0.2464	0.3049	0.3691	0.4389	0.5144	0.5954	0.6819
27	0.0440	0.0736	0.1098	0.1523	0.2010	0.2558	0.3166	0.3833	0.4558	0.5341	0.6182	0.7081
28	0.0456	0.0763	0.1138	0.1579	0.2085	0.2653	0.3283	0.3975	0.4727	0.5539	0.6411	0.7343
29	0.0472	0.0790	0.1179	0.1636	0.2159	0.2748	0.3400	0.4116	0.4895	0.5737	0.6640	0.7605
30	0.0489	0.0817	0.1219	0.1692	0.2234	0.2842	0.3518	0.4258	0.5064	0.5934	0.6868	0.7866

30	32	34	36	38	40	42	44	46	48	50	52	54	56
0.1487	0.1676	0.1876	0.2087	0.2308	0.2541	0.2785	0.3040	0.3306	0.3584	0.3873	0.4173	0.4485	0.4809
0.1786	0.2012	0.2252	0.2504	0.2770	0.3048	0.3340	0.3645	0.3963	0.4295	0.4640	0.4999	0.5372	0.5758
0.2085	0.2349	0.2627	0.2921	0.3231	0.3555	0.3895	0.4250	0.4621	0.5007	0.5409	0.5826	0.6259	0.6709
0.2383	0.2684	0.3003	0.3339	0.3692	0.4062	0.4450	0.4855	0.5278	0.5719	0.6177	0.6653	0.7147	0.7659
0.2681	0.3020	0.3378	0.3756	0.4153	0.4569	0.5005	0.5460	0.5935	0.6430	0.6945	0.7479	0.8034	0.8609
0.2979	0.3356	0.3753	0.4173	0.4613	0.5075	0.5559	0.6065	0.6592	0.7141	0.7713	0.8306	0.8921	0.9559
0.3277	0.3691	0.4128	0.4589	0.5074	0.5582	0.6114	0.6670	0.7249	0.7853	0.8480	0.9132	0.9809	1.0510
0.3575	0.4026	0.4503	0.5006	0.5534	0.6088	0.6668	0.7274	0.7906	0.8564	0.9248	0.9959	1.0696	1.1460
0.3873	0.4362	0.4878	0.5422	0.5995	0.6595	0.7222	0.7878	0.8563	0.9275	1.0016	1.0785	1.1583	1.2410
0.4170	0.4697	0.5253	0.5839	0.6455	0.7101	0.7777	0.8483	0.9219	0.9986	1.0783	1.1611	1.2470	1.3359
0.4468	0.5032	0.5628	0.6255	0.6915	0.7607	0.8331	0.9087	0.9875	1.0697	1.1550	1.2437	1.3356	1.4309
0.4766	0.5367	0.6002	0.6671	0.7375	0.8113	0.8885	0.9691	1.0532	1.1407	1.2318	1.3263	1.4243	1.5259
0.5063	0.5702	0.6377	0.7088	0.7835	0.8619	0.9438	1.0295	1.1188	1.2118	1.3085	1.4088	1.5130	1.6208
0.5361	0.6037	0.6751	0.7504	0.8295	0.9124	0.9992	1.0899	1.1844	1.2828	1.3852	1.4914	1.6016	1.7158
0.5658	0.6372	0.7126	0.7920	0.8755	0.9630	1.0546	1.1503	1.2500	1.3539	1.4619	1.5740	1.6902	1.8107
0.5955	0.6706	0.7500	0.8336	0.9215	1.0136	1.1100	1.2106	1.3156	1.4249	1.5385	1.6565	1.7789	1.9056
0.6253	0.7041	0.7874	0.8752	0.9674	1.0641	1.1653	1.2710	1.3812	1.4959	1.6152	1.7391	1.8675	2.0005
0.6550	0.7376	0.8249	0.9168	1.0134	1.1147	1.2207	1.3314	1.4468	1.5670	1.6919	1.8216	1.9561	2.0954
0.6847	0.7711	0.8623	0.9584	1.0594	1.1653	1.2760	1.3918	1.5124	1.6380	1.7686	1.9041	2.0447	2.1903
0.7145	0.8046	0.8997	1.0000	1.1054	1.2158	1.3314	1.4521	1.5780	1.7090	1.8452	1.9867	2.1333	2.2852
0.7442	0.8380	0.9372	1.0416	1.1513	1.2664	1.3867	1.5125	1.6436	1.7800	1.9219	2.0692	2.2219	2.3801
0.7739	0.8715	0.9746	1.0832	1.1973	1.3169	1.4421	1.5728	1.7091	1.8510	1.9986	2.1517	2.3105	2.475
0.8037	0.9050	1.0120	1.1248	1.2432	1.3675	1.4974	1.6332	1.7747	1.9220	2.0752	2.2342	2.3991	2.5699
0.8334	0.9384	1.0494	1.1663	1.2892	1.4180	1.5528	1.6935	1.8403	1.993	2.1519	2.3167	2.4877	2.6648
0.8631	0.9719	1.0868	1.2079	1.3351	1.4685	1.6081	1.7539	1.9058	2.064	2.2285	2.3992	2.5763	2.7597
0.8928	1.0054	1.1242	1.2495	1.3811	1.5191	1.6634	1.8142	1.9714	2.135	2.3051	2.4817	2.6649	2.8545

산림조사 야장

지 황					임 황			
면 적	입목지				임 종		임 상	
	무입목지	미입목지			수 종		혼효율	
		제 지			임 령		수 고	
		소 계			경 급		영 급	
	합 계				소밀도		하층식생	
지 세	방 위		경 사		축 적	ha당		
토 양	토 성		토 심			총		
	습 도		지 리		기 타			
참고사항					참고사항			

4 산림조사 야장 기입방법

지 황					임 황			
면 적	입목지				② 임 종	천연림	③ 임 상	침
	무입목지	미입목지			④ 수 종	소나무	⑤ 혼효율	100
		제 지			⑥ 임 령	20/15~25	⑦ 수 고	16/10~19
		소 계			⑧ 경 급	20/10~30	⑨ 영 급	Ⅱ
	합 계				⑩ 소밀도	밀	하층식생	
지 세	① 방 위	동	경 사		⑪ 축 적	ha당		179.75
토 양	토 성		토 심			총		269.62
	습 도		지 리		⑫ 기 타	생태적 건강한 숲을 위해 활엽수와 중하층 식생 존치 필요		
⑬ 참고사항	경사지형으로 주의 요함				⑭ 참고사항	유해동물 출현이나 나뭇가지의 자연낙지 등을 주의		

① 방위 : 현장에서 측정 또는 제시하여 준다.

② 임종 : 인공림 또는 천연림을 표시한다(소나무 단순림이나 임령이 불규칙하므로 천연림으로 구분).

③ 임상 : 소나무 단순림으로 침엽수림(또는 침)

④ 수종 : 문제에 제시된다.

⑤ 혼효율 : 소나무 단순림으로 혼효율 100

⑥ 임령 : 문제에 제시된다.

⑦ 수고 : 수고조사 야장에서 조사된 최저수고와 최대수고를 분모에, 평균수고를 분자에 표기한다 (16/10~19).

$$※ \ 평균수고 = \frac{수고의 \ 합계}{본수} = \frac{237.6m}{15본} = 15.8m ≒ 16m(반올림 \ 적용한 \ 정수로 \ 표기)$$

⑧ 경급(짝수) : 최저경급과 최대경급을 분모에, 평균경급을 분자에 표기한다(20/10~30).

$$※ \ 평균경급 = \frac{(10×1)+(12×2)+(14×1)+(16×3)+(18×1)+(20×1)+(22×2)+(24×1)+(26×1)+(28×1)+(30×1)}{15}$$

$$= 19.07 ≒ 20cm(2cm \ 괄약(19≤20<21)으로 \ 계산)$$

⑨ **영급** : 평균연령 20년으로 로마자로 표기 Ⅱ(11년~20년)

⑩ **소밀도** : 수관밀도가 71% 이상이므로 밀

⑪ **축적** : 표준지 재적조서에서 가지고 온다.

⑫ **기타** : 소나무 단순림으로 활엽수(현장에 있는 나무 이름 기재)나 중하층 식생은 보존하여 생태적으로 건강한 숲을 유도한다.

⑬ **지황 참고사항** : 경사지에 대한 작업 또는 조사 시 위험문제를 기술한다.

⑭ **임황 참고사항** : 나무에 관련된 사항이나 야생동물, 벌, 뱀 등에 대한 주의사항 환기

산림경영 계획서

□ 경영계획 개요

경영계획구 명칭 및 면적	경영계획				ha	경영계획 기간	~
산림소유자	성 명	외　인	주민등록 번호			주 소	전화 :
작성자	성 명	(서명 또는 인)	자격증 번호			주 소	전화 :
인가사항	담당자					인가일자	년 월 일
변경인가	담당자					인가일자	년 월 일
	변경사항						

〈구비서류〉 경영계획도

□ 산림현황

소유자	산림소재지	지 번	임 반	소 반	면적(ha)	산지구분	경사도
						임업용산지	

□ 임황조사

지 번	임 반	소 반	수 종	임 령	수고(m)	경급(cm)	총축적(m^3)

□ 경영계획 및 실행실적

경영목표	
중점사업	

	지번	임반	소반	계 획					실 행				
				연도별	수종별	면적(ha)	본수(본)	조림 사유	연도별	수종별	면적(ha)	본수(본)	조림 사유
조 림													

	지번	임반	소반	계 획				실 행			
				연도별	종 별	면적(ha)	비 고	연도별	종 별	면적(ha)	비 고
숲 가 꾸 기											

	지번	임반	소반	계 획						실 행					
				연도별	사업 종별	작업 종별	수 종	면적 (ha)	재적 (m³) (본수)	연도별	사업 종별	작업 종별	수 종	면적 (ha)	재적 (m³) (본수)
임 목 생 산															

	지번	임반	소반	계 획				실 행			
				연도별	종 별	개소수	사업량 (km)	연도별	종 별	개소수	사업량 (km)
시 설											

5 산림경영 계획서 기입방법

(1) 경영계획 개요

① 경영계획구 명칭 및 면적	김공단 사유림 일반경영계획구			4.0 ha	② 경영계획 기간	2022. 01. 01 ~ 2031. 12. 31
산림소유자	성 명	외 인	주민등록 번호		주 소	전화 :
작성자	성 명	(서명 또는 인)	자격증 번호		주 소	전화 :
인가사항	담당자				인가일자	년 월 일
변경인가	담당자				인가일자	년 월 일
	변경사항					

〈구비서류〉 경영계획도

① 경영계획구 명칭 및 면적 : 문제에서 제시된다.
② 경영계획기간 : 문제에서 2022년 1월 1일부터라고 제시되었으므로 10년간 기재한다.

(2) 산림현황

① 소유자	② 산림소재지	③ 지 번	④ 임 반	⑤ 소 반	⑥ 면적(ha)	⑦ 산지구분	⑧ 경사도
김공단			1-0	1-0-1 1-0-2	계 4.0 2.5 1.5	임업용산지	경

① 소유자 : 문제에서 김공단으로 제시되었다.
② 산림소재지 : 문제에서 제시하지 않았다.
③ 지번 : 문제에서 제시되지 않았다.
④ 임반 : 문제에서 1임반이라 제시(1-0)
⑤ 소반 : 문제에서 1소반과 2소반으로 나눔(1-0-1, 1-0-2)
⑥ 면적 : 문제에서 1소반(2.5ha), 2소반(1.5ha), 총면적은 4.0ha으로 제시되었다(산림경영계획서 부터는 전체임분을 대상으로 작성).
⑦ 산지구분 : 문제에서 목재생산림으로 제시하여 임업용산지로 구분한다.
⑧ 경사도 : 표준지를 조사한 결과 18°이므로 경사지(경)로 구분한다.
  ※ 현장에서 직접조사[순토경사계를 사용 시 오른쪽 수치(값이 왼쪽보다 더 큼)는 %, 왼쪽은 도를 표시함] 또는 경사를 제시한다.

(3) 임황조사

지 번	① 임 반	② 소 반	③ 수 종	④ 임 령	⑤ 수고(m)	경급(cm)	총축적(m³)
1-0	1-0-1	편 백	3/~	–	–	–
	1-0-2	소나무	20/15~25	16/10~19	20/10~30	269.62

① 임반 : 문제에서 1임반이라 제시되었다(1-0).

② 소반 : 문제에서 1소반과 2소반으로 나눈다(1-0-1, 1-0-2).

③ 수종 : 문제에서 1소반(편백), 2소반(소나무)로 제시되었다.

④ 임령 : 문제에서 1소반(편백 1-1 묘목을 심은 지 1년 경과하므로 총 3년생), 2소반(소나무 임령 제시)로 제시되었다.

⑤ 수고, 경급, 총축적 : 산림조사 야장에서 가져온다(1소반은 조사 대상지가 아님).

(4) 경영계획 및 실행실적

① 경영목표	숲가꾸기 작업(천연림보육 등)을 통한 경급 40cm 이상의 우량 대경재 생산
② 중점사업	풀베기, 어린나무가꾸기, 가지치기, 천연림보육(수확 포함), 운재로 개설 등

① 경영목표

　㉠ 전제조건 : 문제에서 전제조건은 목재생산림이다.

┤ 더 알아두기 ├

목재생산림의 조성 · 관리(지속가능한 산림자원 관리지침)

① 관리목표 : 생태적 안정을 기반으로 하여 국민경제 활동에 필요한 양질의 목재를 지속적 · 효율적으로 생산 · 공급하기 위한 산림

② 목표로 하는 산림 : 다음과 같은 목표생산재를 안정적으로 생산할 수 있는 산림

　㉠ 인공림에서는 대경재, 중경재, 소경재로 구분

대경재	• 목표 가슴높이 지름 : 40cm 이상 • 용도 : 문화재, 화장단판, 합판, 고급제재(각재, 판재) 구조재, 고급건축재, 가구재, 악기재 등
중경재	• 목표 가슴높이 지름 : 40cm 미만~20cm 이상 • 용도 : 건축재, 소형가구재, 공예재, 일반제재(각재, 판재) 등
소경재	• 목표 가슴높이 지름 : 20cm 미만 • 용도 : 가설재, 포장재, 일반제재(소각재, 소판재), 펄프재, 칩, 톱밥용 등

　㉡ 천연림에서는 대경재, 중경재, 특용 · 소경재로 구분

대경재	• 목표 가슴높이 지름 : 40cm 이상 • 용도 : 용도 : 문화재, 화장단판, 합판, 고급제재(각재, 판재) 등
중경재	• 목표 가슴높이 지름 : 40cm 미만~20cm 이상 • 용도 : 구조재, 고급건축재, 가구재, 악기재, 일반제재(각재, 판재) 등
특용 · 소경재	• 목표 가슴높이 지름 : 20cm 미만 • 용도 : 특수용(약용 · 식용), 공예재, 버섯용원목, 펄프재

③ 관리대상 : 생태적으로 건강하고 지속적으로 목재를 생산할 수 있는 산림으로서 다음과 같음
  ㉠ 국유림의 경영 및 관리에 관한 법률에 의한 보전국유림
  ㉡ 임업 및 산촌 진흥촉진에 관한 법률에 의한 임업진흥권역 안의 목재생산을 위한 산림
  ㉢ 산림자원의 조성 및 관리에 관한 법률에 의한 경제림육성단지
  ㉣ 그 밖에 목재생산기능 증진을 위해 관리가 필요하다고 산림관리자가 인정하는 산림
④ 관리의 원칙 : 목재생산림은 목표로 하는 산림에 따라 목표생산재를 설정하고 그에 적합한 산림사업의 시기, 강도, 횟수 등을 달리하여 최소의 투입으로 최대의 효과를 내도록 함
⑤ 인공림의 조성·관리
  ㉠ 조림 : 경제성과 이용가치를 고려한 수종의 집중 조림으로 생산성 증진
    • 목재수요 증가, 온난화 영향 및 산주 선호도 등 경영목적과 시장 요구에 부합하는 전략수종을 규모화하여 조림
    • 수종은 조림 권장 수종 내 용재수종 및 지역별 집중 조림수종을 선정
  ㉡ 숲가꾸기
    • 목표생산재를 설정하여 생육단계에 알맞은 숲가꾸기 작업을 실시하되, 목표생산재가 정해지기 전까지의 작업은 산림자원 조성·관리 일반지침에서 정하는 바와 같이 숲가꾸기를 실시함
    • 도태간벌은 목표생산재가 우량대경재일 경우 적용할 수 있음
    • 설계·감리를 시행할 경우에는 수종과 생산목표재에 따라 작업을 실시할 수 있음
    • 목표생산재가 일반소경재일 경우에는 수종의 특성에 따라 솎아베기 작업 시 가지치기를 생략할 수 있음
  ㉢ 수확 및 산물(産物)의 처리 등은 산림자원 조성·관리 일반지침에서 정하는 바에 따름
⑥ 천연림의 조성·관리
  ㉠ 갱신(更新) : 갱신 수종은 주수종과 부수종으로 구분
    • 주수종은 생산목표재가 되는 수종으로 함
    • 부수종은 산림의 생태적 안정성을 위해 또는 보조적 목재생산재로 활용할 수 있는 수종
  ㉡ 숲가꾸기
    • 목표생산재를 설정하여 생육단계에 알맞은 숲가꾸기 작업을 실시하되, 목표생산재가 정해지기 전까지는 숲가꾸기를 실시함
    • 목표생산재가 우량대경재일 경우에는 천연림보육 작업을 실시함
    • 설계·감리를 시행할 경우에는 수종과 생산목표재에 따라 전연림의 수송별 시업기준(예시)에 따라 작업을 실시할 수 있음
    • 목표생산재가 일반소경재일 경우에는 수종의 특성에 따라 솎아베기 작업 시 가지치기를 생략할 수 있음
  ㉢ 수확 및 산물의 처리 등은 산림자원 조성·관리 일반지침에서 정하는 바에 따름

㉡ 고려할 사항 : 목재생산림은 인공림이냐 천연림이냐에 따라 관리 방법이 다르다. 이 문제에서는 천연림과 인공림을 대상으로 하므로 다음과 같은 관리방법을 적용한다.
• 인공림에서의 관리(1임반 1소반) : 인공림의 조성관리는 조림, 숲가꾸기, 수확으로 나뉘나 이 대상임지는 조림을 이미 시행하였고 단순 숲가꾸기가 주요 사업[풀베기, 어린나무가꾸기 등, 1년생 조림지에서 10년 계획이므로 풀베기와 어린나무가꾸기(가지치기 작업이 포함 가능)나 도태간벌 시행 시 작업할 수 있음]이 되고 최종적(사유림 편백 벌기령 40년)으로는 대경재 목재 생산을 목표로 하는 것이다.

- 천연림에서의 관리(1임반 2소반) : 천연림의 조성관리는 갱신, 숲가꾸기, 수확으로 나누나 이 대상임지는 갱신을 목표로 하는 임지가 아니므로 수확을 병행한 숲가꾸기가 주요 사업[천연림보육(수확 포함), 가지치기 등]이 되고 최종적(사유림 소나무 벌기령 40년)으로는 대경재 목재 생산을 목표로 하는 것이다.
- 목재생산관리 : 단순 숲가꾸기 작업이 아닌 천연림보육 수확 생산작업 시 필요한 운재로 개설은 시설기준을 따른다.

> **더 알아두기**
>
> **임산물 운반로 시설기준(산림자원의 조성 및 관리에 관한 법률 시행규칙 [별표 3])**
> ① 임산물 운반로의 노폭은 2m 내외로 하되, 최대 3m를 초과하여서는 아니 된다. 다만, 배향곡선지·차량 대피소시설 등 부득이한 경우에는 3m를 초과할 수 있다.
> ② 임산물 운반로의 길이는 산물반출에 필요한 최소한으로 하여야 하며, 경사가 급하여 토사유출·산사태 등의 피해가 우려되는 곳에는 임산물 운반로를 시설하여서는 아니 된다.
> ③ 임산물 운반로를 시설할 때에는 토사유출·산사태 등의 피해를 예방할 수 있는 조치를 취하여야 하며, 임산물 운반로를 시설한 목적이 완료된 후에는 조림 그 밖의 방법으로 복구하여야 한다. 다만, 산림경영에 필요하다고 판단되는 지역은 임산물 운반로를 존치하게 할 수 있다.

- 경영목표의 설정 : 따라서 이 임지의 경영목표는 숲가꾸기 작업을 통한 우량 대경재(흉고 40cm 이상, 문화재용, 가구재용, 건축재용 등) 생산을 목표로 하여야 한다.

  ※ 그 밖에 현장에서 요구되는 사항에 따라 임산물 재배를 통한 임가(산주) 소득향상에 기여 등 이란 말을 추가 할 수 있다.

② **중점사업** : 이 모든 사업을 수행할 사업의 종류(풀베기, 어린나무가꾸기, 가지치기, 천연림 보육(수확 포함), 운재로 개설 등)를 나열한다.

※ 그 밖에 임산물 재배 등이 포함될 시 기타 경영목표달성에 필요한 사업 등 이란 말을 추가 할 수 있다.

(5) 조림, 숲가꾸기, 임목생산, 시설

① 조림	지번	임반	소반	계 획					실 행				
				연도별	수종별	면적(ha)	본수(본)	조림사유	연도별	수종별	면적(ha)	본수(본)	조림사유

② 숲가꾸기	지번	임반	소반	계 획				실 행			
				연도별	종 별	면적(ha)	비 고	연도별	종 별	면적(ha)	비 고
	–	1-0	1-0-1	2022~2023	풀베기	2.5	1회/년				
	–	1-0	1-0-1	2029	2.5	2.5	가지치기 포함				

③ 임목생산	지번	임반	소반	계 획						실 행					
				연도별	사업종별	작업종별	수 종	면적(ha)	재적(m³)(본수)	연도별	사업종별	작업종별	수 종	면적(ha)	재적(m³)(본수)
	–	1-0	1-0-2	2022	천연림보육	수확간벌	소나무	1.5	80.89						

④ 시설	지번	임반	소반	계 획				실 행			
				연도별	종 별	개소수	사업량(km)	연도별	종 별	개소수	사업량(km)
	–	1-0	1-0-2	2022	운재로	1	0.15				

※ 임목생산의 재적(본수)의 경우 재적량으로 소반 재적량의 30% 적용

① 조림 : 이미 시행한 지역이므로 향후 10년간 해당사항 없음

② 숲가꾸기

    ㉠ 전제조건 : 1임반 1소반은 단순 숲가꾸기 지역이므로 여기에 기입한다.

    ㉡ 사업내용

        • 풀베기 : 식재한지 1년차 2022년부터 풀베기가 연 1회 2번(잡초가 무성할시) 시행

        • 어린나무가꾸기와 가지치기 : 어린나무가꾸기는 조림 후 5~10년 사이에 가능하나 여기서는 가지치기를 병행하므로 조림 후 8년 이후로 시행하도록 한다.

③ 임목생산

　　㉠ 전제조건 : 1임반 2소반은 수확을 병행한 숲가꾸기 지역이므로 여기에 기입한다.

　　㉡ 사업내용

　　　• 사업은 천연림 지역이므로 천연림 보육

　　　• 작업은 간벌 형태로 작업하여 수확이 목표이므로 이므로 수확간벌

　　　• 임목생산 재적(본수)의 경우 재적량으로 소반 재적량의 30% 적용

④ 시 설

　　㉠ 전제조건 : 1임반 2소반은 수확을 병행하므로 반드시 운재로 시설 기입

　　㉡ 사업내용 : 개소수는 1임반 2소반 1개소이고 사업량은 천연림보육 산물을 어떤 집재방식과 방법으로 하느냐에 따라 달라진다.

　　㉲ 트랙터 집재방식을 통한 전간재 집재방법 사용 시 계산(임도가 없을 시)

　　　우리나라 트랙터 집재시 최대거리 400m(상하향 각각 200m)임을 전제로 현장의 여건을 감안해서(현장에 트랙터 접근 등을 고려) 집재거리를 100m로 가능하다면 1임반 2소반의 면적 15,000m²(1.5ha)에서 100m 거리를 고려하면 운재로(임도 기능)는 약 150m로 결정한다. 다만 지형상 그렇지 못할 경우나 다음에 그려질 경영계획도와 일치해야 하기 때문에 그 집재지역에 대한 집재길이 계산 후 운재로의 배치 등을 다시 한 번 고려 후 운재로 길이를 가감하여야 한다.

경영계획도

범례									

6 경영계획도 기입방법

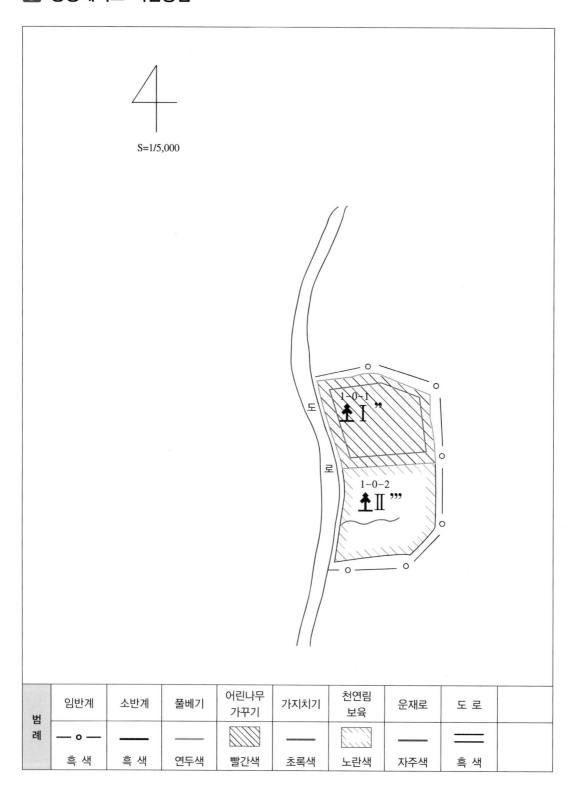

범례	임반계	소반계	풀베기	어린나무 가꾸기	가지치기	천연림 보육	운재로	도 로	
	—○—	——	———	▨	——	▨	——	══	
	흑 색	흑 색	연두색	빨간색	초록색	노란색	자주색	흑 색	

(1) 작성 시 주의사항

① 산림경영계획도는 산림경영계획 내용이 모두 표기되어야 한다.

② 도면은 해당 축척(1 : 5,000)에 일치하도록 직접 제도(작성)하여야 한다.

③ 경영계획도에서는 도면상에 글자를 표기하면 안된다(문자나 기호 등으로 표기).

   ※ '도로'는 경영계획과 상관없으므로 표기가능

④ **작성내용** : 임소반계, 임상, 영급, 소밀도, 사업종별 채색과 범례는 반드시 구분하여 작성하여야 한다.

(2) 작성요령

① 임반(흑색) 경계선은 —(실선)으로 표기한다.

② 소반(흑색) 경계선은 —◦— 로 표기한다.

③ 임소반 표시는 1-0-1, 1-0-2 로 표기한다.

④ 임상은 두 소반 모두 침엽수림으로 ♠(침엽수림)

⑤ 소밀도는 1소반은 조림지이므로 중 정도(예측)로 ", 2소반은 밀(조사) 이므로 '" 로 표시

⑥ 영급은 로마자 대문자 표기로 한다.

⑦ 풀베기, 어린나무가꾸기, 가지치기, 천연림보육은 각 색깔에 맞게 실선으로 각 소반에 둘레에 걸쳐 그린다.

⑧ 운재로의 표기는 자주색 실선으로 그리고 산림경영계획서상 표기된 길이 만큼 축척에 맞추어 작성(축척 1 : 5000)한다.

※ 도상 1cm는 실거리 50m에 해당하므로 0.15km의 경우 3cm 길이로 작성한다.

※ 운재로는 도로나 기존 임도에서 분기되므로 경영계획도 도면상 기존도로를 표기한 후 운재로를 도로로부터 표기해야 한다.

※ 표기는 다음을 참고하되 문제에서 수험자가 임의로 지정하라고 지시하였기에 임의로 표시한다.

비료주기	풀베기	덩굴류 제거	어린나무 가꾸기	가지치기	무육간벌	천연림 보육	천연림 개량
⬡⬡⬡	☰	▭▭▭	⬚⬚	⊞⊞	⬚⬚	▭	〰〰

국가기술자격 실기시험 공개문제

자격종목	산림산업기사	과제명	산림조사

※ 시험시간 : 2시간 30분

1. 요구사항

(1) 본 임지는 주소(감독위원이 제시)의 임야 김공단 소유의 3.0ha로서 지급된 재료와 시설을 사용하여 구획된 표준지에 대하여 산림조사를 실시하여 아래 작업을 완성하시오.

① 표준지는 20m×10m이며, 1임반 1소반 1.7ha 임분에 대한 것이고, 2소반은 1.3ha 활엽수 어린나무 숲입니다(단, 산림조사 시 조사본수는 15본이고 수종은 소나무, 임령은 20/15-25로 간주함).

② 표준지에서 산림조사는 1시간, 야장 정리 등 나머지 작업은 1시간30분 동안 진행하여 답안지를 작성 후 제출해야 합니다(제출 사항 : ㉠ 표준지 매목조사야장, ㉡ 표준지 수고조사야장, ㉢ 표준지 재적조서, ㉣ 미래목 선정, ㉤ 수목 감별).

③ 표준지 수고조사야장에서 적용수고는 정수로 기입하되 반올림한 값으로 기입하고, 적용수고를 제외한 수고는 정수가 나오는 경우에도 소수점 1째자리까지 기재하시오(단, 기준 소수점 미만은 모두 반올림하며, 조사한 직경급이 없는 경우 야장 기입 생략이 가능함).

④ 재적계산 시 단재적은 수간재적표를 활용하며, 표준지내 재적을 구한 후 이를 기준으로 해당 임분에 대한 축적을 산출하시오(단, 재적은 소수점 4째자리까지, 합계재적은 소수점 3째자리까지, 재계재적 및 축적은 소수점 2째자리까지 기재(기준 소수점 미만은 모두 절사)).

⑤ 감독위원이 제시한 수목의 명칭(보통명 또는 학명)을 답안지에 기재하시오.

⑥ 해당 표준지에서 도태 간벌 시 미래목을 선정하시오(단, 미래목 본수는 200본/ha을 기준으로 하고, 해당 표준지는 10본 존재하는 것으로 간주함)

2. 수험자 유의사항

※ 다음 유의사항을 고려하여 요구사항을 완성하시오.

(1) 수험자 인적사항 및 답안작성은 검은색 필기구만 사용하여야 하며, 그 외 연필류, 빨간색, 파란색 등의 필기구를 사용하여 작성할 경우 0점 처리되오니 불이익을 당하지 않도록 유의해 주시기 바랍니다.

(2) 답안 정정 시에는 정정하고자 하는 단어에 두 줄(=)을 긋고 다시 작성하거나 수정테이프(수정액 제외)를 사용하여 정정하시기 바랍니다.

(3) 수험자는 타인과의 불필요한 대화를 금지하며 문의 사항은 감독위원에게만 질의해야 합니다.

(4) 한번 지급된 재료는 다시 지급하지 않습니다.

(5) 작업 과정별로 제한시간을 초과하는 경우 수행한 작업만 채점에 포함됩니다.

(6) 사용기구는 정밀기구이므로 사용할 때 특히 주의하고 안전관리에 최대한 유의하십시오.

(7) 산림조사 작성에 필요한 야장 기입은 요구사항에 의하여 작성해야 하며, 요구사항에서 주어지지 않은 사항은 관계규정에 따라 작성합니다.

(8) 필기구와 자를 제외한 수험자가 개인적으로 가져온 종이, 도구, 기구, 장비는 일체 사용 불가하며, 종이가 필요한 경우 시험지 여백을 활용합니다.

(9) 계산 및 소수점자리 기록에 주의해야 합니다.

(10) 산림작업을 시행하는데 안전상 위험이 없도록 적합하지 복장을 갖추어야 합니다.

(11) 국가기술자격 실기시험 지급재료는 시험종료 후(기권, 결시자 포함) 수험자에게 지급되지 않습니다.

(12) 도면(작품, 답란 등)에는 문제와 관련 없는 불필요한 낙서나 특이한 기록사항 등을 기새하여서는 안되며, 답안지의 인적사항 기재란 외의 부분에 답안과 관련 없는 특수한 표시를 하거나 특정인임을 암시하는 경우 답안지 전체를 0점 처리합니다.

(13) 다음 사항에 대해서는 채점 대상에서 제외하니 특히 유의하시기 바랍니다.

① **기권** : 수험자 본인 의사에 의하여 시험 중간에 퇴실한 경우
② **실격** : 요구사항의 한 개 과제라도 수행하지 않은 경우

표준지 매목조사 야장

수 종	흉고직경	본 수	계	수 종	흉고직경	본 수	계
	6cm				32cm		
	8cm				34cm		
	10cm				36cm		
	12cm				38cm		
	14cm				40cm		
	16cm				42cm		
	18cm				44cm		
	20cm				46cm		
	22cm				48cm		
	24cm				50cm		
	26cm						
	28cm						
	30cm			합 계			

1 표준지 매목조사 야장 기입방법

수 종	흉고직경	본 수	계	수 종	흉고직경	본 수	계
소나무	6cm		–	소나무	32cm		
〃	8cm		–	〃	34cm		
〃	10cm	一	1	〃	36cm		
〃	12cm	丁	2	〃	38cm		
〃	14cm	?	1	〃	40cm		
〃	16cm	下	3	〃	42cm		
〃	18cm	一	1	〃	44cm		
〃	20cm	正	1	〃	46cm		
〃	22cm	丁	2	〃	48cm		
〃	24cm	一	1	〃	50cm		
〃	26cm	一	1				
〃	28cm	一	1				
〃	30cm	一	1	합 계			15

※ '본수'는 正자로 입목수대로 표기
※ '본수'는 합계표기 않음
※ '계' 하단부에 합계표기

(1) 흉고직경 측정방법

① 윤척 사용방법 : 윤척은 2cm 범위를 하나의 직경 단위로 묶어서 괄약(짝수) 적용하여 만들어
진 도구

예 16cm인 경우는 15cm 이상 ≤ 16cm(괄약 직경값) < 18cm 미만

② 측정 시 주의사항

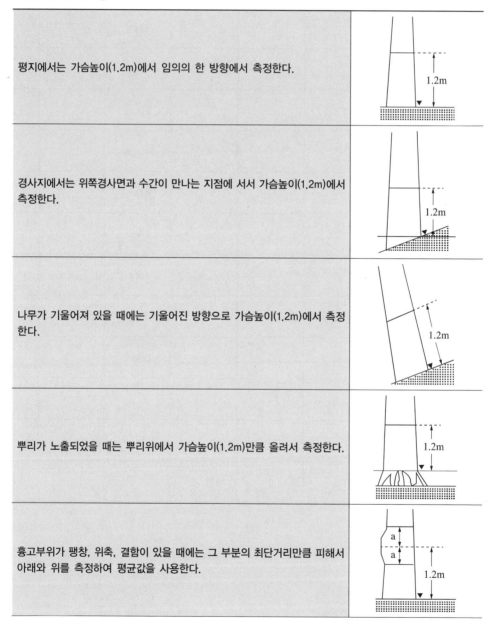

평지에서는 가슴높이(1.2m)에서 임의의 한 방향에서 측정한다.	1.2m
경사지에서는 위쪽경사면과 수간이 만나는 지점에 서서 가슴높이(1.2m)에서 측정한다.	1.2m
나무가 기울어져 있을 때에는 기울어진 방향으로 가슴높이(1.2m)에서 측정한다.	1.2m
뿌리가 노출되었을 때는 뿌리위에서 가슴높이(1.2m)만큼 올려서 측정한다.	1.2m
흉고부위가 팽창, 위축, 결함이 있을 때에는 그 부분의 최단거리만큼 피해서 아래와 위를 측정하여 평균값을 사용한다.	a a 1.2m

※ 흉고 이하에서 분지되면 분지된 수간을 모두 측정하고 흉고 이상에서 분지되면 흉고에서 한번만 측정

(2) 야장기입 시 주의사항

① 흉고직경은 6cm부터 2cm 괄약으로 측정하여 누락없이 표준지내 최대경급까지 표기한다.

   例 8cm에는 해당경급의 입목이 없지만 8cm를 표기(흉고직경 란)하고 본수(본수 란)는 기재하지 않는다.

② 조사 입목수는 표준지내 본수가 많더라도 제시된 수량만(15본) 조사하고 더이상 하지 않는다.

표준지 수고조사 야장

흉고 직경	조사목별수고(m)									합계	평균	삼점 평균	적용 수고
	조사수고												
	1	2	3	4	5	6	7	8	9				

2 표준지 수고조사 야장 기입방법

흉고직경	조사목별수고(m)									합계	평균	삼점평균	적용수고
	조사수고												
	1	2	3	4	5	6	7	8	9				
6													
8													
10	10.2									10.2	10.2	10.2	10
12	14.5	11.3								25.8	12.9	12.1	12
14	13.3									13.3	13.3	14.0	14
16	17.4	15.5	14.4							47.3	15.8	14.5	15
18	14.5									14.5	14.5	16.3	16
20	18.5									18.5	18.5	16.6	17
22	17.5	15.8								33.3	16.7	18.1	18
24	19.0									19.0	19.0	17.7	18
26	17.5									17.5	17.5	18.5	19
28	18.9									18.9	18.9	18.6	19
30	19.3									19.3	19.3	19.3	19
계										237.6			

(1) 수고 측정방법

① 측고기 사용방법

　㉠ 사용장비 : 순토측고기(Suunto Heightmeter), 줄자

　㉡ 사용방법

　　• 줄자를 사용하여 측정하는 나무 중심에서부터 수평방향으로 거리를 측정한다.

　　• 이동한 거리(15m 또는 20m)에서 순토측고기 장비를 사용하여 초두부와 근주부의 측정
　　　수치를 확인하고 높이를 절대값으로(높이의 간격) 측정한다.

　　　– 눈금은 15m 거리에서는 1/15에, 20m 거리에서는 1/20에 해당하는 눈금의 수치를
　　　　읽는다(다음 그림 참고).

 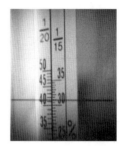

　　　– 순토측고기 사용 시 두 눈을 뜨고 한눈은 눈금을 한눈은 초두부와 근주부를 확인하여
　　　　눈금 내 가로선을 해당 부위에 일치하여 가로선 위치 수치를 측정한다.

　　　예 측정자의 위치와 측정하고자 하는 입목의 근주부가 수평일 경우 초두부 13, 근주
　　　　부 –2측정 시 수고는 15m에 해당한다. 측정자의 위치와 측정하고자 하는 입목의
　　　　근주부가 수평이 아닐 경우 근주부 측정 시 – 또는 + 수치로 읽어진다(초두부
　　　　13, 근주부 2 측정 시 수고는 11m이다).

(2) 야장 기입방법

① 조사수고, 평균수고, 삼점평균은 소수점 1째자리(기준 소수점 미만은 반올림)까지 표기하여야 한다.

예 10 = 10.0

② **삼점평균** : 처음과 마지막은 평균값 그대로 하고, 구하고자 하는 란의 삼점평균값은 해당란의 평균값과 전후 평균값 3점을 합산하여 3으로 나누어 소수 1자리까지 표기한다.

※ 흉고직경 10cm와 30cm에서의 삼점평균은 평균수고값이 삼점평균값이다.

※ 흉고직경 12cm에 해당하는 삼점평균수고 산출식은 $\frac{A + B + C}{3}$이다.

여기서, A는 흉고직경 10cm, 평균수고 10.2m, B는 흉고직경 12cm, 평균수고 12.9m, C는 흉고직경 14cm, 평균수고 13.3m이므로 $\frac{10.2 + 12.9 + 13.3}{3} = 12.1$m이다.

③ **적용수고** : 반올림값을 적용하여 m단위(정수)로 표기한다.

표준지 재적조서

표준지					재 적	
경급(cm)	수고(m)	단재적(m³)	본수(본)	재적(m³)	ha당재적(m³)	총재적(m³)
합 계	−	−				
계	−	−	−			

3 표준지 재적조서 기입방법

표준지					재 적	
경급(cm)	수고(m)	단재적(m³)	본수(본)	재적(m³)	ha당재적(m³)	총재적(m³)
10	10	0.0406	1	0.040		
12	12	0.0677	2	0.135		
14	14	0.1042	1	0.104		
16	15	0.1421	3	0.426		
18	16	0.1877	1	0.187		
20	17	0.2414	1	0.241		
22	18	0.3040	2	0.608		
24	18	0.3562	1	0.356		
26	19	0.4352	1	0.435		
28	19	0.4985	1	0.498		
30	19	0.5658	1	0.565		
합 계	–	–				
계	–	–	15	3.595	179.75	269.62

(1) 야장 기입방법

① 단재적(소수점 4째자리 까지)은 강원도 지방소나무의 수간재적표에서 각경급과 수고에 맞는 수지를 찾는나.

② 재적은(소수점 4째자리 까지, 기준 소수점 미만은 절사) 본수에 단재적을 곱한 수치이다.

③ 본수합계와 재적합계(소수점 2째자리 까지, 기준 소수점 미만은 절사)를 더하여 적는다.

④ ha당 재적은 표준지가 200m²(20m × 10m)이므로 (10,000m² / 200m²) × 재적(3.595m³) = 179.75m³이다.

⑤ 총재적은 1임반 2소반 1.5ha에 대한 것이므로 179.75m³ × 1.5ha = 269.62m³

□ 강원도지방소나무의 수간재적표 : 강원도, 경북북부(영주, 봉화, 울진, 영양)

경급 수고	6m	8	10	12	14	16	18	20	22	24	26	28
5m	0.0081	0.0135	0.0202	0.0280	0.0370	0.0471	0.0584	0.0707	0.0841	0.0987	0.1143	0.1310
6	0.0097	0.0163	0.0243	0.0337	0.0445	0.0567	0.0702	0.0850	0.1011	0.1185	0.1373	0.1573
7	0.0114	0.0190	0.0284	0.0394	0.0520	0.0662	0.0819	0.0992	0.1180	0.1384	0.1602	0.1836
8	0.0130	0.0218	0.0325	0.0450	0.0595	0.0757	0.0937	0.1135	0.1350	0.1582	0.1832	0.2099
9	0.0146	0.0245	0.0365	0.0507	0.0669	0.0852	0.1055	0.1277	0.1519	0.1781	0.2061	0.2362
10	0.0163	0.0272	0.0406	0.0564	0.0744	0.0947	0.1172	0.1419	0.1688	0.1979	0.2291	0.2624
11	0.0179	0.0300	0.0447	0.0620	0.0819	0.1042	0.1290	0.1562	0.1857	0.2177	0.2520	0.2887
12	0.0195	0.0327	0.0488	0.0677	0.0893	0.1137	0.1407	0.1704	0.2026	0.2375	0.2749	0.3149
13	0.0212	0.0354	0.0528	0.0733	0.0968	0.1232	0.1525	0.1846	0.2195	0.2573	0.2978	0.3412
14	0.0228	0.0381	0.0569	0.0790	0.1042	0.1327	0.1642	0.1988	0.2364	0.2771	0.3207	0.3674
15	0.0244	0.0409	0.0610	0.0846	0.1117	0.1421	0.1759	0.2130	0.2533	0.2969	0.3436	0.3936
16	0.0261	0.0436	0.0650	0.0903	0.1191	0.1516	0.1877	0.2272	0.2702	0.3167	0.3665	0.4198
17	0.0277	0.0463	0.0691	0.0959	0.1266	0.1611	0.1994	0.2414	0.2871	0.3364	0.3894	0.4461
18	0.0293	0.049	0.0732	0.1015	0.1340	0.1706	0.2111	0.2556	0.3040	0.3562	0.4123	0.4723
19	0.0310	0.0518	0.0772	0.1072	0.1415	0.1801	0.2228	0.2698	0.3208	0.3760	0.4352	0.4985
20	0.0326	0.0545	0.0813	0.1128	0.1489	0.1895	0.2346	0.2840	0.3377	0.3958	0.4581	0.5247
21	0.0342	0.0572	0.0854	0.1185	0.1564	0.1990	0.2463	0.2982	0.3546	0.4155	0.4810	0.5509
22	0.0358	0.0599	0.0894	0.1241	0.1638	0.2085	0.2580	0.3124	0.3715	0.4353	0.5039	0.5771
23	0.0375	0.0627	0.0935	0.1297	0.1713	0.2180	0.2697	0.3265	0.3883	0.4551	0.5267	0.6033
24	0.0391	0.0654	0.0976	0.1354	0.1787	0.2274	0.2815	0.3407	0.4052	0.4748	0.5496	0.6295
25	0.0407	0.0681	0.1016	0.1410	0.1861	0.2369	0.2932	0.3549	0.4221	0.4946	0.5725	0.6557
26	0.0424	0.0708	0.1057	0.1467	0.1936	0.2464	0.3049	0.3691	0.4389	0.5144	0.5954	0.6819
27	0.0440	0.0736	0.1098	0.1523	0.2010	0.2558	0.3166	0.3833	0.4558	0.5341	0.6182	0.7081
28	0.0456	0.0763	0.1138	0.1579	0.2085	0.2653	0.3283	0.3975	0.4727	0.5539	0.6411	0.7343
29	0.0472	0.0790	0.1179	0.1636	0.2159	0.2748	0.3400	0.4116	0.4895	0.5737	0.6640	0.7605
30	0.0489	0.0817	0.1219	0.1692	0.2234	0.2842	0.3518	0.4258	0.5064	0.5934	0.6868	0.7866

30	32	34	36	38	40	42	44	46	48	50	52	54	56
0.1487	0.1676	0.1876	0.2087	0.2308	0.2541	0.2785	0.3040	0.3306	0.3584	0.3873	0.4173	0.4485	0.4809
0.1786	0.2012	0.2252	0.2504	0.2770	0.3048	0.3340	0.3645	0.3963	0.4295	0.4640	0.4999	0.5372	0.5758
0.2085	0.2349	0.2627	0.2921	0.3231	0.3555	0.3895	0.4250	0.4621	0.5007	0.5409	0.5826	0.6259	0.6709
0.2383	0.2684	0.3003	0.3339	0.3692	0.4062	0.4450	0.4855	0.5278	0.5719	0.6177	0.6653	0.7147	0.7659
0.2681	0.3020	0.3378	0.3756	0.4153	0.4569	0.5005	0.5460	0.5935	0.6430	0.6945	0.7479	0.8034	0.8609
0.2979	0.3356	0.3753	0.4173	0.4613	0.5075	0.5559	0.6065	0.6592	0.7141	0.7713	0.8306	0.8921	0.9559
0.3277	0.3691	0.4128	0.4589	0.5074	0.5582	0.6114	0.6670	0.7249	0.7853	0.8480	0.9132	0.9809	1.0510
0.3575	0.4026	0.4503	0.5006	0.5534	0.6088	0.6668	0.7274	0.7906	0.8564	0.9248	0.9959	1.0696	1.1460
0.3873	0.4362	0.4878	0.5422	0.5995	0.6595	0.7222	0.7878	0.8563	0.9275	1.0016	1.0785	1.1583	1.2410
0.4170	0.4697	0.5253	0.5839	0.6455	0.7101	0.7777	0.8483	0.9219	0.9986	1.0783	1.1611	1.2470	1.3359
0.4468	0.5032	0.5628	0.6255	0.6915	0.7607	0.8331	0.9087	0.9875	1.0697	1.1550	1.2437	1.3356	1.4309
0.4766	0.5367	0.6002	0.6671	0.7375	0.8113	0.8885	0.9691	1.0532	1.1407	1.2318	1.3263	1.4243	1.5259
0.5063	0.5702	0.6377	0.7088	0.7835	0.8619	0.9438	1.0295	1.1188	1.2118	1.3085	1.4088	1.5130	1.6208
0.5361	0.6037	0.6751	0.7504	0.8295	0.9124	0.9992	1.0899	1.1844	1.2828	1.3852	1.4914	1.6016	1.7158
0.5658	0.6372	0.7126	0.7920	0.8755	0.9630	1.0546	1.1503	1.2500	1.3539	1.4619	1.5740	1.6902	1.8107
0.5955	0.6706	0.7500	0.8336	0.9215	1.0136	1.1100	1.2106	1.3156	1.4249	1.5385	1.6565	1.7789	1.9056
0.6253	0.7041	0.7874	0.8752	0.9674	1.0641	1.1653	1.2710	1.3812	1.4959	1.6152	1.7391	1.8675	2.0005
0.6550	0.7376	0.8249	0.9168	1.0134	1.1147	1.2207	1.3314	1.4468	1.5670	1.6919	1.8216	1.9561	2.0954
0.6847	0.7711	0.8623	0.9584	1.0594	1.1653	1.2760	1.3918	1.5124	1.6380	1.7686	1.9041	2.0447	2.1903
0.7145	0.8046	0.8997	1.0000	1.1054	1.2158	1.3314	1.4521	1.5780	1.7090	1.8452	1.9867	2.1333	2.2852
0.7442	0.8380	0.9372	1.0416	1.1513	1.2664	1.3867	1.5125	1.6436	1.7800	1.9219	2.0692	2.2219	2.3801
0.7739	0.8715	0.9746	1.0832	1.1973	1.3169	1.4421	1.5728	1.7091	1.8510	1.9986	2.1517	2.3105	2.475
0.8037	0.9050	1.0120	1.1248	1.2432	1.3675	1.4974	1.6332	1.7747	1.9220	2.0752	2.2342	2.3991	2.5699
0.8334	0.9384	1.0494	1.1663	1.2892	1.4180	1.5528	1.6935	1.8403	1.993	2.1519	2.3167	2.4877	2.6648
0.8631	0.9719	1.0868	1.2079	1.3351	1.4685	1.6081	1.7539	1.9058	2.064	2.2285	2.3992	2.5763	2.7597
0.8928	1.0054	1.1242	1.2495	1.3811	1.5191	1.6634	1.8142	1.9714	2.135	2.3051	2.4817	2.6649	2.8545

4 도태간벌을 위한 미래목 선정(직접 현장에서 선정함)

(1) 전제조건

① 미래목 선정 본수 200본/ha 기준, 해당표준지 10본 존재

② 답 안

예 미래목선정 본수는 10,000m^2/200본 이므로 50m^{2}당 1본의 미래목이 선정되어야 함 표준지면적이 200m^2(20m×10m)이므로 표준지 안에서는 반드시 4본만(200m^2/50m^2) 미래목이 선정되어야 함

(2) 미래목의 요건

① 건전하고 생장이 왕성한 것(근부, 수간 및 수관)

② 피압을 받지 않은 상층의 우세목일 것(폭목은 제외됨)

③ 나무줄기가 통직하고 분간되지 않음

④ 병충해 등 물리적인 피해가 없음

⑤ 이상형상 등이 없을 것

(3) 미래목의 거리 및 간격

① 미래목간의 거리는 최소 5m 이상(200본 일때는 약 7m 정도)

② 미래목간의 거리·간격을 일정하게 유지할 필요는 없으며, 임분 전체로 볼 때 대체로 고르게 배치되는 것이 이상적이다.

③ 최대 400본/ha 미만이어야 한다. 활엽수는 100~200본/ha, 침엽수는 200~400본/ha이다.

제3편

산림기사 · 산업기사 실기

하층식생
목록

구 분	잎	꽃	열 매
소나무 (잎 2개)			
잣나무 (잎 5개)			
전나무			
낙엽송			

구 분	잎	꽃	열 매
고광 나무			
고추 나무			
국수 나무			
노간주 나무			
개암 나무			

구 분	잎	꽃	열 매
자귀나무			
붉나무			
비목나무			
가막살나무			
덜꿩나무			

구 분	잎	꽃	열 매
화살나무			
신나무			
병꽃나무			
두릅나무			
물푸레나무			

구 분	잎	꽃	열 매
서어 나무			
산벚 나무			
감태 나무			
생강 나무			
팥배 나무			

구 분	잎	꽃	열 매
노린재 나무			
개옻 나무			
작살 나무			
좀깨잎 나무			
쥐똥 나무			

구 분	잎	꽃	열 매
박쥐 나무			
느릅 나무			
뽕나무			
자리공			
감나무			

구 분	잎	꽃	열 매
밤나무			
팽나무			
층층 나무			
가죽 나무			
누리장 나무			

구 분	잎	꽃	열 매
느티 나무			
합다리 나무			
소태 나무			
자작 나무			
아까시 나무			

구 분	잎	꽃	열 매
당단풍 나무			

1 잎 : 굴참나무, 졸참나무, 갈참나무, 떡갈나무, 상수리나무, 신갈나무

식물명	잎	열 매
굴참나무	 긴 타원형이며, 가장자리에 바늘 모양의 예리한 톱니가 있다. 잎 뒷면은 별 모양의 흰색 털이 빽빽이 나서 회백색으로 보인다. 잎 길이는 8~15cm, 잎자루 길이는 3cm로 잎자루가 선명하게 보인다.	 열매는 둥근 모양이며 각두에 2/3쯤 싸여있다. 수간은 두꺼운 코르크처럼 되어 세로로 불규칙하고 깊게 갈라져 있다.
상수리나무	 긴 타원형이며, 가장자리에 바늘 모양의 예리한 톱니가 있다. 잎 표면은 연한 녹색이다. 잎 길이는 10~20cm로 굴참나무에 비해 약간 크며, 잎자루 길이는 1~3cm로 잎자루가 선명하게 보인다.	 열매는 둥근 모양이며, 각두에 1/2쯤 싸여있다.

식물명	잎	열매
갈참나무	거꾸로 선 달걀형이며, 잎 가장자리는 물결모양으로 떡갈나무, 신갈나무의 잎과 모양이 비슷한데, 잎자루가 잘 보이지 않는 두 잎에 비해 갈참나무의 잎자루 길이는 1~3.6cm로 확연히 보인다. 잎 길이는 5~30cm로 가을에 늦게까지 달려 있다.	열매는 달걀형이며, 각두에 1/2쯤 싸여있다. 2년을 주기로 도토리 풍흉이 있다.
졸참나무	긴 타원형이다. 졸참나무 잎은 가장자리에 갈고리 같은 톱니가 있으며, 잎 크기는 2~10cm이다.	열매는 긴 타원형이며, 갈참나무 열매보다 작다. 각두에 1/3쯤 싸여있다.
떡갈나무	거꾸로 선 달걀형이며, 가장자리에 큰 물결 모양의 톱니가 있다. 잎의 크기는 5~42cm로 참나무과 수목 중 가장 크고 두꺼우며, 잎 뒷면에 별모양의 갈색털이 있다.	열매는 타원형이고, 각두를 싸고 있는 포는 짙은 갈색을 띠는 긴 줄 모양이다.

식물명	잎	열 매
신갈나무		
	거꾸로 선 달걀형이며, 가장자리에 큰 물결 모양의 톱니가 있다. 잎의 크기는 7~20cm이며, 떡갈나무보다 가장자리의 물결 모양이 작다.	열매는 타원형이고, 각두를 싸고 있는 포는 우둘투둘한 비늘조각 모양이다.

2 잎 : 조록싸리, 족제비싸리

식물명	잎	꽃
조록싸리		
	3출엽, 마름모모양, 4~7cm, 뒷면에 잎자루와 털이 있으며 잎끝이 선형이고, 뾰족하다.	6~8월, 총상꽃차례나 원추꽃차례로, 자주색 꽃이 핀다.
족제비싸리		
	홀수깃모양겹잎, 타원형, 15~25cm, 뒷면에 잔털이 없거나 약간 존재한다.	5~6월, 총상꽃차례로 가지 끝에 달리고, 짙은 자주색 꽃이 핀다.

❸ 잎 : 오리나무, 물오리나무, 사방오리나무

식물명	잎	열 매
오리나무	긴타원형으로 가장자리에 가늘고 불규칙한 톱니가 있으며, 앞면은 광택, 뒷면 잎줄겨드랑이에 털이 모여난다.	견과류, 9~10월, 긴 달걀형
물오리 나무	타원상 달걀형이다. 가장자리가 5~8개로 갈라지며 겹톱니가 있고, 맥위에 잔털, 뒷면은 잿빛을 띤 흰색이며 갈색털이 있다.	견과류, 10월, 타원형
사방오리 나무	좁은 달걀형이거나 긴 타원형이다. 가장자리에 불규칙한 겹톱니가 있고 뒷면 맥 위에 진털이 난다.	소견과류, 10월, 타원형

4 잎 뒷면 : 측백(W), 편백(Y), 화백(V)

식물명	잎	열 매
측백나무	W자형, 앞면과 뒷면의 모양이 같고 만지면 부드럽다.	날개 없음, 8개, 지름 1.5~2cm, 열매조각은 겹쳐져 있다.
편 백	Y자형, 뒷면에 Y자 모양의 흰색 선이 있고 만지면 부드럽다.	좁은 날개, 8~10개, 지름 1~1.2cm, 열매조각은 맞닿아 있다.
화 백	V자형, 뒷면은 흰 가루를 뿌린 듯하고 만지면 꺼끌꺼끌하다.	넓은 날개, 8~12개, 지름 0.6cm, 열매조각은 맞닿아 있다.

5 잎과 꽃 : 철쭉, 산철쭉, 진달래

식물명	잎	꽃
철 쭉	달걀형으로 가지 끝에 5장씩 달린다. 꽃이 필 때 뒤로 말린다.	5월에 꽃과 잎이 함께 피며 독성이 있다. 연분홍색 꽃에 자주색 반점이 있다.
산철쭉	타원형으로 잎맥이 뚜렷하고 털이 있다.	5월에 꽃과 잎이 함께 피며 독성이 있다. 옅은 홍자색 꽃에 짙은 자주색 반점이 있다.
진달래	타원형으로 잎맥이 뚜렷하지 않고 털이 있다.	3~4월에 꽃이 먼저 피며 독성은 없다. 옅은 홍자색 꽃에 잎이 얇고 자주색 반점이 희미하거나 없다.

6 잎과 꽃 : 때죽나무, 쪽동백나무

식물명	잎	꽃
때죽나무		
	달걀형으로 길이가 2~8cm로 다양하다.	5~6월에 2~4송이씩 총상꽃차례로 모여 달린다.
쪽동백 나무		
	타원형이나 달걀형 둥근꼴로, 뒷면이 희게 보인다.	5~6월에 여러 송이가 총상꽃차례로 모여 핀다.

7 잎과 열매 : 산초나무, 초피나무

식물명	잎	열 매
초피나무		
	잎은 9~10개의 소엽 가시가 마주난다.	9~10월, 둥근 열매는 붉은색으로 익고, 벌어지면 검은씨가 보인다.
산초나무		
	잎은 13~23개의 작은 잎으로 구성되며 산초 특유의 향기가 난다. 수피에 가시가 어긋나게 난다.	열매는 갈색으로 익고 10월에 검은색의 종자가 나온다.

8 잎과 꽃, 열매 : 다래덩굴, 으름덩굴, 담쟁이덩굴, 청미래덩굴

식물명	잎	꽃	열매
다래덩굴	홑잎, 6∼12cm, 타원형으로 갑자기 좁아져 끝이 뾰족하다.	5∼6월, 흰 꽃 3∼10송이가 잎겨드랑이에 달린다.	9월에 둥글고 넓적한 열매가 황록색으로 익는다.
으름덩굴	손바닥 모양의 겹잎, 넓은 달걀형이거나 타원형이며 가장자리가 밋밋하고 끝이 약간 오목하다.	4∼5월에 자줏빛을 띤 갈색으로 피며 잎겨드랑이에 총상꽃차례로 달린다.	10월에 자줏빛을 띤 갈색으로 익는다. 장과(漿果)로서 긴 타원형이고 길이 6∼10cm이다.
담쟁이덩굴	폭 10∼20cm의 넓은 달걀형이다. 끝이 뾰족하고 3개로 갈라져, 가장자리에 불규칙한 톱니가 있다. 앞면에는 털이 없으며 뒷면 잎맥 위에 잔털이 있다.	6∼7월에 황록색으로 피며, 가지 끝 또는 잎겨드랑이에서 나온 꽃대에 취산꽃차례를 이루며 많은 수가 달린다.	8∼10월에 검게 익는다. 흰 가루로 덮여있으며 지름이 6∼8mm이다.
청미래덩굴 (열매 : 망개)	홑잎, 원형에 가까운 타원형으로 윤기가 나며 굵은 잎맥이 보통 세 개다. 잎 가장자리는 밋밋하다.	4∼5월, 황록색 꽃이 잎겨드랑이에 산형꽃차례로 핀다.	9∼10월, 둥근 열매가 붉은색으로 익는다.

제4편

필답형 기출복원문제

산림기사	2021년 1, 2, 3회
	2022년 1, 2, 3회
	2023년 1, 2, 3회
산림산업기사	2021년 1, 2, 3회
	2022년 1, 2, 3회
	2023년 1, 2회

※ 필답형 기출복원문제는 수험자의 기억에 의해 문제를 복원하였습니다. 실제 시행문제와 일부 상이할 수 있음을 알려드립니다.

2021년 1회 기출복원문제

01 수로기울기 2%, 유속 0.2m/s, 계수 0.8일 때 Chezy 공식을 활용하여 경심을 구하시오(소수점 둘째자리에서 반올림).

정답

- Chezy 공식 $V = c\sqrt{RI}$

  여기서, V : 평균유속(m/sec), c : 유속계수, R : 경심(m), I : 수로의 물매(2%일 경우 0.02)
- $0.2\text{m/s} = 0.8 \times \sqrt{0.02 \times 경심}$

  $\sqrt{0.02 \times 경심} = 0.25$

  $0.02 \times 경심 = 0.25^2 (= 0.0625)$

  $\therefore 경심 = \dfrac{0.0625}{0.02} = 3.125\text{m} ≒ 3.1\text{m}$(소수점 둘째자리에서 반올림)

02 삼각법을 이용한 측고기의 종류 4가지를 쓰시오.

정답

트랜싯(Transit), 아브네이레블(Abney Hand Level), 미국 임야청측고기, 카드보드측고기(Cardboard Hypsometer), 하가측고기, 블루메라이스측고기(Blume Leiss Hypsometer), 스피겔 릴라스코프(Spiegel Relascope), 순또측고기, 덴드로미터(Dendrometer)

03 원구지름 30cm, 말구지름 20cm, 재장 8m일 때 스말리안식으로 재적을 계산하시오(소수점 넷째자리에서 반올림).

정답

$$재적 = \frac{(3.14 \times 0.15^2) + (3.14 \times 0.10^2)}{2} \times 8 = \frac{0.07065 + 0.0314}{2} \times 8$$
$$= 0.051025 \times 8 = 0.4082 ≒ 0.408m^3 (소수점 \ 넷째자리에서 \ 반올림)$$

04 해안사방공사에서 사구조성공종 중 모래덮기 공법 3가지를 쓰시오.

정답

<u>모래덮기공법</u>(소나무섶모래덮기공법, 갈대모래덮기공법), <u>사초심기공법</u>(다발심기, 줄심기, 망심기), <u>사이심기공법</u>

05 산림평가방법에 이용되는 산림경영요소 3가지를 쓰시오.

정답

임지, 임업자본, 노동

06 임도공사 시 비탈면의 붕괴 방지를 위하여 설치하는 옹벽의 안정조건 4가지를 쓰시오.

> - ·
> - ·
> - ·
> - ·

정답

전도에 대한 안정, 활동에 대한 안정, 침하에 대한 안정, 내부응력에 대한 안정

07 면적 2,000ha, 임도밀도 10m/ha인 임도망을 배치하고자 한다. 다음 각 사항에 대하여 계산하시오(단, 보정계수는 1로 적용).

1) 연장거리

2) 임도간격

3) 집재거리

4) 평균집재거리

정답

1) 연장거리 = 2,000ha $\times$ 10m/ha = 20,000m
2) 임도간격 = 10,000m^2 $\div$ 10m/ha = 1,000m
3) 집재거리 = 1,000m $\div$ 2 = 500m
4) 평균집재거리 = 집재거리(500m) $\div$ 2 = 250m

08 벌기 50년 잣나무림에서 벌기마다 5,000만원의 수입을 영구히 얻기 위한 전가합계를 계산하시오(단, 연이율 6%, $1.06^{50} = 18.420$, 천원 이하에서 반올림).

정답

매벌기 전가합계 $= \dfrac{50,000,000원}{(1.06^{50} - 1)} = \dfrac{50,000,000원}{(18.420 - 1)} = 2,870,264 ≒ 2,870,000원$

09 줄걸이용 와이어로프의 연결 고정 방법 3가지를 쓰시오.

-
-
-

정답

종 류	형 태
아이스플라이스(Eye Splice) 가공법	
소켓(Socket) 가공법	
록(Lock) 가공법	
클립(Clip) 체결법	
웨지소켓(Wedge Socket) 가공법	

10 곡선반지름 15m, 내각 90°일 때 접선길이와 곡선길이를 구하시오(소수점 셋째자리에서 반올림).

1) 접선길이

2) 곡선길이

> **정답**

내각이 90°이므로 교각은 180° − 90° = 90°

1) 접선길이(TL) = $R\tan\left(\dfrac{\theta}{2}\right)$ = $15 \times \tan\left(\dfrac{90}{2}\right)$ = 15×1 = 15.00m(소수점 셋째자리에서 반올림)

2) 곡선길이(CL) = $\dfrac{2\pi \cdot R \cdot \theta}{360}$ = $0.017453 \times 15 \times 90$ ≒ 23.56m(소수점 셋째자리에서 반올림)

11 방수로 사다리꼴의 장단점을 쓰시오.

> **정답**

• 장 점
  - 방수로 단면이 넓어지기 때문에 월류수심을 감소
  - 낙하수력이 약해져 반수면 끝부위의 세굴 경감
• 단 점
  - 월류수심이 감소되어 홍수의 감수시에는 방수로 위에 사력을 잔존 시켜 홍수의 유통을 방해
  - 계류의 나비가 넓은 곳에는 방수로 바닥에 사력의 퇴적량이 과다

12 어떤 낙엽송 임분의 현실축적이 ha당 450m³이고, 수확표에 의해 계산된 법정축적은 ha당 350m³이다. 이 임분의 법정벌채량이 ha당 7m³이라 할 때 ha당 표준벌채량을 훈데스하센법으로 계산하시오.

정답

$$E = V_w \times \frac{E_n}{V_n} = 450\text{m}^3 \times \frac{7\text{m}^3}{350\text{m}^3} = 9\text{m}^3$$

13 임목평가방법 중 비용가와 시장가역산법에 대하여 설명하시오.

정답

- 비용가법은 동령임분에서의 임목을 m년생인 현재까지 육성하는 데 소요된 순비용(육성가치)의 후가합계로 사정하는 방법
- 벌기 이상의 임목에 대하여는 제품(원목, 목탄 등)의 시장매매가를 조사하여 역산으로 간접적 임목가를 사정하는 방법

14 고성능 임업기계인 펠러번처에 대하여 설명하시오.

정답

기계톱을 자체적으로 가지고 있어 벌목이 가능하며 벌목된 임목을 잡아주는 장치가 있어 벌목 후 쌓아두는 집적작업도 가능하다.

※ 하베스터는 벌목뿐만 아니라 가지자르기와 조재, 집적이 추가로 가능하고, 프로세서는 하베스터의 벌목기능이 없다.

15 임반구획 방법(면적, 경계, 번호)을 쓰시오.

정답

- 임반의 구획 : 임반은 소반 및 보조소반 등 산림 구획의 골격을 형성하며, 임반의 경계 및 번호는 특별한 경우를 제외하고는 변경하지 않는다.
- 임반의 면적 : 현지 여건상 불가피한 경우를 제외하고는 가능한 100ha 내외로 구획하며, 능선, 하천 등 자연경계나 도로 등 고정적 시설을 따라 확정한다.
- 임반의 표기 : 경영계획구 유역 하류에서 시계방향으로 연속되도록 아라비아 숫자 1, 2, 3, … 으로 표기하고, 신규 재산 취득 등의 사유로 보조 임반을 편성할 때는 연접된 임반의 번호에 보조번호를 1-1, 1-2, 1-3, … 순으로 부여한다.

01 내부투자수익률에 대해 설명하시오.

정답

투자에 의해 장래에 예상되는 현금유입의 현재가와 현금유출의 현재가를 같게 하는 할인율을 말하는데, 다음 식에서 P가 바로 IRR(내부투자수익률)이다.

$$\sum_{t=1}^{n} \frac{R_n - C_n}{1.0P^n} = 0$$

여기서, R_n : 연차별 현금유입(수익)

C_n : 연차별 현금유출(비용)

P : 할인율(내부투자수익률)

02 산지저목장 설치방법에 대해 쓰시오.

정답

산지저목장이란 벌목된 목재를 임도변 주위에 임시로 쌓아두는 곳으로 차량이나 장비가 통행하는 데 방해 받지 않는 넓은 곳(임도의 계곡부나 능선부 확폭지 등)에 설치하여야 한다. 다만 작업로 주위에는 목재운반용 차량이 접근하기 어려워 작업로와 임도가 합쳐지는 넓은 장소에 저목장을 설치한다.

03 임반구획 방법을 쓰시오.

- 임반의 구획 : 임반은 소반 및 보조소반 등 산림 구획의 골격을 형성하며, 임반의 경계 및 번호는 특별한 경우를 제외하고는 변경하지 않는다.
- 임반의 면적 : 현지 여건상 불가피한 경우를 제외하고는 가능한 100ha 내외로 구획하며, 능선, 하천 등 자연경계나 도로 등 고정적 시설을 따라 확정한다.
- 임반의 표기 : 경영계획구 유역 하류에서 시계방향으로 연속되도록 아라비아 숫자 1, 2, 3, … 으로 표기하고, 신규 재산 취득 등의 사유로 보조 임반을 편성할 때는 연접된 임반의 번호에 보조번호를 1-1, 1-2, 1-3, … 순으로 부여한다.

04 강우에 의한 토양침식의 유형을 진행 순서대로 쓰시오.

①	②	③
④	⑤	

① 우격침식   ② 면상침식

③ 누구침식   ④ 구곡침식

⑤ 야계침식

05 스피겔릴라스코프에 대하여 설명하시오.

정답

- 릴라스코프는 비터리히(Bitterlich)법에 의해 각산정표준지법에 사용되는 측정기구를 일컫는 것으로, 간단하게 임분의 흉고단면적을 측정할 수 있는 기구이다. 즉, 릴라스코프는 측정기구의 시준에 따라 측정입목을 선별하여 그 표본목의 수에 의하여 흉고단면적이 결정된다.
- 측정을 통해 임내에서 차단편에 의하여 입점이 확대단편 밖에 있는 것은 세지 않고, 확대단편과 일치하는 것은 0.5, 원주상 안에 있는 것은 1로 센다.
- 표본점별로 계산된 전체 본수의 합계를 구하고 표본점수로 나눈 뒤 주어진 릴라스코프의 기계계수 k를 곱하면 ha당 흉고단면적 합계가 얻어진다.

$$\text{ha당 흉고단면적 합계} = \frac{\text{총 계산본수 합계}}{\text{표본점수}} \times \text{기계계수}$$

$$\text{ha당 재적} = \frac{\text{기계계수}(k) \times \text{임목본수}(n) \times \text{평균수고}(H) \times \text{임분형수}(F)}{\text{표본점수}}$$

06 랑꼬임과 보통꼬임의 차이점을 보통꼬임 중심으로 쓰시오.

정답

와이어로프의 꼬임과 스트랜드의 꼬임방향이 반대로 된 것을 보통꼬임(마모가 잘되고 취급이 용이함 : 작업줄), 같은 방향으로 된 것을 랑(Lang)꼬임(킹크가 잘 생기나 마모에 강함 : 가공본줄)이라 한다.

07 임도에서 사용하는 곡선의 종류 4가지를 쓰고 설명하시오.

정답

- 단곡선 : 평형하지 않는 2개의 직선을 1개의 원곡선으로 연결하는 곡선
- 반향(반대)곡선 : 방향이 다른 두 개의 원곡선이 직접 접속하는 곡선으로 곡선의 중심이 서로 반대쪽에 위치한 곡선
- 복심(복합)곡선 : 동일한 방향으로 굽고 곡률이 다른 두 개 이상의 원곡선이 직접 접속되는 곡선
- 배향곡선 : 단곡선, 복심곡선, 반향곡선이 혼합되어 헤어핀 모양으로 된 곡선으로 산복부에서 노선 길이를 연장하여 종단물매를 완화하게 하거나 동일사면에서 우회할 목적으로 설치되며 교각이 180°에 가깝게 됨

08 골쌓기와 켜쌓기를 그림으로 그리시오.

정답

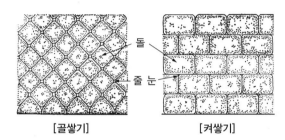

[골쌓기]　　　　　[켜쌓기]

- 골쌓기 : 비교적 안정되고, 견치돌이나 비교적 큰 돌을 사용할 수 있으므로 흔히 사용하는 돌쌓기 방법으로 막쌓기라고도 한다.
- 켜쌓기 : 돌의 면 높이를 같게 하여 가로줄눈이 일직선이 되도록 쌓는 방법으로서 바른층쌓기라고도 한다.

09 벌기령이 40년, 갱신기가 3년일 때의 윤벌기를 계산하시오.

정답

40 + 3 = 43년

10 노선측량의 결과 교각이 120°인 교각점에 곡선반지름 25m인 곡선을 설치하고자 한다. 접선길이와 곡선길이를 구하시오(소수점 셋째자리에서 반올림).

1) 접선길이

2) 곡선길이

1) 접선길이(TL) = $R\tan\left(\dfrac{\theta}{2}\right)$ = $25 \times \tan\left(\dfrac{120}{2}\right)$ = 25×1.7321 ≒ 43.30m(소수점 셋째자리에서 반올림)

2) 곡선길이(CL) = $\dfrac{2\pi \cdot R \cdot \theta}{360}$ = $0.017453 \times 25 \times 120$ ≒ 52.36m(소수점 셋째자리에서 반올림)

11 전림, 즉 작업급의 생장량 4m³, ha당 법정축적이 110m³일 때 법정축적법의 카메랄탁세법에 의하여 ha당 표준벌채량을 구하시오(ha당 현실축적 90m³, 갱정기 20년).

$4\text{m}^3 + \dfrac{90\text{m}^3 - 110\text{m}^3}{20} = 3\text{m}^3$

12 유역면적이 1ha이고 최대시우량이 90mm/ha일 때 시우량법에 의한 계획지점에서의 최대홍수량을 수하시오(단, 유거계수 $k=0.8$로 한다).

정답

- 시우량법 $Q = k \times \dfrac{a \times \dfrac{m}{1,000}}{60 \times 60}$

  여기서, Q : 1초 동안의 유량(m^3/sec)

  　　　　k : 유거계수(유역 내 우량과 하천의 유거량과의 비)

  　　　　a : 유역면적(m^2)

  　　　　m : 최대시우량(mm/hr)

- 최대홍수량 $Q = 0.8 \times \dfrac{10,000 \times \dfrac{90}{1,000}}{3,600} = 0.8 \times \dfrac{900}{3,600} = 0.2 m^3$/sec

13 다음 [보기]의 각 소반의 임상명칭을 쓰시오.

┌─[보기]──────────────────────────────────────┐

1) 침엽수 76%, 활엽수 24%

2) 침엽수 20%, 활엽수 80%

3) 침엽수 12%, 활엽수 88%

4) 침엽수 30%, 활엽수 70%

5) 침엽수 95%, 활엽수 5%

└──┘

1)	2)
3)	4)
5)	

정답

1) 침엽수림　　　　　　　　　2) 활엽수림

3) 활엽수림　　　　　　　　　4) 혼효림

5) 침엽수림

14 벌기령 50년인 소나무를 개벌하여 1,000만원, 간벌 20년 100만원, 30년 200만원, 조림비가 50만원, 관리비로 매년 3만원, 이율이 6%일 때 임지기망가를 구하시오.

정답

임지기망가

$$= \frac{10,000,000원 + (1,000,000원 \times 1.06^{(50-20)}) + (2,000,000원 \times 1.06^{(50-30)}) - 500,000원 \times 1.06^{50}}{1.06^{50} - 1}$$

$$- \frac{30,000원}{0.06} = 243,258.86 ≒ 243,259원$$

15 기고식을 이용하여 기계고, 지반고를 구하시오.

S.P.	B.S.	I.H.	F.S.		G.H.	Remarks
			T.P.	I.P.		
B.M.No.0	2.30					
1				3.20		
2				2.50		
3	4.25		1.10			
4				2.30		
5				2.10		
6			3.50			

정답

S.P.	B.S.	I.H.		F.S.		G.H.	Remarks
				T.P.	I.P.		
B.M.No.0	2.30	103.15	I.H. = 100.85 + 2.30			100.85	B.M.No.0의 H = 100.85m
1					3.20	99.95	G.H. = 103.15 - 3.20
2					2.50	100.65	G.H. = 103.15 - 2.50
3	4.25	106.30	I.H. = 102.05 + 4.25	1.10		102.05	G.H. = 103.15 - 1.10
4					2.30	104.00	G.H. = 106.30 - 2.30
5					2.10	104.20	G.H. = 106.30 - 2.10
6				3.50		102.80	G.H. = 106.30 - 3.50

01 해안사방의 기본공정 4가지를 쓰고 설명하시오.

정답

- 퇴사울세우기 : 바다 쪽에서 불어오는 바람에 의해 날리는 모래를 억류하고 퇴적시켜서 사구를 조성하는 목적의 공작물
- 모래덮기 : 초류의 종자를 파종하고 거적으로 덮어주는 공법으로 퇴사울타리공법과 인공모래 쌓기공법으로 조성된 사구를 그대로 방치하면 바람에 의하여 침식되어 이미 조성된 사구가 파괴되므로 이것을 방지하기 위하여 설치하는 공법
- 파도막이 : 고정된 사구가 예측되지 않는 파도에 의해 침식되지 않도록 사구의 앞에 설치하는 공작물
- 정사울세우기 : 주로 전사구의 육지 쪽에 후방모래를 고정하여 그 표면에 전면적인 모래의 안정을 도모하고 식재목이 잘 생육할 수 있도록 환경을 조성하는 목적으로 시행
- 사지식수공법 : 해안사지를 조속히 산림으로 조성하기 위한 식수공법

02 산림경영에서 작업급의 정의를 쓰시오.

정답

작업급은 동일경영구(사업구)안에 있어서 일정의 수종, 같은 작업종과 윤벌기의 공통적인 시업목적으로써 결합된 산림을 말한다. 따라서 연년작업급에 있어서는 수확보속의 원칙은 작업급을 단위로 하여 행하여지고, 벌채량이 조정되고 또 표준벌채량이 결정된다.

03 어떤 임지의 벌기가 30년이고 주벌수익이 420만원, 간벌수익이 20년일 때 9만원, 25년일 때 36만원, 조림비가 ha당 30만원, 관리비가 1만 2천원, 이율은 6%일 때 임지기망가를 계산하시오.

정답

임지기망가

$$= \frac{4,200,000원 + (90,000원 \times 1.06^{(30-20)}) + (360,000원 \times 1.06^{(30-25)}) - 300,000원 \times 1.06^{30}}{1.06^{30} - 1}$$

$$- \frac{12,000원}{0.06}$$

$$= 457,720.208$$

$$\fallingdotseq 457,720원$$

04 산림구획을 위해 소반구획을 하는 경우를 4가지를 쓰시오.

- 산림의 기능(생활환경보전림, 자연환경보전림, 수원함양보전림, 산지재해방지림, 산림휴양림, 목재생산림 등)이 상이할 때
- 지종(입목지, 무립목지, 법정지정림 등)이 상이할 때
- 임종, 임상 및 작업종이 상이할 때
- 임령, 지위, 지리 또는 운반계통이 상이할 때

05 트랙터 집재작업 능률에 영향을 미치는 인자 3가지를 쓰시오(성능, 인력 제외).

임목의 소밀도, 경사, 토양상태, 단재적, 집재거리

06 법정림(개벌작업)에서 작업급의 윤벌기가 50년일 때 법정연벌률을 구하시오.

정답

$$법정연벌률 = \frac{200}{윤벌기(50)} = 4\%$$

07 임황조사에 들어가는 항목 6가지를 쓰시오.

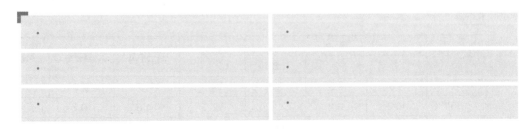

정답

임종, 임상, 수종, 혼효율, 임령, 영급, 수고, 경급, 소밀도

08 임도의 곡선반지름이 30m, 차량의 앞면과 뒷차축과의 거리가 6.5m인 경우 곡선부에서의 확폭량을 구하시오(소수점 둘째자리에서 반올림).

> **정답**

$$확폭량 = \frac{6.5^2}{2 \times 30} = 0.7042 \fallingdotseq 0.7\text{m}$$

09 표준지 매목조사 결과 다음과 같이 수고가 조사되었다. 다음의 빈 칸을 채우시오.

흉고직경	본 수			합 계	평균수고	3점평균수고	적용수고
	1	2	3				
8	9.6	8.3					
10	10.2	11.3					
12	11.6	11.8	12.0				
14	12.1	11.9					
16	12.8						

> **정답**

흉고직경	본 수			합 계	평균수고	3점평균수고	적용수고
	1	2	3				
8	9.6	8.3		17.9	9.0	9.0	9
10	10.2	11.3		21.5	10.8	10.5	11
12	11.6	11.8	12.0	35.4	11.8	11.5	12
14	12.1	11.9		24.0	12.0	12.2	12
16	12.8			12.8	12.8	12.8	13

10 산지침식의 형태 중 빗물침식의 4가지 과정을 순서대로 설명하시오.

- 우격침식(우적침식, 타격침식) : 지표면의 토양입자를 빗방울이 타격하여 흙입자를 분산·비산 시키는 분산작용과 운반작용에 의하여 일어나는 침식현상
- 면상침식(증상침식, 평면침식) : 빗방울의 튀김과 표면유거수의 결과로써 일어나는 토양의 이동 현상
- 누구침식(누로침식, 우열침식) : 경사지에서 면상침식이 더 진행되어 구곡침식으로 진행되는 과도기적 침식 단계로 물이 모여서 세력이 점차 증대되어 하나의 작은 물길, 즉 누구를 진행하면 서 형성되는 침식형태
- 구곡침식(단수식계침식, 걸리침식) : 누구침식이 점점 진행되어 그 규모가 커져서 보다 깊고 넓은 침식구, 즉 구곡을 형성하는 침식형태

11 사방댐 하류에 앞댐을 설치하는 목적과 요구사항을 각각 2가지씩 쓰시오.

1) 설치목적

   •

   •

2) 요구사항

   •

   •

정답

1) 설치목적
- 본댐의 앞댐 사이에 물방석이 설치되므로 낙수의 충격력을 약화시킴
- 본댐 반수면 하단의 세굴을 방지

2) 요구사항
- 본댐과 앞댐의 중복 높이 : 앞댐은 본댐의 높이가 높은 경우, 낙하석력의 지름이 큰 경우, 유량이 많은 경우, 세굴의 위험성이 큰 경우 설치
- 본댐과 앞댐의 간격 : 본댐과 앞댐의 간격이 클 경우 본댐의 월류의 수세가 강화되어 앞댐의 토사가 유출되고, 그 반대면 토사유출뿐 아니라 앞댐이 물의 충격을 받아 손상됨

12 산림면적이 18ha, 벌기평균재적이 180m^3, 1ha당 벌기재적이 200m^{3}일 때 개위면적을 구하시오.

정답

$$개위면적 = 18ha \times \frac{200}{180} = 20ha$$

13 임목 가공 상태에 따른 집재방법 3가지를 쓰고 설명하시오.

정답

- 전목생산방법 : 임분 내에서 벌도된 벌도목을 그래플 스키더, 케이블 크레인 등으로 끌어내어 임도변 또는 토장에서 지타·작동을 하는 작업형태
- 전간생산방법 : 임분 내에서 벌도와 지타를 실시한 벌도목을 트랙터, 케이블 크레인 등을 이용하여 임도변이나 토장까지 집재하여 원목을 생산하는 방법
- 단목생산방법 : 임분 내에서 벌도와 지타(가지자르기), 작동(통나무자르기)을 실시하여 일정규격의 원목으로 임목을 생산하는 방법

14 산비탈수로 해당 유역의 유거계수 1.0, 최대시우량 22.62mm/h, 유역면적 10,000ha이다. 이 때 수로로 들어온 유량을 충분히 배출시킬 수 있도록 안전율을 25%주고 평균유속이 100mm/s일 때 이 수로의 단면적을 계산하시오(소수점 셋째자리에서 반올림).

정답

- 최대홍수유량 $= 1.0 \times \dfrac{10,000 \times \dfrac{22.62}{1,000}}{60 \times 60} = 1.0 \times \dfrac{226.2}{3,600} = 0.0628\text{m}^3/\text{sec}$

- 단면적 $= \dfrac{\text{유량}}{\text{유속}} = \dfrac{0.0628\text{m}^3/\text{sec}}{0.1\text{m}/\text{sec}} = 0.6280\text{m}^2$

안전율은 25%이므로 단면적은 25% 증가되어야 한다.

$\therefore \ 0.6280\text{m}^2 \times 1.25 = 0.7850\text{m}^2 = 0.79\text{m}^2$

15 다음은 기고식에 의한 종단측량 야장이다. 측점 6의 지반고를 구하시오.

S.P.	B.S.	I.H.	F.S.		G.H.	Remarks
			T.P.	I.P.		
B.M.No.0	2.30					
1				3.20		
2				2.50		
3	4.25		1.10			
4				2.30		
5				2.10		
6			3.50			

정답

102.80

해설

S.P.	B.S.	I.H.		F.S.		G.H.	Remarks
				T.P.	I.P.		
B.M.No.0	2.30	103.15	I.H. = 100.85 + 2.30			100.85	B.M.No.0의 H = 100.85m
1					3.20	99.95	G.H. = 103.15 − 3.20
2					2.50	100.65	G.H. = 103.15 − 2.50
3	4.25	106.30	I.H. = 102.05 + 4.25	1.10		102.05	G.H. = 103.15 − 1.10
4					2.30	104.00	G.H. = 106.30 − 2.30
5					2.10	104.20	G.H. = 106.30 − 2.10
6				3.50		102.80	G.H. = 106.30 − 3.50

01 다음의 기고식 야장에서 괄호안의 지반고와 기계고를 계산하시오.

S.P(측점)	B.S(후시)	F.S		I.H(기계고)	G.H(지반고)	비 고
		T.P(이기점)	I.P(중간점)			
B.M. 0	0.90			(①)	10.00	
1			1.25		(②)	
2			1.45		(③)	
3	1.25	1.15		(⑤)	(④)	
4			0.85		(⑥)	
5	1.32	0.45		(⑧)	(⑦)	
6			0.64		(⑨)	
B.M.1		1.24			(⑩)	

①   ②   ③   ④

⑤   ⑥   ⑦   ⑧

⑨   ⑩

정답

① 10.90, ② 9.65, ③ 9.45, ④ 9.75, ⑤ 11.00, ⑥ 10.15 ⑦ 10.55, ⑧ 11.87, ⑨ 11.23, ⑩ 10.63

해설

S.P(측점)	B.S(후시)	F.S		I.H(기계고)	G.H(지반고)	비 고
		T.P(이기점)	I.P(중간점)			
B.M. 0	0.90			10.90	10.00	10.00 + 0.90 = 10.90
1			1.25		9.65	10.90 − 1.25 = 9.65
2			1.45		9.45	10.90 − 1.45 = 9.45
3	1.25	1.15		11.00	9.75	10.90 − 1.15 = 9.75 9.75 + 1.25 = 11.00
4			0.85		10.15	11.00 − 0.85 = 10.15
5	1.32	0.45		11.87	10.55	11.00 − 0.45 = 10.55 10.55 + 1.32 = 11.87
6			0.64		11.23	11.87 − 0.64 = 11.23
B.M.1		1.24			10.63	11.87 − 1.24 = 10.63

※ 괄호값은 직접 계산하여야 함(G.H + B.S = I.H, I.H − F.S = G.H)

02 산림경영계획에서 소반기재요령을 쓰시오.

정답

- 면적 : 1ha 이상으로 구획하되 부득이한 경우에는 소수점 한자리까지 기록한다.
- 번호부여방법 : 임반 번호와 같은 방향으로 소반명을 1-1-1, 1-1-2, 1-1-3…연속되게 부여하고, 보조소반의 경우에는 연접된 소반의 번호에 1-1-1-1, 1-1-1-2…로 표기한다.
- 구획요건 : 지형지물 또는 유역경계를 달리하거나 시업상 취급을 다르게 할 구역은 소반을 달리 구획하고, 소반내에서 이용형태, 수종그룹, 계획상 계획기간 동안 달리 취급할 필요가 있는 경우 보조소반을 편성하고 이때 보조소반은 장기적으로 독립해서 취급하지 않는다.
  - 기능(수원함양림, 산지재해방지림, 자연환경보전림, 목재생산림, 산림휴양림, 생활환경보전림)이 상이할 때
  - 지종(입목지, 미입목지, 제지, 법정지정림)이 상이할 때
  - 임종, 임상, 작업종이 상이할 때
  - 임령, 지위, 지리 또는 운반계통이 상이할 때

03 해안사지 조림용 수종이 갖추어야 할 요건 4가지를 쓰시오.

정답

• 양분과 수분에 대한 요구가 적을 것
• 온도에 대한 급격한 변화에도 잘 견디어 낼 것
• 비사, 조풍, 한풍 등의 피해에도 잘 견디어 낼 것
• 바람에 대한 저항력이 클 것
• 울폐력이 좋고 낙엽, 낙지 등에 대해 지력을 증진시킬 수 있는 것
※ 산지사방용 수종으로 요구되는 조건
  • 생장력이 왕성하여 잘 번무할 것
  • 뿌리의 자람이 좋고, 토양의 긴박력이 클 것
  • 척악지, 건조, 한해, 풍해 등에 대하여 적응성이 클 것
  • 갱신이 용이하게 되고, 가급적이면 경제가치가 높을 것
  • 묘목의 생산비가 적게 들고, 대량생산이 잘 될 것
  • 토양개량효과가 기대될 것
  • 피음에도 어느 정도 견디어 낼 것
• 우리나라에서 치산녹화용으로 식재되고 있는 주요 사방조림수종으로는 리기다소나무, 곰솔,
  물(산)오리나무, 물갬나무, 사방오리나무, 아까시나무, 싸리, 참싸리 등이 있으며, 이들 중에
  서 사방오리나무는 내한성이 약하여 남부지방에서 적합하고, 3-4년생 곰솔이 해안사지 조림
  용으로 적합한 수종이다.

04 임도를 측량할 때에 있어 교각법을 이용하는 곡선을 설정하고자 한다. 곡선반지름이 12m이고 내각이 60°일 때 외선길이 및 곡선길이를 구하시오(소수점 첫째자리에서 반올림).

1) 외선길이(ES)

2) 곡선길이(CL)

정답

※ 내각이 60°이므로, 교각$(\theta) = 180° - 60° = 120°$, $\sec\theta = 1/\cos(\theta)$

1) 외선길이(ES) $= R \times \{\sec(\theta/2) - 1\} = 12 \times \{\sec(120°/2) - 1\} = 12 \times \{(1/\cos(60°)) - 1\}$
   $= 12 \times (2 - 1) = 12\text{m}$

2) 곡선길이(CL) $= \dfrac{2\pi \cdot r \cdot \theta}{360} = 0.017453R \cdot \theta = 2 \times 3.14 \times 12 \times (120°/360°)$
   $= 25.12\text{m} ≒ 25\text{m}$

05 경사도가 25°인 곳에서 2m 높이로 단끊기를 하여 계단을 설치하고자 한다. 1ha의 계단연장 길이를 구하시오.

정답

연장길이 $= \dfrac{A(\text{면적}) \times \tan 25°}{H(\text{높이})} = \dfrac{10,000 \times \tan 25°}{2} = \dfrac{10,000 \times 0.4663}{2} = 2,331.5\text{m}$

06 타이어바퀴식 트랙터와 비교하여 크롤러바퀴식 타이어의 특징 4가지를 쓰시오.

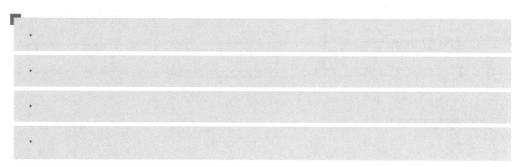

- 견인력이 크고 접지면적이 커서 연약지만, 험한 지형에서도 주행성이 양호하며, 작업도에 대한 피해가 적다.
- 중심이 낮아 경사지에서의 작업성과 등판력이 우수하다.
- 회전반지름이 작다.
- 중량이 무겁고 속도가 낮으며 기동력이 떨어진다.
- 가격이 고가이고 수리유지비가 타이어 바퀴식보다 많이 소요된다.
※ 타이어 바퀴식
    - 가격이 비교적 저렴하고 운전 및 보수가 용이하다.
    - 무게가 가볍고 고속주행이 가능하여 기동력이 우수하다.
    - 회전반지름이 크다.
    - 중심이 높고 접지면적이 작아 경사지에서의 작업성과 등판력이 떨어진다.
    - 작업을 위해 여러번 주행하게 되면 작업임도 등에 대한 피해가 커진다.

07 임업이율 성격 4가지를 쓰시오.

- 임업이율은 대부이자가 아니고 자본이자이다.
- 임업이율은 현실이율이 아니라 평정이율이다.
- 임업이율은 실질적 이율이 아니라 명목적 이율이다.
- 임업이율은 장기이율이다.

08 임도구조 종류별 기울기 설치이유를 쓰시오.

1) 횡단기울기

2) 회쪽기울기

3) 합성기울기

정답

1) 일반차도에서 중앙부를 높게 하고 양쪽 길가 쪽을 낮게 하여 배수의 목적으로 설치한다. 포장하지 않은 노면(사리도)은 3~5%, 포장한 노면은 1.5~2%로 하며, 작업임도는 최대 20% 범위에서 조정한다.

2) 차량이 곡선부를 통과하는 경우 원심력에 의해 바깥쪽으로 나가려는 힘이 생기므로 안전하고 쾌적한 주행을 위해 곡선부 노면 바깥쪽을 높게 하는데 8% 이하로 하며, 작업임도는 옆도랑을 설치하지 아니하는 경우에는 3~5% 내외가 되도록 한다.

3) 종단기울기와 횡단기울기를 합성한 기울기로, 자동차가 곡선구간 주행 시 보통노면보다 더 급한 합성기울기가 발생되므로 곡선저항에 의한 차량의 저항이 커져 주행에 좋지 않은 영향을 미치게 된다. 따라서 원활한 주행을 위하여 일반적으로 12% 이하로 규정하나 불가피한 경우 간선임도 13% 이하, 지선임도 15% 이하, 노면포장 하는 경우 18% 이하, 작업임도 최대 20% 이하로 한다.

09 입목도, 소밀도, 지위의 정의를 각각 쓰시오.

1) 임목도

2) 소밀도

3) 지 위

정답

1) 같은 지위와 같은 나이를 가진 수종을 기준으로 정상임분(법정임분재적)의 축적에 대한 현실 임분의 축적을 100분율로 표시(현실축적/법정축적×100)한다. 다만 재적산출이 곤란한 임분 에 대해서는 임목 본수에 의하여 산정한다.

2) 조사면적에 대한 임목의 수관면적이 차지하는 비율을 100분율로 표시한다.
   - 수관밀도가 40% 이하인 임분은 '소'로 구분하고 약어(')로 표기
   - 수관밀도가 41~70%인 임분은 '중'으로 구분하고 약어(")로 표기
   - 수관밀도가 71% 이상인 임분은 '밀'로 구분하고 약어(‴)로 표기

3) 임지생산력 판단지표를 상·중·하로 구분하고, 우세목의 수령과 수고를 측정하여 지위지수 표에서 지수를 찾거나 임목자원 평가프로그램에 의거 산정(직접조사법)하며, 산림입지조사 자료를 활용(간접조사법)할 수도 있다. 침엽수는 주 수종을 기준으로 하고, 활엽수는 참나무를 적용한다.

10 임도비탈면 시공과정상 토사의 안식각에 대해 설명하시오.

정답

지반을 수직으로 깎아내면 시일이 지남에 따라 흙이 무너져 내려 물매가 완만해지는데, 어떤 각도에 이르면 영구히 안정을 유지하는 영구 안정된 비탈면이 수평면과 이루는 각을 말한다. 모래와 점토지반의 휴식각은 함수율에 따라 약간 차이가 있으나, 습윤상태의 진흙의 휴식각은 20~45°, 습윤상태의 모래의 휴식각은 20~35°이다. 안식각의 특징은 토사의 종류, 함수량에 따라 변화하며, 흙파기 경사의 안정은 흙의 밀실도에 따라 다르고, 흙파기의 경사각은 휴식각의 2배로 본다.

11 오스트리안 공식에 대해 설명하시오

정답

오스트리안(Austrian) 공식은 재적 조절법 중의 하나로 총축적을 높이거나 낮추어 조정하는 방법이며, 다음과 같이 나타낸다.
표준연벌량 = 연년생장량(I) + [현실임분의 축적 − 법정축적(표준이 되거나 수확표의 축적)] ÷ 갱정기(정리기)

12 임도설계의 업무 순서를 쓰시오.

정답

예비조사–답사–예측–실측–설계도작성–공사수량산출–설계서작성

13 계저 폭 5.0m, 수심 1.0m, 수면 폭 7.0m 수로 횡단면적, 윤주, 평균깊이를 구하시오.

1) 수로 횡단면적

2) 윤 주

3) 평균깊이

정답

1) 수로 횡단면적(역사다리꼴, 유적) $= \dfrac{7.0\text{m}+5.0\text{m}}{2} \times 1\text{m} = 6\text{m}^2$

2) 윤주(윤변) = 계저 폭 5m + 역사다리꼴 빗면 $\sqrt{2} \times 2$개소 $= 5 + 1.414 \times 2 = 7.828\text{m}$

3) 경심(수리평균심, 동수반지름) $= \dfrac{유적}{윤변} = \dfrac{6}{7.828} = 0.7675\text{m}$

14 수익환원법에 의한 임목평가액을 설명하시오

정답

벌기 미만 장령림의 임목평가(수익방식) 방식의 하나인 수익환원법은 예상이익을 연간적으로 계산하는 방식으로, 택벌림 또는 연년보속작업을 전제로 하는 임지의 평가방법이다. 평가 대상 임목으로부터 매년의 예상이익(예상수익과 예상비용의 차이)을 현재의 가치로 환산하여 임목의 가치를 평가한다(무한연년이자식의 전가 계산).

01 말구직경 22cm, 중앙직경 26cm, 원구직경 32cm, 재장이 4m일 때 후버식과 스말리안식으로 재적을 계산하시오(소수점 셋째자리에서 반올림).

1) 후버식

2) 스말리안식

정답

1) 후버식

$3.14 \times 0.13^2 \times 4 = 0.2123 \fallingdotseq 0.21 \text{m}^3$

2) 스말리안식

$$\frac{(3.14 \times 0.11^2) + (3.14 \times 0.16^2)}{2} \times 4 = \frac{0.0380 + 0.0804}{2} \times 4 = 0.0592 \times 4 = 0.2368 \fallingdotseq 0.24 \text{m}^3$$

02 윤벌기와 벌기령의 차이점 3가지를 설명하시오.

정답

- 윤벌기는 작업급 개념, 벌기령은 임목·임분의 개념이다.
- 윤벌기는 기간개념이고, 벌기령은 연령개념이다.
- 윤벌기는 작업급을 일순벌 하는 데 소요하는 기간이고, 벌기령은 임목 그 자체의 생산기간을 나타내는 예상적 연령개념이다.

03 황폐계류를 구분하고 설명하시오.

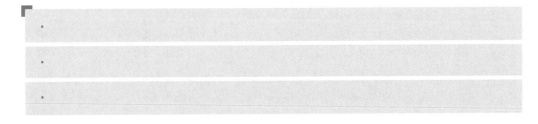

정답

- 토사생산구역 : 황폐계류의 최상부로 토사의 생산이 왕성한 구역이다.
- 토사유과구역 : 토사생산구역에 접속된 구역으로, 토사생산구역에서 생산된 토사를 운송하는 구간이다.
- 토사퇴적구역 : 황폐계류의 최하부로 운송토사의 대부분을 이곳에 퇴적하여 계상을 높인다.

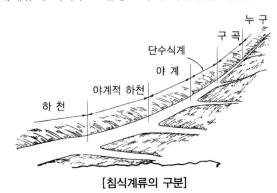

[침식계류의 구분]

04 평분법으로 산림수확조정 할 때의 문제점 4가지를 쓰시오.

```
•


•


•


•
```

정답

- 경영되고 있지 않은 임분에 관하여 요구되는 생장량 정보를 얻기 어려움(재적평분법)
- 벌채면적에 대한 조절이 어려워 산림의 법정상태의 방향에 대한 신뢰가 어려움(재적평분법)
- 수확될 재적에 관한 조절능력이 부족하여 경제변동에 대한 탄력성이 없음(면적평분법)
- 개별작업에만 적용이 가능(면적평분법)

05 국유림 경영목표 4가지를 쓰시오.

```
•


•


•


•
```

정답

- 보호기능 : 경관보호, 야생동물보호, 소음방지, 수자원보호, 토양보호, 기후보호, 대기질 개선
- 임산물 생산기능
- 휴양 및 문화기능
- 고용기능
- 경영수지개선

06 다음 그림에서 각 꼭짓점이 높이(m)를 나타낼 때 점고법을 이용한 전체 토량과, 절토량과 성토량이 균형을 이루는 시공면고(높이)를 구하시오(단, 각 구역의 면적은 32m²로 동일).

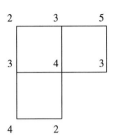

1) 전체 토량

2) 시공면고

정답

1) 전체 토량 $= 32 \times \sum H_1(2+5+3+2+4) + 2\sum H_2(3+3) + 3\sum H_3(4) + 4\sum H_4(0)/4$
   $= 32 \times (16+12+12)/4 = 320\text{m}^3$

2) 시공면고
   각 구역이 32m²이므로 32×3구역은 96m²이고, 체적이 320m³이므로 96×시공면고 = 320m³
   ∴ 시공면고 = 3.3m

07 잘못된 돌쌓기 방법을 4가지 이상 쓰시오.

정답

넷붙임, 셋붙임, 넷에움, 뜬돌, 거울돌, 떨어진돌, 꼬치쌓기, 선돌 및 누운돌, 이마대기, 포갠돌, 뾰족돌, 새입붙이기

08 Weise법으로 표준목의 흉고직경 구하는 방법을 설명하시오.

> **정답**

표준목의 흉고직경을 결정하는데 사용할 수 있는 하나의 방법으로, 임목을 직경이 작은 것부터 나열하였을 경우 작은 것에서부터 60%에 해당하는 위치에 있는 임목의 직경을 표준목의 직경으로 선택하는 것을 와이제법이라고 한다. 이 방법은 임상이 균일한 산림에 적용하면 좋은 값을 얻을 수 있고, 매목조사를 통하여 모든 임목의 직경을 측정하여야 하는 번거로움이 있으나, 비교적 흉고단면적법에 의하여 복잡하게 계산되는 표준목의 직경과 경험적으로 거의 일치하는 것으로 알려져 있다.

09 경사도를 5가지 구분하시오

-
-
-
-
-

> **정답**

구 분	경사도
완경사지(완)	15° 미만
경사지(경)	15~20° 미만
급경사지(급)	20~25° 미만
험준지(험)	25~30° 미만
절험지(절)	30° 이상

10 접선길이, 외선길이, 곡선길이 구하는 공식과 곡선부를 설치하지 않는 기준을 설명하시오.

1) 접선길이

2) 외선길이

3) 곡선길이

4) 곡선부를 설치하지 않는 기준

정답

1) 접선길이(TL) = $R\tan\left(\dfrac{\theta}{2}\right)$

2) 외선길이(ES) = $R\left[\sec\left(\dfrac{\theta}{2}\right) - 1\right]$

3) 곡선길이(CL) = $\dfrac{2\pi \cdot r \cdot \theta}{360}$

4) 곡선부 중심선 반지름은 내각이 155° 이상 되는 장소에 대하여는 곡선을 설치하지 아니할 수 있다. 배향곡선은 중심선 반지름이 10m 이상이 되도록 설치한다.

11 해안사방용 수종기준 4가지(병충해, 경제성, 온도변화 적응 등 제외)를 설명하시오.

정답

- 양분과 수분에 대한 요구가 적을 것
- 비사, 조풍, 한풍 등의 피해에도 잘 견디어 낼 것
- 바람에 대한 저항력이 클 것
- 울폐력이 좋고 낙엽, 낙지 등에 대해 지력을 증진시킬 수 있는 것

12 임도 설치를 위한 현지측량 결과가 다음과 같을 때 전체 구간에서 절토량을 구하시오.

측 점	절토 횡단면적
측점1	100m^2
측점2	200m^2
측점2 +5.0	300m^2

정답

- 측점1에서 측점2는 20m 간격으로, 절토량 = $(100 + 200)/2 \times 20m = 3,000m^3$
- 측점2에서 측점2 + 5.0은 5m 간격으로, 절토량 = $(200 + 300)/2 \times 5m = 1,250m^3$
- ∴ 전체 절토량 = $3,000 + 1,250 = 4,250m^3$

13 와이어로프의 폐기기준 4가지를 설명하시오.

·

·

·

·

정답

• 와이어로프 1피치 사이에 와이어소선의 끊어진 비율이 10%에 달하는 경우
• 와이어로프 지름이 공칭지름보다 7% 이상 마모된 것
• 킹크된 것
• 현저히 변형·부식된 것

14 30년 후 산주 임목 소득이 32,000,000원, 조림비 200,000원/ha에 10ha, 이자율 4%일 때, 산주의 순현재가치는?

정답

• 식재가치(비용)의 현재가 $= \dfrac{2,000,000원(200,000원 \times 10ha)}{1.04^{30}} = 2,000,000원 \times 0.3083$

$= 616,600원$

• 수익의 현재가 $= \dfrac{32,000,000원}{1.04^{30}} = 32,000,000원 \times 0.3083 = 9,865,600원$

∴ 순현재가치 = 수익의 현재가 − 식재가치(비용)의 현재가

$= 9,865,600원 - 616,600원 = 9,249,000원$

15 면적 36km², 최대시우량 50mm/hr, 유거계수 0.5일 때 최대홍수유량은?

정답

최대홍수유량 $Q = \dfrac{1}{3.6} CIA = 0.2778\,CIA$

여기서, C : 유출계수

I : 강우강도(mm/h)

A : 유역면적(km²)

$\therefore\ Q = \dfrac{1}{3.6} \times 0.5 \times 50 \times 36 = 250\text{m}^3/\text{sec}$

2022년 3회 기출복원문제

01 급경사지 지그재그방식 임도노선과 완경사지 대각선방식 임도노선을 그림으로 그리고 설명하시오.

정답

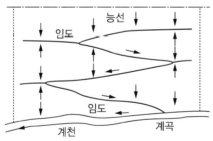

[급경사지 지그재그방식 임도노선]

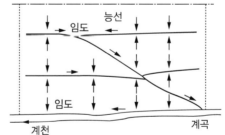

[완경사지 대각선방식 임도노선]

02 다공정 임업기계(하베스터, 펠러벤처)의 단점 4가지를 쓰시오(가격 제외).

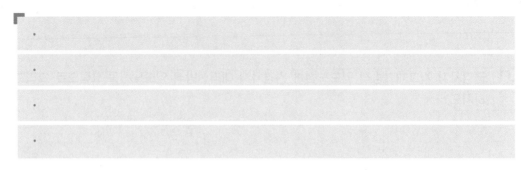

정답

- 급경사지에서는 주행이 어려워 완경사지나 평지 그리고 임상이 균일한 임지 내에서만 작업이 제한된다.
- 수익작업을 위해 경제적으로 운용할 수 있는 임상이나 작업계획이 필요하다.
- 1인 작업용이므로 숙련도가 높은 조종원이 확보되어야 한다.
- 자동화 기능이 많이 탑재되어 고장 시 수리 비용과 기간이 많이 요구된다.

03 연년생장량 및 평년생장량 비교 4가지 설명하시오

정답

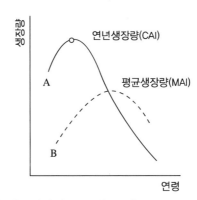

- 처음에는 연년생장량(A)이 평균생장량(B)보다 크다.
- 연년생장량(A)은 평균생장량(B)보다 빨리 극대점을 갖는다.
- 평균생장량(B)의 극대점에서 두 생장량의 크기는 같다.
- 평균생장량(B)이 극대점에 이르기까지 연년생장량(A)이 평균생장량(B)보다 크다.
- 임목은 평균생장량(B)이 극대점에 이를 때 벌채하는 것이 좋다.

04 다음 ( )에 들어갈 용어를 쓰시오.

- (①)이라 함은 국민의 정서함양·보건휴양 및 산림교육 등을 위하여 조성한 산림(휴양시설과 그 토지)을 말한다.
- (②)이란 국민의 건강증진을 위하여 산림 안에서 맑은 공기를 호흡하고 접촉하며 산책 및 체력단련 등을 할 수 있도록 조성한 산림(시설과 그 토지를 포함)을 말한다.
- (③)란 향기, 경관 등 자연의 다양한 요소를 활용하여 인체의 면역력을 높이고 건강을 증진시키는 활동을 말한다.
- (④)이란 산림 안에서 텐트와 자동차 등을 이용하여 야영을 할 수 있도록 적합한 시설을 갖추어 조성한 공간(시설과 토지를 포함)을 말한다.

①	②
③	④

정답

① 자연휴양림, ② 산림욕장, ③ 산림치유, ④ 숲속야영장

해설

정의(산림문화·휴양에 관한 법률 제2조)

2. '자연휴양림'이라 함은 국민의 정서함양·보건휴양 및 산림교육 등을 위하여 조성한 산림(휴양시설과 그 토지를 포함)을 말한다.

3. '산림욕장'(山林浴場)이란 국민의 건강증진을 위하여 산림 안에서 맑은 공기를 호흡하고 접촉하며 산책 및 체력단련 등을 할 수 있도록 조성한 산림(시설과 그 토지를 포함)을 말한다.

4. '산림치유'란 향기, 경관 등 자연의 다양한 요소를 활용하여 인체의 면역력을 높이고 건강을 증진시키는 활동을 말한다.

8. '숲속야영장'이란 산림 안에서 텐트와 자동차 등을 이용하여 야영을 할 수 있도록 적합한 시설을 갖추어 조성한 공간(시설과 토지를 포함)을 말한다.

05 단끊기의 특징 2가지를 쓰시오.

-
-

정답

- 계단나비는 일반적으로 50~70cm로 하지만 비탈면의 물매가 급할때에는 계단나비를 좁게하여 상하 계단간의 비탈면 물매를 완만하게 해야한다.
- 계단의 간격은 지형이나 공종에 알맞게 결정되어야 하지만 수직높이는 비탈면의 물매에 따라 다르다. 시공 시의 계단끊기 작업은 비탈다듬기 공사 후 비를 1~2회 맞은 다음에 하는 것이 좋으며, 일반적으로 상부에서 하부로 시공한다.

06 직각수제, 상향수제, 하향수제의 두부 세굴정도와 퇴적의 특성을 쓰시오.

1) 직각수제

2) 상향수제

3) 하향수제

정답

1) 직각수제 : 수제 사이의 중앙에 토사의 퇴적이 생기고, 두부에서 계상의 세굴작용이 비교적 약하다.
2) 상향수제 : 수제 사이 사력토사의 퇴적이 하류계안과 수제에 따라 일어나는데, 직각수제나 하향수제의 경우보다 많이 퇴적되고, 두부에서 계상의 세굴작용이 가장 강하다.
3) 하향수제 : 수제 사이 사력토사의 퇴적이 직각수제보다 적고, 두부에서 계상의 세굴작용이 가장 약하다.

07 사방댐 안정조건에 대해 설명하시오.

정답

- 전도에 대한 안정조건 : 합력(R)작용선이 제저(CD)의 중앙 1/3보다 하류측을 통과하면 댐몸체의 상류측에 장력이 생기므로 합력작용선이 제저의 1/3내를 통과해야 한다.
- 활동에 대한 안정조건 : 활동에 대한 저항력의 총화가 원칙적으로, 수평외력의 총화 이상으로 되어야 한다.
- 제체의 파괴에 대한 안정조건 : 제체 각부에 작용하는 응력도는 제체 각부를 구성하는 재료의 허용응력도를 초과하지 않아야 한다.
- 기초지반의 지지력에 대한 안정조건 : 댐밑에 발생하는 최대응력이 기초지반의 허용지지력을 초과하지 않아야 한다.

08 감가상각비에서 정액법과 정률법을 설명하시오.

1) 정액법

2) 정률법

정답

1) 정액법 : (취득원가 − 잔존가격) × 상각율 = 각 사업년도의 상각비
   잔존가격은 일반적으로 취득원가의 10%, 상각율은 1/내용년수이다. 정액법에 의하면 매년 일정액의 감가상각비를 계산할 수 있다.

2) 정률법 : 일정한 비율(상각율)을 미리 계산하여 매년말 미상각잔고에 그 상각율을 적용하여 그 년도의 상각액을 산출하는 방법을 되풀이하는 것이다. 상각율의 결정은 다음식과 같이 구한다.
   취득원가 × 상각율 = 1년째의 상각비, 미상각잔고 × 상각율 = 2년째 이후의 상각비
   상각율 $r = 1 - n\sqrt{(잔존가격)/(취득원가)}$

※ 감가상각 자산의 상각율표(내용년수 10년일 경우)

내용년수		2	3	4	5	6	7	8	9	10
상각율	정액법	0.500	0.333	0.250	0.200	0.166	0.142	0.125	0.111	0.100
	정율법	0.684	0.536	0.438	0.369	0.319	0.280	0.250	0.226	0.206

09 시장가역산법에 대해 설명하시오.

보통림에서 벌기 이상의 임목에 대하여는 제품(원목, 목탄 등)의 시장매매가, 즉 시가를 조사하여 역산으로 간접적으로 임목가를 사정하는 시장 가역산법이 적용된다. 표준목의 원목재적을 임목 간재적(전체임목재적)으로 나눈 것을 조재율(이용률)이라 하는데 일반적으로 침엽수는 0.7~0.9, 활엽수는 0.4~0.7이다.

$$x = f\left(\frac{a}{1+mp+r} - b\right)$$

여기서, x : 단위 재적당(m^3) 임목가 f : 조재율(이용률)

　　　　a : 단위 재적당 원목의 시장가 m : 자본 회수기간

　　　　b : 단위 재적당 벌채비, 운반비, 사업비 등의 합계

　　　　p : 월이율 r : 기업이익률

10 입목도에 대해 설명하시오.

이상적인 임분의 재적 또는 흉고단면적에 대한 실제 임분의 재적 또는 흉고단면적의 비율

예 실제 임분의 흉고단면적이 80인데 총 점유면적은 120이 되어야 한다면, 참조 임분에 대한 축적비율은 (80/120)×100, 즉 입목도는 67%

11 평면적과 사면적이 각각 1ha이고, 경사각이 30°, 직고가 1.5m일 때 계단연장을 구하시오.

1) 평면적법

2) 사면적법

정답

1) 평면적법

$$\frac{평면적 \times \tan(경사각)}{직고} = \frac{10,000 \times \tan 30}{1.5} = 3,849m$$

2) 사면적법

$$\frac{사면적}{1/\sin(경사각) \times 직고} = \frac{10,000}{(1/\sin 30) \times 1.5} = 3,333m$$

12 지선임도밀도가 5m/ha일 때의 임도간격과 임도개발지수를 구하시오.

1) 인도간격

2) 임도개발지수

정답

1) 임도간격 = $10,000m^2 / 5m/ha = 2,000m$
2) 개발지수 = (평균집재거리 × 임도밀도)/2,500 = (500 × 5)/2,500 = 1
   평균집재거리 = 2,000 × (1/4) = 500m

13 수직외력 49.68톤, 수평외력 21.60톤, 최대압력강도 22.4톤/m²일 때 사방댐에서 활동에 대한 안정과 제체의 파괴에 대한 안정을 양 조건에 대한 정의와 연결해서 설명하시오.

정답

- 사방댐이 수평외력을 받아 활동함에 대하여 저항하는 힘은 응집력과 마찰력에 있다. 그러나 보통 응집력은 고려하지 않는데 이와 같은 활동에 대해 안정하려면 다음 식이 필요하다.
  제저와 기초지반과의 마찰계수≥(수평분력의 총합)/(수직 분력의 총합)
  단, 여기서 일반적으로 마찰계수는 찰쌓기 돌댐의 경우 0.75, 콘크리트 댐의 경우는 1.0을 적용한다. 따라서 주어진 조건을 대입하면, 제저와 기초지반과의 마찰계수(0.75) ≥ (21.60)/(49.68) = 0.4348가 되므로 사방댐은 활동하지 않아 안정하다.
- 사방댐이 제체에서 임의 개소의 최대응축력과 인장응력은 그 허용압축 및 인장강도를 초과하지 않아야 파괴에 대해 안정하다. 보통 콘크리트의 허용압축강도는 550톤/m²이고 제체의 반수면 제저 끝에 작용하는 최대압력강도(22.4톤/m²)이므로 제체는 파괴되지 않는다.

14 매튜스(Matthews) 임도밀도이론을 설명하시오.

임도의 개설이 늘어감에 따라 임도밀도가 증가되어 집재비, 조재비, 관리비는 낮아지지만 임도개설비, 임도 유지관리비, 운재비는 증가한다. Matthews는 생산원가관리이론을 적용하여 임업생산비 중에서 임도개설연장의 증감에 따라서 현격하게 변화되는 주벌의 집재비용과 임도개설비의 합계를 가장 최소화시키는 적정임도밀도(Optimum Forest Road Density)와 적정임도간격(Optimum Forest Road Spacing)을 구명하였다. 즉, 임도간격이 크게 되면 단위재적당의 임도비용은 감소하지만 집재거리가 길어져서 단위재적당의 집재비용은 증가한다. 그러나 이들 두 비용을 합한 합계비용은 임도간격이 좁거나 넓으면 모두 증가하나 어느 한 지점에서 가장 적어진다. 이 점이 적정임도간격이고 적정임도간격은 양자의 교점에 해당되는 지점이 된다.

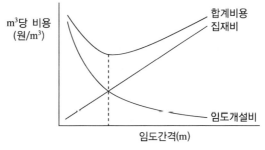

[적정 임도가격 산출 모식도]

15 선형계획법 전제조건을 쓰고 설명하시오.

정답

선형계획법은 산림수확조절을 위하여 가장 널리 사용되는 경영과학적 기법 중의 하나로, 하나의
목표 달성을 위하여 한정된 자원을 최적 배분하는 수리계획법의 일종이며, 선형계획모형의 전제
조건은 다음과 같다.

- 비례성 : 선형계획모형에서 작용성과 이용량은 항상 활동수준에 비례하도록 요구된다. 선형계
  획모형의 이러한 특성은 '비례성 전제'라고 하는 표현으로 알려져 있다.
- 비부성 : 의사결정변수 X_1, X_2, …, X_n은 어떠한 경우에도 음(−)의 값을 나타내서는 안 된다.
- 부가성 : 두 가지 이상의 활동이 동시에 고려되어야 한다면 전체생산량은 개개 생산량의 합계와
  일치해야 한다. 즉, 개개의 활동 사이에 어떠한 변환작용도 일어날 수 없다는 것을 의미한다.
- 분할성 : 모든 생산물과 생산수단은 분할이 가능해야 한다. 즉, 의사결정변수가 정수는 물론
  소수의 값도 가질 수 있다는 것을 의미한다.
- 선형성 : 선형계획모형에서는 모형을 정하는 모든 변수들의 관계가 수학적으로 선형함수, 즉
  1차함수로 표시되어야 한다.
- 제한성 : 선형계획모형에서 모형을 구성하는 활동의 수와 생산방법은 제한이 있어야 한다.
  그래서 제한된 자원량이 선형계획모형에서 제약조건으로 표시되며, 목적함수가 취할 수 있는
  의사결정변수 값의 범위가 제한된다.
- 확정성 : 선형계획모형에서 사용되는 모든 매개변수(목적함수와 제약조건의 계수)들의 값이
  확정적으로 이러한 값을 가져야 한다는 것을 의미한다. 즉, 이것은 선형계획법에서 사용되는
  문제의 상황이 변하지 않는 정적인 상태에 있다고 가정하기 때문이다.

01 빗물에 의한 토양침식 현상을 단계별로 쓰고 설명하시오.

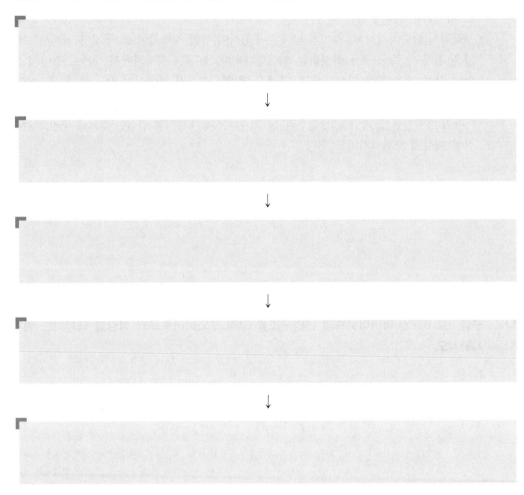

- 우격침식(우적침식, 타격침식) : 지표면의 토양입자를 빗방울이 타격하여 흙입자를 분산, 비산
- 면상침식(증상침식, 평면침식) : 빗방울의 튀김과 표면유거수의 결과로서 일어나는 토양의 이동
- 누구침식(누로침식, 우열침식) : 경사지에서 면상침식이 더 진행되어 구곡침식으로 진행되는 과도기적 침식 단계로 물이 모여서 세력이 점차 증대되어 하나의 작은 물길, 즉 누구를 진행하면서 형성되는 침식형태
- 구곡침식(단수식계침식, 걸리침식) : 누구침식이 점점 진행되어 그 규모가 커져서 보다 깊고 넓은 침식구, 즉 구곡을 형성하는 침식형태이다. 누구는 경사지에서 쟁기로 갈아서 그 골이 없어 질 수 있는 작은 침식구이고, 구곡은 쟁기로 갈아서 없어지지 않는 큰 침식구이다. 한편 구곡이 더 진행되어 그 나비가 넓어진 것을 심곡이라고도 한다.
- 야계침식(계천침식, 계간침식) : 우리나라의 야계사방대상지와 밀접한 것으로 구곡 또는 하천침식의 대상에 포함시키기도 한다.

02 구성기호 6/7인 와이어로프의 단면구조를 그리고 와이어로프의 직경을 측정하는 위치를 표시하시오.

구성기호 6/7인 와이어로프는 소선이 7개 소선(와이어)이 뭉쳐진 6개의 스트랜드로 구성되며 직경을 측정하는 위치는 다음과 같다.

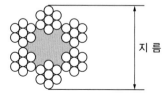

03 전체면적 50ha의 임지에서 ha당 평균생장량 4m³이고, ha당 현실축적 390m³, ha당 법정축적 410m³, 조정계수 0.7일 때 Heyer식에 의한 이 임지의 표준벌채량을 구하고(갱정기는 20년으로 함), 갱정기의 정의를 쓰시오.

정답

• Heyer의 표준벌채량 = (0.7 × 임분의 평균생장량) + [(현실축적 − 법정축적)/갱정기]

= (0.7 × 4m³) + [(390m³ − 410m³)/20] = 2.8m³ + [(−20m³)/20] = 1.8m³/ha

전체임분의 표준벌채량 = 1.8m³/ha × 50ha = 90m³

• 갱정기란 현실영급을 법적영급상태로 조정하는데 걸리는 기간인데 예를들어 현재의 임분축적이 법정축적보다 적을 경우 표준벌채량은 연간생장량보다 적어지게 되어 임분축적이 증대된다.

04 산림면적 1,000ha인 임분의 윤벌기가 50년이고, 1영급을 편성하는 영계수가 10개일 때 법정영급면적과 영급수를 구하시오.

1) 법정영급면적

2) 영급수

정답

1) 법정영급면적(A) = 산림면적(F)/벌기령(U) × n

여기서, n : 영급에 포함된 영계수

= 1,000ha/50년 × 10 = 200ha

2) 영급수 = 산림면적(F)/법정영급면적(A) = 1,000/200 = 5개

또는 윤벌기/영계수(50년/10개 = 5개)

05 골쌓기와 켜쌓기를 그림으로 그리시오.

정답

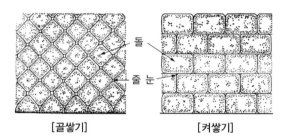

[골쌓기]　　　[켜쌓기]

- 골쌓기 : 비교적 안정되고, 견치돌이나 비교적 큰 돌을 사용할 수 있으므로 흔히 사용하는 돌쌓기 방법으로 막쌓기라고도 한다.
- 켜쌓기 : 돌의 면 높이를 같게 하여 가로줄눈이 일직선이 되도록 쌓는 방법으로서 바른층쌓기라고도 한다.

06 산림구획을 위한 소반을 구획하는 경우를 4가지 쓰시오.

정답

- 기능(수원함양림, 산지재해방지림, 자연환경보전림, 목재생산림, 산림휴양림, 생활환경보전림 등)이 상이할 때
- 지종(입목지, 무립목지, 법정지정림 등)이 상이할 때
- 임종, 임상, 작업종이 상이할 때
- 임령, 지위, 지리 또는 운반계통이 상이할 때

07 산림조사 야장에서 임령, 영급, 소밀도, 혼효율을 어떻게 기록하는지 각각 쓰시오.

1) 임령

2) 영급

3) 소밀도

4) 혼효율

정답

1) 임령 : 평균연령/최저임령~최고임령
   예 18/10~33
2) 영급 : 10년 단위로 로마자로 기입
   예 Ⅰ(1년~10년), Ⅱ(11~20년), Ⅲ(21~30년), Ⅳ(31~40년), Ⅴ(41~50년) ········Ⅹ(91~100
   년)으로 표시
3) 소밀도 : 입목의 수관면적 비율을 100분율로 표시
   예 소(′) : 수관밀도 40% 이하, 중(″) : 수관밀도 41~70%, 밀(‴) : 수관밀도 71% 이상
4) 혼효율 : 주요 수종의 수관점유면적비율 또는 임목본수(재적)비율에 의하여 100분율로 표시함

08 소단의 기능을 4가지 쓰시오.

-
-
-
-

정답

- 사면 유수의 흐름을 완화시켜 비탈면 침식을 보호
- 낙석 등을 잡아주어 비탈의 안정성을 높임
- 유지보수작업시 작업공간(발판)으로 활용
- 사면 분리로 보행자나 운전자의 심적 안정감을 높임
- 소단배수구 설치로 비탈면 지하수 배출능력 향상

09 임도의 설계속도가 30km/hr이고 종단물매 4%, 외쪽물매 3%일 때, 이 임도의 합성기울기를 구하고, 타이어마찰계수가 0.15일 때 최소곡선반지름을 구하시오.

1) 합성기울기

2) 최소곡선반지름

정답

1) 합성기울기 $S = \sqrt{i^2 + j^2}$

  $S^2 = 4^2 + 3^2 = 25$

  $\therefore\ S = 5\%$

2) 최소곡선반지름

  $V^2/127(f + i) = 30^2/127 \times (0.15 + 0.03) = 900/(127 \times 0.18) = 900/22.86 = 39.37$

  $\therefore\ V = 39.37\text{m}$

10 다음 ( ) 안에 들어갈 알맞은 말을 쓰시오.

임도의 곡선부의 중심반지름은 규격 이상으로 설치하되, 내각이 (①)° 이상 되는 장소는 설치를 하지 않을 수 있으며, 배향곡선의 중심선 반지름은 최소 (②)m 이상이 되도록 하고 곡선의 확폭량은 (③), (④) 그 밖의 현지 여건상 필요한 경우에는 그 너비를 조정할 수 있다.

①	②
③	④

정답

① 155, ② 10, ③ 대피소, ④ 차돌림곳

11 산림경영계획 기법 중 선형계획모형의 전제조건은 비례성, (①), (②), 선형성, (③), (④), 확정성이 있다. ( ) 안에 들어갈 조건을 쓰시오.

①	②
③	④

정답

① 비부성, ② 부가성, ③ 분할성, ④ 제한성

12 김시대 소유 소나무 임지 B의 가격을 구하기 위하여 인접한 유사임지 A의 가격을 조사한바 다음과 같은 결과를 얻었다. B임지의 가격을 구하시오.

- A소나무 임지의 가격 : 1,000만원/ha
- 지위에 대한 가격비율 : A임지는 140%, B임지는 100%
- 지리에 대한 가격비율 : A임지는 50%, B임지는 70%
- B임지의 면적 : 8ha

정답

$$임지매매가 = 비교평가 임지가액 \times \frac{평가임지\ 지위등급지수}{인접임지\ 지위등급지수} \times \frac{평가임지\ 지리등급지수}{인접임지\ 지리등급지수} \times 임지면적$$

$$= 1,000만원/ha \times (100/140) \times (70/50) \times 8ha$$

$$= 8,000만원$$

13 다음의 ( )을 채우시오.

기 간	재 적	평균생장량	연년생장량
10년째	15m^3	(①)m^3	(③)m^3
20년째	36m^3	(②)m^3	(④)m^3

① ② ③ ④

정답

① 15/10 = 1.5
② 36/20 = 1.8
③ 15/10 = 1.5
④ (36 − 15)/10 = 2.1

14 다음의 측점의 자료를 이용하여 각주공식법과 양단면적법에 의한 토적량을 계산하시오.(단, 거리는 누가거리임)

측 점	BP	No.1	No.2
거리(m)	0	10	20
단면적(m³)	0.5	3.5	6.5

1) 양단면적법

2) 각주공식

정답

1) 양단면적법 = $(0.5 + 3.5)/2 \times 10\text{m} + (3.5 + 6.5)/2 \times 10\text{m} = 70\text{m}^3$

2) 각주공식

평행한 양단면을 가지며 모선으로 둘러싸인 각주의 체적 $V = \dfrac{l}{6}(A_1 + 4A_m + A_2)$

여기서, A_1, A_2 : 양단면의 단면적,

A_m : 중앙의 단면적,

l : 실이

$\therefore$ $(20\text{m}/6) \times (0.5 + 4 \times 3.5 + 6.5) = 70\text{m}^3$

15 보 높이가 4m, 물의 단위 중량이 1,500kg/m³인 사방댐이 받는 총수압을 구하고, 일류수심을 설명하시오.

1) 총수압

2) 각주공식

정답

1) 총수압 $P = 1/2rh^2 = 1/2 \times 1,500 \times 4^2 = 12,000$

$\therefore$ 12,000kg/m² 또는 12t/m²

2) 일류수심(월류수심)

사방댐에 있어서 방수로 하단과 방수수위 상단과의 거리(방수로의 깊이)

일류수심이 있을 때 공식 $P = 1/2 \times r \times h \times (r + 2h')$

여기서, h' : 일류수심

01 임도설치를 위한 측량결과가 다음과 같을 때 전체 구간의 절토량은?

측 점	절토횡단면적(m^2)
No. 1	100
No. 2	200
No. 2 + 10	150

정답

- No. 1에서 No. 2는 20m 간격으로, 절토량 = $(100m^2 + 200m^2)/2 \times 20m = 3,000m^3$
- No. 2에서 No. 2 + 10은 10m 간격으로, 절토량 = $(200m^2 + 150m^2)/2 \times 10m = 1,750m^3$
- ∴ 전체 절토량 = $3,000m^3 + 1,750m^3 = 4,750m^3$

02 산림유역의 강우량 산정법 4가지를 설명하시오.

-
-
-
-

정답

- 산술평균법 : 유역 내의 관측점의 지점 강우량을 산술평균하여 평균강우량을 얻는 방법
- Thiessen법 : 우량계가 불균등하게 분포되어 있을 경우, 전 유역면적에 대한 각 관측점의 지배 면적비를 가중인자로 하여 이를 각 우량치로 곱하고 합계를 한 후 이 값을 전 유역면적으로 나눔으로써 평균 강우량을 산정하는 방법(우리나라에서 가장 많이 사용)
- 등우선법 : 지도상에 관측점의 위치와 강우량을 표시한 후 등우선을 그리고 각 등우선 간의 면적을 구적기로 측정한 다음 전 유역면적에 대한 등우선 간 면적비를 해당 등우선 간의 평균 강우량에 곱하여 이들을 전부 더함으로써 전 유역에 대한 평균강우량을 구하는 방법
- 삼각형가중평균법 : 유역 내외의 관측소를 직선으로 연결하여 삼각형 면적내의 평균우량은 삼각형을 구성하는 관측소의 평균으로 하며, 이 평균 우량과 삼각형의 면적을 곱한 후 전체 삼각형을 구성하는 다각형의 면적으로 나누어 평균강우량을 계산

03 이령임분에서 면적령으로 평균임령을 구하는 방법을 쓰시오.

정답

면적령 $A = \dfrac{f_1 a_1 + f_2 a_2 + \cdots + f_n a_n}{f_1 + f_2 + \cdots + f_n}$

여기서, A : 평균임령

f : 면적

a : 영급

04 4급 선떼붙이기의 단면도를 그리시오.

정답

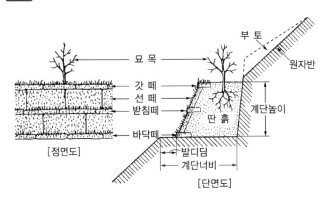

05 낙엽송 원목의 시장도매가격이 m³당 6,000원, 조재율 0.7, m³당 벌채 운반비 등의 비용이 3,000원, 투하자본의 월이율 2%, 자본회수기간 4개월, 기업이익률이 10% 일 때 m³당 임목가는?

정답

시장가 역산법 = 조재율 × {원목가격/[1 + (자본회수기간 × 월이율) + 기업이익률] − 벌채 비용 등}

$$= 0.7 \times \{6,000원/[1 + (4 \times 0.02) + 0.1] - 3,000원\}$$

$$= 0.7 \times [(6,000원/1.18) - 3,000원]$$

$$= 0.7 \times (5,084.76원 - 3,000원)$$

$$= 0.7 \times 2,084.76원 = 1,459.32원 = 1,459원$$

06 임령 35년일 때 우세목의 평균수고가 11m 인 소나무 임분의 지위지수를 구하시오.

지위지수		6	8	10	12
임 령	30년	6.25	8.45	10.00	11.25
	40년	7.25	9.75	11.25	14.00

정답

- 지위지수 10의 경우 35년생의 수고는 10.0m + (11.25 − 10.0) × (5/10) = 10.625m(11m와 수고 차이는 0.375m)
- 지위지수 12의 경우 35년생의 수고는 11.25m + (14.00 − 11.25) × (5/10) = 12.625m(11m와 수 고차이는 1.625m)
- ∴ 지위지수 10이 우세목의 평균수고가 11m와 수고차이가 더 적어 소나무의 임분의 지위지수를 10으로 판단할 수 있다.

07 노선 측량 결과 곡선반지름 200m, 교각 32°15´의 곡선을 설치하고자 한다. 접선길이와 곡선 길이을 구하시오.

1) 접선길이

2) 곡선길이

정답

1) 접선길이 $= Rtan\left(\dfrac{\theta}{2}\right) = 200 \times \tan(32.25°/2) = 200 \times 0.289 = 57.82$m

※ $\tan(32°15´) = 32° + (15/60 = 0.25)° = 32.25°$

2) 곡선길이 $= \dfrac{2\pi \cdot R \cdot \theta}{360} = 2 \times 3.14 \times 200\text{m} \times 32.25°/360°$

$= 40,506/360° = 112.52$m

08 지선임도밀도가 20m/ha, 임도효율계수가 8일 때, 평균집재거리를 구하시오

정답

평균집재거리(km) = 임도효율계수/지선임도밀도 = 8/20 = 0.4km

09 산림투자결정방법 4가지를 쓰고 설명하시오.

정답

- 회수기간법 : 사업에 착수하여 투자에 소요된 모든 비용을 회수할 때까지의 기간을 말한다. 년 단위로 표시하고, 자금회수기간은 투자액 ÷ 매년 현금 유입액으로, 회수기간이 기업에서 설정한 회수기간보다 짧으면 그 사업은 투자 가치가 있는 유리한 사업이라 판단한다.
- 투자이익률법(평균이익률법) : 투자이익률 = 연평균순수익/연평균투자액, 투자대상의 평균이익률이 기업에서 내정한 이익률보다 높으면 그 투자 안을 채택한다.
- 순현재가치법 또는 현가법 : 투자의 결과로 발생하는 현금유입을 일정한 할인율로 할인하여 얻은 현재가와 투자비용을 할인하여 얻은 현금유출의 현재가를 비교하는 방법으로 현금유입의 현재가에서 현금유출의 현재가를 뺀 것을 순현재가(NPW) 라고 한다.
- 수익·비용률법 : 순현재가치법의 단점을 보완하기 위하여 수익·비용률법(B/C Ratio)을 사용하는데, 이 방법은 투자비용의 현재가에 대하여 투자의 결과로 기대되는 현금유입의 현재가 비율을 나타낸다.
- 내부투자수익률법 : 투자에 의해 장래에 예상되는 현금유입의 현재가와 현금유출의 현재가를 같게하는 할인율을 말하며, 투자로 인한 IRR(내부투자수익률)과 기업에서 바라는 기대수익률을 비교하여 IRR이 클때 투자가치가 있다. 국제금융기관에서 널리 이용함

10 다음 수종의 공유림의 벌기령을 쓰시오.

수 종	소나무	잣나무	리기다소나무	참나무	낙엽송
벌기령(공유림)	①	②	③	④	⑤

①   ②   ③

④   ⑤

정답

① 40년, ② 50년, ③ 25년, ④ 25년, ⑤ 30년

11 랑꼬임에 대한 보통꼬임의 특성 4가지를 쓰시오.

-
-
-
-

정답

- 랑꼬임에 비해 와이어로프의 꼬임과 스트랜드의 꼬임 방향이 반대로 되어 있다.
- 랑꼬임에 비해 와이어(소선)의 마모가 심함
- 랑꼬임에 비해 꼬임이 강하고 자체 변형이 적음
- 랑꼬임에 비해 엉킴(킹크)이 잘 생기지 않음
- 랑꼬임에 비해 취급이 용이하여 산업전반에 많이 사용됨(랑꼬임은 광업용 또는 삭도형으로 사용됨)

12 공·사유림의 효율적 경영을 촉진하기 위하여 국유림에 시행하는 시범사업의 종류 4가지를 쓰시오.

정답

- 조림성공 시범림 : 용기묘, 파종조림, 수하식재, 혼식조림, 움싹갱신 등 모범적으로 조림사업이 수행된 산림
- 경제림육성 시범림 : 임산물의 지속가능한 생산을 주목적으로 조성되어 경제림 육성에 모범이 되는 산림
- 숲가꾸기 시범림 : 산림의 생태환경적인 건전성을 유지하면서, 산림의 기능이 최적 발휘될 수 있도록 모범적으로 가꾸어진 산림
- 임업기계화 시범림 : 생산장비, 운반장비, 집재장비, 파쇄장비 등 각종 장비를 시스템화 하여 모범적으로 관리되는 산림
- 복합경영 시범림 : 목재생산과 병행하여 단기소득임산물의 생산에 모범이 되는 산림
- 산림인증 시범림 : 지속가능한 산림경영에 관한 산림인증표준에 따라 인증된 산림

13 수로기울기 2%, 유속계수 0.8, 조도계수 1.5, 경심 3m일 때 Chezy 공식을 활용하여 유속을 구하시오.

정답

- Chezy 공식 $V = c\sqrt{RI} = 0.8 \times \sqrt{(3 \times 0.02)} = 0.8 \times \sqrt{(0.06)} = 0.8 \times 0.245 = 0.196\text{m/sec}$
- Manning 공식 $V = 1/n \times R^{2/3} \times I^{1/2}$
  $= 1/1.5 \times 32/3 \times 0.021/2 = 0.67 \times 2.08 \times 0.141 = 0.197\text{m/sec}$

14 다음 종단측량 야장에서 측점 간 거리가 20m이고 계획고를 +4% 경사(상향)로 할 때 측점 2에서의 절 · 성토고는?(단위 : m)

측 점	BS	IH	TP	IP	GH	계획고
0	3.255				104.505	104.650
1				2.525		
2	2.635		0.555			

절토고 0.955m

해설

측 점	BS	IH	TP	IP	GH	계획고
0	3.255	107.76			104.505	104.650
1				2.525	105.235	
2	2.635		0.555		107.205	

• 측점 2는 시점 계획고보다 107.205 − 104.650 = 2.555m 높다. 따라서 절토를 해야 한다.
• 4%의 경사를 주고 있으므로 100 : 4% = 40(2 측점) : x%, x = 1.6m 즉, x만큼 빼준 높이가 절토고이다.
∴ 2.555m − 1.6m = 0.955m

15 황폐지 표면유실 방지방법 4가지를 쓰시오.

정답

• 비탈면의 경사 완화
• 우수를 분산 유하
• 표면을 피복
• 우수를 특정한 유로에 모아 나출면에 흐르는 유량을 감소시킴

2023년 3회 기출복원문제

01 다음 ( ) 안에 들어갈 수치를 쓰시오.

(단위 : m, 측점간 거리: 20m)

측 점	후 시	기계고	중간점	이 점	지반고
0	6.4	23.7			(①)
1			4.0		19.7
2			(②)		19.1
3	(③)	21.1		7.9	15.7
4			6.6		(④)

①	②

③	④

정답

① 지반고 = 기계고 − 후시 = 23.7 − 6.4 = 17.3m
② 중간점 = 기계고 − 지반고 = 23.7 − 19.1 = 4.6m
③ 후시 = 기계고 − 지반고 = 21.1 − 15.7 = 5.4m
④ 지반고 = 기계고 − 중간점 = 21.1 − 6.6 = 14.5m

02 유거계수 0.5, 유역면적 100ha, 최대시우량 100mm/hr일 때 시우량법에 의한 유량을 계산하시오.

정답

유량 = [0.5 × 100ha × 10,000m^2 × (100mm/hr/1,000)]/3,600
      = 13.9m^3/sec

03 갱정기 10년, 총축적량 300m³/ha, 수확표상의 축적량 310m³/ha, 수확표상의 벌채량 30m³/ha, 평균연년생장량 30m³/ha/년일 때, 훈데스하겐공식과 오스트리안 공식을 이용하여 ha당 표준연벌채량을 구하시오.

1) 훈데스하겐공식

2) 오스트리안 공식

정답

1) 훈데스하겐의 연벌채량

$(30m^3/310m^3) \times 300m^3 = 29.032m^3/$년/ha

2) 오스트리안 표준연벌채량

$30m^3 + (300 - 310)/10 = 29m^3/$년/ha

04 Martineit의 산림이용가법에 대해 설명하시오.

정답

일반적으로 유령림은 비용가법, 장령림은 기망가법, 벌기 이상 임분은 매매가법을 적용하나, 중령림의 경우는 Glaser법과 Martineit 의 산림이용가법을 적용한다. Glaser법은 중령림의 임목가 = (벌기가격 − 조림비 후가) × (임목나이²/벌기령²)+조림비 후가로 표시되나 Martineit 의 산림이용가법은 천연림에서 적용되기에 조림비가 필요치 않기에 중령림의 임목가=벌기가격×(임목나이²/벌기령²)로 표현한다.

05 산림경영계획상의 임황조사 시 임종과 임상을 구분하여 설명하시오.

1) 임 종

2) 임 상

정답

1) 임 종
- 인공림 : 인공적으로 조성된 산림
- 천연림 : 천연적으로 조성된 산림

2) 임 상
- 입목지 : 수관점유면적 및 입목본수(재적) 비율에 따라 구분
  - 침엽수림(침) : 침엽수가 75% 이상 점유하고 있는 임분
  - 활엽수림(활) : 활엽수가 75% 이상 점유하고 있는 임분
  - 혼효림(혼) : 침엽수 또는 활엽수가 26~75% 점유하고 있는 임분
- 무립목지 : 입목본수비율이 30% 이하인 임분

06 다음 수종의 국유림의 벌기령을 쓰시오.

수 종	소나무	잣나무	리기다소나무	참나무	낙엽송
벌기령(국유림)	①	②	③	④	⑤

① ② ③

④ ⑤

정답

① 60년, ② 60년, ③ 30년, ④ 60년, ⑤ 50년

07 다음 표를 이용하여 10년간의 연년생장량과 생장율(프레슬러법), 각 임령의 평균생장량을 구하시오.

구 분	지위지수	30년생	40년생
소나무	10	120m³	180m³

1) 연년생장량(10년)

2) 생장율(프레슬러법, 10년, %)

3) 평균생장량

정답

1) 연년생장량(10년) = $(180m^3 - 120m^3)/10$년 = $6m^3$/년
2) 생장율(프레슬러법, 10년, %)
   = (40년생의 재적 − 30년생의 재적)/(40년생의 재적 + 30년생의 재적) $\times$ 200/기간
   = $(180 - 120)/(180 + 120) \times (200/10) = (60/300) \times 20 = 4\%$
3) 30년생 평균생장량 = $120m^3/30$년 = $4.0m^3$
   40년생 평균생장량 = $180m^3/40$년 = $4.5m^3$

08 임도설계 시 1) 평면도, 2) 종단면도, 3) 횡단면도의 축적을 각각 쓰시오.

1)	2)	3)

정답

1) 평면도 : 1/1,200
2) 종단면도 : 횡 1/1,000, 종 1/200
3) 횡단면도 : 1/100

09 하베스터와 프로세서의 차이점을 설명하시오.

-
-

정답

- 하베스터 : 임내를 이동하면서 입목의 벌도·가지제거·절단작동 등의 작업을 하는 기계로서 벌도 및 조재작업을 1대의 기계로 연속작업을 할 수 있는 장비
- 프로세서 : 하베스터와 비교하면 벌도 기능만 없다는 것을 제외하고는 기능이 같은 장비이다.

10 1/25,000 지형도에서 임도의 종단물매 8%의 노선을 긋고자 할 때 지형도상에서의 양각기 폭을 구하시오.

정답

1/25,000 지형도에서 주곡선의 간격은 10m이므로 비례식이 성립한다.

$x : 10m = 100m : 8m(\%)$

$x = 1,000/8 = 125m$

∴ 도상거리 = 실거리/지형도 축적

= 125/25,000 = 0.005m = 5mm

11 해안사방의 한 종류인 모래덮기 공법에 대해 설명하시오.

정답

모래덮기 공법은 퇴사울타리공법과 인공모래쌓기공법으로 조성된 사구를 그대로 방치하면 바람에 의하여 침식되어 이미 조성된 사구가 파괴되므로 이것을 방지하기 위하여 사구의 표면에 거적, 새, 억새, 섶, 짚 등을 깔고 덮어서 수분을 보존하여 비사를 방지하기 위하여 시공되는 공법이다, 종류로는 사용하는 재료에 따라 소나무섶모래덮기공법와 갈대모래덮기공법이 있고, 또한 사구지에 잘 생육하는 사초를 심어 비사를 방지하는 사초심기공법(다발심기, 줄심기, 망심기) 등이 있다.

12 사방댐의 안정조건 4가지를 쓰시오.

정답

- 전도에 대한 안정
- 활동에 대한 안정
- 제체의 파괴에 대한 안정
- 기초지반의 지지력에 대한 안정

13 김시대의 낙엽송 임지 벌기령이 40년이고 주벌수익이 500만원, 간벌수익이 25년일 때 100만원, 30년 일 때 200만원, 조림비가 ha당 20만원, 관리비가 2만원, 이율이 5%일 때 임지기망가를 계산하시오.

정답

$$임지기망가 = \frac{주벌수익 + 간벌수익후가 - 조림비 후가}{1.0P_n - 1} - 관리자본$$

$$= \frac{5,000,000원 + (1,000,000 \times 1.05^{(40-25)}) + (2,000,000 \times 1.05^{(40-30)}) - (200,000 \times 1.05^{40})}{1.0540 - 1} - \frac{20,000}{0.05}$$

$$= \frac{5,000,000원 + 2,078,900원 + 3,257,800원 - 1,408,000원}{6.0400} - 400,000원$$

$$= \frac{8,928,700원}{6.0400} - 400,000원$$

$$= 1,478,262원 - 400,000원 = 1,078,262원$$

14 골막이 시공 시 찰쌓기와 메쌓기의 차이점을 설명하시오.

정답

- 찰쌓기 : 돌을 쌓아 올릴 때 뒷채움에 콘크리트를 사용하고, 줄눈에 모르타르를 사용하는 것으로 이때 뒷면의 배수에 주의하여야 하며, 돌쌓기 $2{\sim}3m^2$마다 한 개의 지름 약 3cm의 PVC 파이프 등으로 물빼기 구멍, 즉 배수구를 설치하는데, 일반적인 물매는 $1:0.2$를 표준으로 한다.
- 메쌓기 : 돌을 쌓아 올릴 때 모르타르를 사용하지 않고 쌓는 것으로 뒷면의 침투수 등이 돌사이로 잘 빠지기 때문에 토압이 증가될 염려는 없지만 쌓는 높이에 제한을 받는데 일반적인 물매는 $1:0.3$을 표준으로 한다.

15 산림경영계획 작성 시 임반의 특성에 대해 설명하시오.

정답

- 임반의 구획 : 임반은 소반 및 보조소반 등 산림 구획의 골격을 형성하며, 임반의 경계 및 번호는 특별한 경우를 제외하고는 변경하지 않는다.
- 임반의 면적 : 현지 여건상 불가피한 경우를 제외하고는 가능한 100ha 내외로 구획하며, 능선, 하천 등 자연경계나 도로 등 고정적 시설을 따라 확정한다.
- 임반의 표기 : 경영계획구 유역 하류에서 시계방향으로 연속되게 아라비아 숫자 1, 2, 3,… 으로 표시하고, 신규 재산 취득 등의 사유로 보조 임반을 편성할 때는 연접된 임반의 번호에 보조번호를 1-1, 1-2, 1-3,… 순으로 부여한다.

01 산림경영의 지도원칙 5가지를 쓰시오.

산림경영의 지도원칙이란 임업경영의 목적을 달성하기 위하여 산림생산행위 내용과 그 방침을 정하는 데 규범이 될 원칙으로 다음과 같다.

정답

- 경제원칙 : 수익성의 원칙, 경제성의 원칙, 생산성의 원칙, 공공성의 원칙
- 복지원칙 : 합자연성의 원칙, 환경보전의 원칙
- 보속성의 원칙

02 임지기망가에 영향을 미치는 인자 4가지를 쓰시오.

정답

주벌 및 간벌수익, 조림비와 관리비, 이율, 벌기

03 다음 각각의 임분에 대한 효과적인 임목 평가방법을 쓰시오.

1) 유령림

2) 중령림

3) 장령림

4) 벌기 이상

정답

1) 원가법, 비용가법
2) Glaser식(Glaser 보정식), MARTINEIT의 산림이용가법
3) 임목기망가법, 수익환원법
4) 시장가역산법, 직접적 평가방법(임목시가법)

04 지황조사 인자 중 지리에 대하여 설명하시오.

정답

지리란 임산물의 반출과 산림작업을 위하여 임지에 접근할 수 있는 임도나 도로까지의 거리는 임산물의 가격형성뿐만 아니라 산림작업사업비 산출에도 영향을 끼치는데 지리는 임도 또는 도로까지의 거리를 100m 단위로 구분하여 10급지로 나타낸 것이다(1급지 100m 이하, 2급지 101~200m 이하, …, 10급지 901m 이상).

05 임목임반의 면적과 구획 조건에 대하여 쓰시오.

1) 임반의 면적

2) 임반의 구획

정답

1) 현지 여건상 불가피한 경우를 제외하고는 가능한 100ha 내외로 구획하며, 능선, 하천 등 자연 경계나 도로 등 고정적 시설을 따라 확정한다.
2) 임반은 소반 및 보조소반 등 산림 구획의 골격을 형성하며, 임반의 경계 및 번호는 특별한 경우를 제외하고는 변경하지 않는다.

06 소밀도에 대해 쓰시오.

정답

소밀도 : 조사면적에 대한 입목의 수관면적이 차지하는 비율을 100분율로 표시
- 소 : 수관밀도가 40% 이하인 임분
- 중 : 수관밀도가 41~70%인 임분
- 밀 : 수관밀도가 71% 이상인 임분

07 산지에서 사면위치에 따른 임도의 종류 3가지를 쓰시오.

정답

- 계곡임도형 : 임지는 하단부로 부터 점차적으로 개발하는 임도
- 사면(산복)임도 : 사면임도는 계곡임도에서 시작되어 산록부와 산복부에 설치하는 임도
- 능선임도 : 가선집재방법과 같은 시스템에 의한 산림을 개발하는 능선부에 설치하는 임도
- 산정부 개발형 : 산정부 주위를 순환하는 노망을 설치
- 계곡분지의 개발형 : 산지 계곡부의 상류에 위치하는 막장부의 분지는 순환임도망의 설치
- 반대편 능선부 산림개발형 : 반대편에서 생산된 임목을 사면임도를 통하여 안부(鞍部, Saddle)를 넘어 역물매로서 수송하여야 할 필요가 있는 곳에서 흔히 설치될 수 있는 노망형

08 벌목 후 생기는 바버체어(Baber Chair) 현상과 그 원인에 대해 쓰시오.

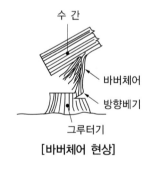

[바버체어 현상]

정답

바버체어란 벌목이 완전히 되지 않아 나무가 넘어가면서 수간이 찢어지는 현상이다. 원인은 수구작업(방향베기)이 충분하게(폭과 깊이 등) 이루어지지 않아서 발생한다.

09 견치돌에 대해 설명하시오.

정답

견고를 요하는 돌쌓기 공사에 사용되며 특별히 다듬은 석재로서 단단하고 치밀한 돌을 사용한다. 크기는 대체로 면의 길이를 기준으로 하여 길이는 1.5배 이상, 이맞춤 너비는 1/5 이상, 뒷면은 1/3 정도, 그리고 허리치기의 중간은 1/10 정도로 해야 하며, 1개의 무게는 보통 70~100kg이다.

10 기점의 지반고가 50m, 후시 3.30m, 다음 측점의 전시가 2.50m일 때 기고식을 이용하여 기점의 기계고와 다음 측점의 지반고를 구하시오.

정답

- 기점의 기계고 = 지반고 + 후시 = 50 + 3.30 = 53.30m
- 다음 측점의 지반고 = 기계고 − 전시 = 50 − 2.50 = 50.80m

11 유토곡선에 대하여 설명하시오.

정답

공사시점에서 종점까지 보정된 성토량을 (−)로 하고 절취량을 (+)로 하여 각 측점마다 누적대수화하여 누가토량을 구한 후 횡축은 종단면도의 축척과 같이 거리별로 측점의 위치를 나타내고 종축은 각 측점까지의 누가토량을 그린다. 이 곡선을 유토곡선(Mass Curve)또는 토량곡선이라고 한다.

12 사방댐의 높이를 결정하는 인자 4가지를 쓰시오.

정답

시공목적, 지반의 상황, 계획물매, 시공지점의 상태

13 4급 선떼붙이기 측면도를 그리시오.

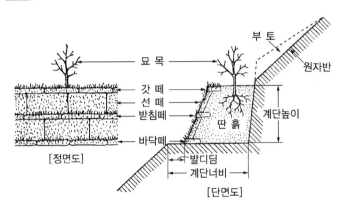

14 동일사면에 배향곡선을 2개 설치하려 한다. 다음 조건에 해당하는 배향곡선의 적정간격을 쓰시오.

┌─[조건]───
│ 임도간격 200m, 산지사면 기울기 30%, 종단기울기 6%
└──

$$\frac{0.5 \times 임도간격(m) \times 산지경사}{종단물매} = \frac{0.5 \times 200m \times 0.3}{0.06} = 500m$$

15 100ha 산림면적에서 표준지 6,400m²의 재적이 50m²일 때 1ha당 재적과 전체 재적을 구하시오.

정답

표준지 0.64ha에서 재적이 50m³이고, $100 : x = 0.64 : 50$에서 x는 100ha에서의 전체 재적이므로 $x = 7,812.50$m³이다.

$\therefore$ ha 당 재적은 $\dfrac{7,812.50\text{m}^3}{100} = 78.125$m³

01 500ha의 산림면적에서 450ha가 임업경영 임지이다. ha당 법정축적 100m³, ha당 현실축적 70m³, ha당 연간생장량 2m³, ha당 연간고사량 0.5m³, 갱정기 30년일 때 연간표준벌채량과 임업경영 면적의 연간수확량을 계산하시오.

정답

연간생장량 2m³, ha당 연간고사량 0.5m³이므로 연간 생장량은 1.5m³이다.

연간표준벌채량 $= 1.5 + \dfrac{70 - 100}{30} = 1.5 - 1.0 = 0.5 \text{m}^3/\text{년}$

임업경영 면적의 연간수확량 $= 0.5 \text{m}^3 \times 450 \text{ha} = 225 \text{m}^3$

02 임도공사 시 비탈면의 붕괴 방지를 위하여 설치하는 옹벽의 안정조건 4가지를 쓰시오.

정답

전도에 대한 안정, 활동에 대한 안정, 침하에 대한 안정, 내부응력에 대한 안정

03 임지기망가에 영향을 미치는 인자 4가지를 쓰시오.

·	·
·	·

정답

주벌 및 간벌수익, 조림비와 관리비, 이율, 벌기

04 다음의 선떼붙이기 그림에서 각 떼의 명칭을 쓰시오.

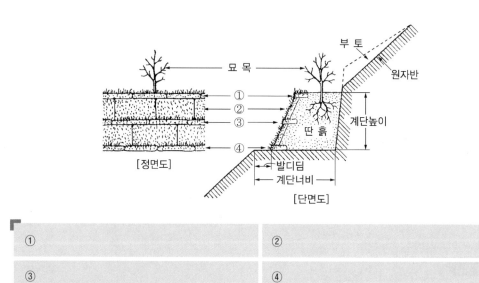

①	②
③	④

정답

① 갓떼, ② 선떼, ③ 받침떼, ④ 바닥떼

05 임도 설치 대상지 우선 선정기준 4가지를 쓰시오.

-
-
-
-

정답

산림경영, 산림보호 및 관리, 산림휴양자원이용, 농촌마을 연결

해설

산림자원의 조성 및 관리에 관한 법률 시행규칙에서 임도의 타당성 평가의 항목별 기준에서 필요성 항목은 산림경영, 산림보호 및 관리, 산림휴양자원이용, 농촌마을 연결(우선 선정기준)로 나눈다.

06 흉고직경 26cm, 수고 18m, 흉고형수 0.314일 재적을 구하시오(소수점 넷째자리에서 반올림).

정답

재적 = 흉고단면적$(3.14 \times 0.13^2) \times$ 수고$(18m) \times$ 흉고형수$(0.314) = 0.300m^3$

07 산림구획을 위해 소반구획을 하는 경우를 3가지를 기술하시오.

-
-
-

정답

- 산림의 기능(생활환경보전림, 자연환경보전림, 수원함양보전림, 산지재해방지림, 산림휴양림, 목재생산림 등)이 상이할 때
- 지종(입목지, 미입목지, 제지, 법정지정림)이 상이할 때
- 임종, 임상, 작업종이 상이할 때
- 임령, 지위, 지리 또는 운반계통이 상이할 때

08 임목수확작업의 순서이다. 빈칸을 채우시오.

벌도 → (①) → (②) → (③)

1) 비기계화 또는 완전기계화 작업 시

| ① | ② | ③ |

2) 부분기계화 작업 시

| ① | ② | ③ |

정답

1) 비기계화 또는 완전기계화 작업 시
   벌도 → 조재 → 집재 → 운재
2) 부분기계화 작업 시
   벌도 → 집재 → 조재 → 운재

09 산림토목재료에서 목재의 장단점을 2가지씩 쓰시오.

1) 장 점

    •

    •

2) 단 점

    •

    •

정답

1) 장 점
- 현장에서 구하기 쉽다.
- 모양이 아름답고 친환경적이다.
- 구입, 가공, 취급이 쉽다

2) 단 점
- 잘 썩어서 내구성이 약하다
- 재질 및 강도가 약한편이다.
- 화재에 약하다.
- 크기에 제한이 있다.

10 산지사방공사에서 기초공사 공종 4가지를 쓰시오.

•	•
•	•

정답

산복사방공사 중 산복기초공사
- 비탈다듬기(정지작업)
- 비탈흙막이(정지작업)
- 묻히기(정지작업)
- 누구막이
- 배수로
- 속도랑

11 산림면적 2,000ha, 임도 총연장거리 42km일 때 임도밀도를 구하시오.

정답

$$임도밀도 = \frac{42km \times 1,000m}{2,000ha} = \frac{42,000m}{2,000ha} = 21m/ha$$

12 임업이율의 성격 4가지를 쓰시오.

- ·
- ·
- ·
- ·

정답

- 임업이율은 대부이자가 아니고 자본이자이다.
- 임업이율은 현실이율이 아니라 평정이율이다.
- 임업이율은 실질적이율이 아니라 명목적 이율이다.
- 임업이율은 장기이율이다.

13 임상 구분 기준을 설명하시오.

정답

- 입목지 : 수관점유면적 및 입목본수의 비율에 따라 구분
  - 침엽수림(침) : 침엽수가 75% 이상 점유하고 있는 임분
  - 활엽수림(활) : 활엽수가 75% 이상 점유하고 있는 임분
  - 혼효림(혼) : 침엽수 또는 활엽수가 26~75% 점유하고 있는 임분
- 무립목지 : 입목본수비율이 30% 이하인 임분

14 임목의 평가 방법 중 원가법에 대하여 설명하시오.

> **정답**

유령림의 임목평가법으로 실제 원가의 누계를 평가액으로 하는 방법

15 임도개설 후 사방댐을 축조하려는데 그 지역의 강우량은 1,173mm, 집수구역 물자원 보존량이 310만m^3, 수관에서 차단되거나 증발되는 손실량이 140만m^3일 때 이 유역의 유출율을 계산하시오.

> **정답**

집수구역의 총 수자원양 = 물자원 보존량 310만m^3 + 수관에서 차단되거나 증발되는 손실량 140만m^3 = 450만m^3에서 유출량은 310만m^3이 되므로, 유출률 = $\dfrac{310만}{450만} \times 100\%$ = 68.9%이다.

01 우리나라의 대표적인 산지사방 조림용 활엽수종 4가지를 쓰시오.

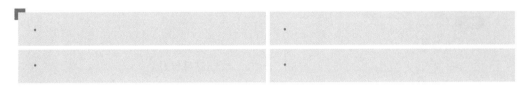

> 정답

물(산)오리나무, 물갬나무, 사방오리나무(남부지방), 아까시나무, 싸리, 참싸리, 상수리나무, 졸참나무, 족제비싸리, 보리장나무 등

02 낙엽송 원목의 시장가 평균가격이 m³당 50,000원, m³당 벌목운반비와 기타비용이 20,000원, 조재율 80%, 월이율 1%, 자본회수기간 4개월, 기업이익율 10%라 할 때 시장가역산법에 의한 임목가를 구하시오.

> 정답

$$0.8 \times \left[\frac{50,000원}{1 + (4 \times 0.01) + 0.1} - 20,000원 \right] = 0.8 \times (43,860원 - 20,000원) = 19,088원$$

03 빗물에 의한 침식의 발생 순서를 쓰시오.

①	②	③
④	⑤	

정답

① 우격침식 ② 면상침식

③ 누구침식 ④ 구곡침식

⑤ 야계침식

04 형수법을 이용하여 재적을 산출하는 방법을 쓰시오.

정답

입목의 재적과 원주의 체적과의 사이에도 어떠한 관계가 성립됨을 생각할 수 있는데 수간의 직경 및 높이가 같은 원주를 상상하여 수간재적과 원주체적의 비를 구할 수 있다. 여기에서 얻어지는 비를 형수라 하며 이를 이용한 재적식은 다음과 같다.

$$V = ghf = \frac{\pi}{4}d^2 \times h \times f$$

여기서, g : 단면적

d : 흉고직경

h : 수고

f : 형수

05 임목비용가법에 대하여 쓰시오.

정답

비용가법은 유령림의 임목평가법으로 동령임분에서의 임목을 m년생인 현재까지 육성하는 데 소요된 순비용(육성가치)의 후가합계이다.

06 작업임도의 속도기준 및 종단기울기를 쓰시오.

1) 속도기준

2) 종단기울기

정답

1) 작업임도의 속도기준은 20km/hr 이하로 한다.
2) 최대 20%의 범위에서 조정한다.

07 중력식 사방댐 안정조건 4가지를 쓰시오.

> **정답**
> * 전도에 대한 안정
> * 활동에 대한 안정
> * 제체의 파괴에 대한 안정
> * 기초지반의 지지력에 대한 안정

08 임업이율의 성격 4가지를 쓰시오.

> **정답**
> * 임업이율은 대부이자가 아니고 자본이자이다.
> * 임업이율은 현실이율이 아니라 평정이율이다.
> * 임업이율은 실질적이율이 아니라 명목적 이율이다.
> * 임업이율은 장기이율이다.

09 말구직경 24cm, 중앙직경 28cm, 원구직경 34cm, 재장이 4m일 때 후버식과 스말리안식으로 재적을 계산하시오(소수점 셋째자리에서 반올림).

1) 후버식

2) 스말리안식

정답

1) 후버식
   $3.14 \times 0.14^2 \times 4 = 0.2462 \fallingdotseq 0.25\text{m}^3$
2) 스말리안식
   $$\frac{(3.14 \times 0.12^2) + (3.14 \times 0.17^2)}{2} \times 4 = \frac{0.0452 + 0.0907}{2} \times 4 = 0.0680 \times 4 = 0.2720 \fallingdotseq 0.27\text{m}^3$$

10 가선집재 방식의 장점을 3가지 쓰시오.

정답

- 주위환경, 잔존임분에 대한 피해가 적다.
- 낮은 임도밀도에서도 작업이 가능하다.
- 급경사지에서도 작업 가능하다.

11 노선측량의 결과 교각이 30°인 교각점에 곡선반지름 100m인 곡선을 설치하고자 한다. 접선길이와 곡선길이를 구하시오(소수점 셋째자리에서 반올림).

1) 접선길이

2) 곡선길이

정답

1) 접선길이(TL) = $R\tan\left(\dfrac{\theta}{2}\right)$ = $100 \times \tan\left(\dfrac{30}{2}\right)$ = $100 \times 0.2680 ≒ 26.80$m

2) 곡선길이(CL) = $\dfrac{2\pi \cdot R \cdot \theta}{360}$ = $0.017453 \times 100 \times 30 ≒ 52.36$m

12 길어깨의 기능 3가지를 쓰시오.

정답

길어깨는 차도의 구조부를 보호(기능)하기 위해 차도의 양쪽에 접속해 수평이 되게 설치하는 부분으로 차량 주행 시의 여유, 시거 확보, 보행자의 통행, 대피 등 여러 가지 목적(기능)으로 이용

13 다음 경급을 구분하시오.

1) $\dfrac{5}{1\sim18}$ → 70%, $\dfrac{12}{1\sim18}$ → 30%

2) $\dfrac{12}{6\sim28}$ → 65%, $\dfrac{18}{6\sim28}$ → 35%

3) $\dfrac{20}{18\sim32}$ → 70%, $\dfrac{30}{18\sim32}$ → 30%

1)	2)	3)

정답

1) 치 수
2) 소경목
3) 중경목

14 임지생산능력을 판단 및 결정하는 방법 3가지를 쓰시오.

•
•
•

정답

지위지수에 의한 방법, 환경인자에 의한 방법, 지표식물에 의한 방법

15 사방공사의 정지작업에 해당하는 공사 3가지를 쓰시오.

-
-
-

정답

비탈다듬기(정지작업) : 비탈다듬기·단끊기, 비탈흙막이(정지작업), 묻히기(정지작업)

01 연년생장량, 평균생장량, 정기평균생장량의 정의를 설명하시오.

1) 연년생장량

2) 평균생장량

3) 정기평균생장량

정답

1) 연년생장량 : 임령이 1년 증가함에 따라 추가적으로 증가하는 양

2) 평균생장량(MAI ; Mean Annual Increment) : 어느 주어진 기간 동안 매년 평균적으로 증가한 양으로 총생장량을 수령 또는 임령으로 나눈 값

3) 정기평균생장량(PAI ; Periodic Annual Increment) : 생장량이 나타내고자 하는 기간이 긴 경우 평균생장량은 전체 긴 기간 동안의 생장량이 지나치게 단순하게 나타내고, 연년생장량은 반대로 지나치게 세분하여 나타내는 경향이 있다. 이러한 경우 보통 5년 또는 10년 단위로 연년생장량을 나타내기도 하는데 이를 정기평균생장량이라고 한다.

02 8급 선떼붙이기의 시공표준에서 비탈기울기, 1m당 떼 사용매수, 수평거리, ha당 시공연장을 쓰시오.

1) 비탈기울기

2) 1m당 떼 사용매수

3) 수평거리

4) ha당 시공연장

> **정답**

1) 15~25°, 2) 3.75매, 3) 2.79m, 4) 3,500m

> **해설**

구 분	비탈(°)	1m당 떼 사용매수(매)	직고(m)	수평거리(m)	사면거리(m)	ha당 시공연장(m)
1급 선떼붙이기	35~45	12.50	2.80~4.00	4.00	4.94~5.90	2,500
3급 선떼붙이기	35~45	10.00	2.80~4.00	4.00	4.94~5.90	2,500
5급 선떼붙이기	25~35	7.50	1.55~2.33	3.33	3.70~4.11	3,000
6급 선떼붙이기	25~35	6.25	1.55~2.33	3.33	3.70~4.11	3,000
8급 선떼붙이기	15~25	3.75	0.75~1.30	2.79	2.90~3.10	3,500

※ 떼 사용매수 : 떼 크기 길이 40cm, 나비 25cm일 경우

03 임도에서 횡단배수구를 설치하는 장소 4곳을 쓰시오.

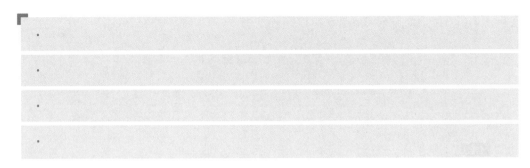

정답

- 물이 흐르는 아랫방향의 종단기울기 변이점
- 종단기울기가 급하고 길이가 긴 구간
- 외쪽물매로 인해 옆도랑물이 역류하는 곳
- 물이 모여 정체되는 곳

04 임상 구분 기준을 설명하시오.

정답

- 입목지 : 수관점유면적 및 입목본수의 비율에 따라 구분
  - 침엽수림(침) : 침엽수가 75% 이상 점유하고 있는 임분
  - 활엽수림(활) : 활엽수가 75% 이상 점유하고 있는 임분
  - 혼효림(혼) : 침엽수 또는 활엽수가 26~75% 점유하고 있는 임분
- 무립목지 : 입목본수비율이 30% 이하인 임분

05 임도에서 종단기울기가 낮을 때의 문제점 3가지를 쓰시오.

-
-
-

정답

- 임도 우회율이 커진다.
- 임도연장이 길어진다.
- 시설비가 증가한다.

06 유속 3m/sec, 횡단면적 5m²의 수로에 10초 동안 흐른 유량을 구하시오.

정답

유량 $Q = A \times V$
여기서, A : 유적
V : 유속
$\therefore\ Q = 5 \times 3 = 15\text{m}^3/\text{sec}$이므로, 10초$\times 15\text{m}^3/\text{sec} = 150\text{m}^3/\text{sec}$

07 원구직경이 30cm, 말구직경이 16cm, 재장이 5m인 국산원목의 재적을 스말리안식과 말구직 경법으로 구분하여 구하시오.

1) 스말리안식

2) 말구직경자승법

정답

1) 스말리안식

$$\frac{(3.14 \times 30^2/40,000) + (3.14 \times 16^2/40,000)}{2} \times 5 = \frac{0.0707 + 0.0201}{2} \times 5 = 0.0454 \times 5$$
$$= 0.2270m^3$$

2) 말구직경자승법 : 재장이 6m 미만인 것

$$d_n 2 \times l \times \frac{1}{10,000} = 16^2 \times 5 \times \frac{1}{10,000} = 0.1280m^3$$

08 바닥막이 특징 2가지를 쓰시오.

정답

• 황폐류나 야계의 바닥침식을 방지한다.
• 황폐류나 야계의 현재 바닥을 유지한다.

09 다음 수종의 국유림 벌기령을 쓰시오.

1) 참나무

2) 포플러

3) 낙엽송

4) 잣나무

정답

1) 60년, 2) 3년, 3) 50년, 4) 60년

해설

일반기준벌기령

구 분	국유림	공·사유림 (기업경영림)
소나무 (춘양목보호림단지)	60년 (100년)	40년(30년) (100년)
잣나무	60년	50년(40년)
리기다소나무	30년	25년(20년)
낙엽송	50년	30년(20년)
삼나무	50년	30년(30년)
편 백	60년	40년(30년)
기타 침엽수	60년	40년(30년)
참나무류	60년	25년(20년)
포플러류	3년	3년
기타 활엽수	60년	40년(20년)

10 보통꼬임과 랑꼬임의 종류를 쓰고 설명하시오.

1) 보통꼬임

2) 랑꼬임

정답

1) 보통꼬임 : 와이어로프의 꼬임과 스트랜드의 꼬임방향이 반대로 된 것을 보통꼬임(마모가 잘되고 취급이 용이함 : 작업줄)이라 하고, 보통Z꼬임, 보통S꼬임으로 나눈다.

2) 랑꼬임: 와이어로프의 꼬임과 스트랜드의 꼬임방향이 같은 방향으로 된 것을 랑(Lang)꼬임(킹 크가 잘 생기나 마모에 강함 : 가공본줄)이라 하며 랑Z꼬임, 랑S꼬임으로 나눈다.

보통Z꼬임 　보통S꼬임 　랑Z꼬임 　랑S꼬임
(보통 오른꼬임) 　　　　(랑 오른꼬임)

[와이어로프의 꼬임]

11 대피소 설치기준에 대하여 쓰시오.

정답

- 간격 300m 이내, 너비 5m 이상, 유효길이 15m 이상으로 한다.
- 차돌림곳은 너비를 10m 이상으로 한다.
- 붕괴가 우려되는 곳, 교통에 지장을 주는 곳, 사고의 위험이 있는 곳 등에 방호시설이나 안전시설을 설치한다.

12 지위와 지리의 정의를 설명하시오.

1) 지 위

2) 지 리

1) 지위란 임지생산력의 판단지표로 우세목의 수령과 수고를 측정해 지위지수표에서 지수를 찾은 후 상·중·하로 구분한다. 침엽수는 주 수종을 기준으로 하고, 활엽수는 참나무를 적용한다.

2) 지리란 임산물의 반출과 산림작업을 위하여 임지에 접근할 수 있는 임도나 도로까지의 거리는 임산물의 가격형성뿐만 아니라 산림작업사업비 산출에도 영향을 끼치는데 지리는 임도 또는 도로까지의 거리를 100m 단위로 구분하여 10급지로 나타낸 것이다(1급지 100m 이하, 2급지 101~200m 이하, …, 10급지 901m 이상).

13 슬릿트 사방댐 설치장소에 대해 설명하시오.

일반적인 사방댐은 저수나 저사를 목적으로 계류를 안정을 위해 황폐계류에 시공하는 것이나 슬릿트 사방댐은 저수나 저사의 목적이 아닌(호우 시 물과 사력은 다 빠져 나감) 호우 시 유속을 완화시켜 계류의 급속한 침식을 막는 사방댐의 종류이다. 유역이 넓고 산림이 황폐해 일시적 방류량이 큰 곳에서 토석류를 억제하므로 유속을 완화시킬 목적으로 시공된다.

14 소나무 임분의 벌기평균생장량이 6m³/ha이고, 윤벌기가 50년이라고 할 때, 이 임분의 법정연벌량과 법정수확률을 구하시오.

1) 법정연벌량

2) 법정수확률

1) 법정연벌량 = 6m³/ha × 50년 = 300m³/ha
2) 법정수확률(개벌) = 200/50년 = 4%

15 절토사면의 구배가 1 : 0.8일 때 절토높이가 6m라면 수평길이는?

$1 : 0.8 = 6m : x\,m$

$\therefore x = 4.8m$

01 돌수로와 떼수로 적용 조건을 비교하시오.

> **정답**

돌수로의 적용조건
- 규모가 큰 붕괴지에서 속도랑으로부터 배수 또는 용수 등에 의한 상수가 있는 경우
- 경사가 대단히 급하고 토사의 유송이 많으며 침식이 현저한 경우
- 붕괴비탈면을 유하하는 상수가 있는 자연유로를 고정하는 경우

떼붙임 수로의 적용 조건
- 물매가 완만하고 수량이 적고, 토사의 유송이 적은 곳
- 소규모 붕괴지의 수로, 대규모 붕괴지의 지선수로, 민둥산지대의 산복수로에 용이
- 토질이 떼의 생육에 적당하고 떼의 구득이 용이한 곳

02 1/25,000 지형도에서 양각기 계획법으로 임도망을 편성하고자 한다. 종단물매를 8%로 계획할 때 도상거리는 몇 m인가?

> **정답**

- 실거리 $= \dfrac{100 \times 10}{8} = 125\text{m}$

- 1/25,000 지형도에서의 도상거리(양각기 폭) $= \dfrac{125\text{m}}{25,000} = 0.005\text{m} \times 1,000 = 5\text{mm}$

03 종단기울기의 설계속도별 종단물매를 일반지형, 특수지형으로 구분하시오.

정답

설계속도별 종단물매

설계속도(km/hr)	종단기울기(순기울기)	
	일반지형	특수지형
40	7% 이하	10% 이하
30	8% 이하	12% 이하
20	9% 이하	14% 이하

※ 지형여건상 특수지형의 종단에 기준을 적용하기 어려운 경우에는 노면포장을 하는 경우에
한하여 종단기울기를 18%의 범위에서 조정하여 행할 수 있다.

04 산지사방에서 비탈다듬기 공사 시행 시 역사다리꼴 단면 A의 윗변이 4m, 아래변이 8m, 높이
가 6m, B의 윗변이 2m, 아래변이 13m, 높이가 7m이고 양단면간의 길이가 20m일 때 양단면
평균법을 이용하여 토적량을 계산하시오.

정답

• 단면 A : $\dfrac{(8+4)}{2} \times 6 = 36\text{m}^2$

• 단면 B : $\dfrac{(2+13)}{2} \times 7 = 52.5\text{m}^2$

• 토사량 $= \dfrac{(36+52.5)}{2} \times 20 = 885\text{m}^3$

05 지황조사 시 지종에 대해 구분하여 설명하시오.

정답

- 입목지 : 수관점유면적 및 입목본수의 비율이 30% 초과 임분
- 무립목지
  - 미립목지 : 수관점유면적 및 입목본수의 비율이 30% 이하 임분
  - 제지 : 암석 및 석력지로서 조림이 불가능한 임지
- 법정지정림 : 관련 법률에 의거 지정된 임지

06 Heyer의 표준벌채량를 설명하시오.

정답

- Heyer의 벌채량 공식

  표준벌채량 = (0.7 × 임분의 평균생장량) + [(현실축적 − 법정축적)/갱정기]
- 갱정기는 20년 적용
- 생장량 조정계수는 생장량 조사 시 오차와 미래의 불확실성을 고려하여 0.7내외로 적용한다.
- 임분의 평균생장량은 현지조사나 공식발표 자료로 구한다.
- 현실축적은 조사자료로 구한다.
- 법정축적은 수종별 영급, 평균수고, 평균경급 등을 참고하여 구한다.

07 현재재적은 100m³, 5년전의 재적은 80m³일 때 프레슬러식에 의한 성장률은?

정답

$100 - 80/100 + 80 \times 200/5 = 4.44\%$

08 벌채령과 윤벌기의 차이점을 쓰시오.

정답

- 윤벌기는 작업급 개념, 벌기령은 임목·임분의 개념이다.
- 윤벌기는 기간개념이고, 벌기령은 연령개념이다.
- 윤벌기는 작업급을 일순벌 하는 데 소요하는 기간이고, 벌기령은 임목 그 자체의 생산기간을 나타내는 예상적 연령개념이다.

09 사유림경영계획구를 구분하여 설명하시오.

> **정답**

- 일반경영계획구 : 사유림의 소유자가 자기 소유의 산림을 단독으로 경영하기 위한 경영계획구
- 협업경영계획구 : 서로 인접한 사유림을 2인 이상의 산림소유자가 협업으로 경영하기 위한 경영계획구
- 기업경영림계획구 : 기업경영림을 소유한 자가 기업경영림을 경영하기 위한 경영계획구

10 4급 선떼붙이기 측면도를 그리시오.

> **정답**

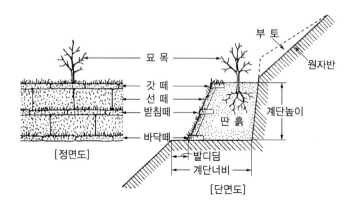

11 임반과 소반의 면적 기준에 대해 설명하시오.

1) 임 반

2) 소 반

정답

1) 임반 : 현지 여건상 불가피한 경우를 제외하고는 가능한 100ha 내외로 구획하며, 능선, 하천 등 자연경계나 도로 등 고정적 시설을 따라 확정한다.
2) 소반 : 최소 면적은 1ha 이상으로 구획하되, 부득이한 경우에는 소수점 한자리까지 기록 할 수 있다.

12 하베스터와 프로세서의 차이점을 설명하시오.

정답

- 하베스터 : 임내를 이동하면서 입목의 벌도·가지제거·절단작동 등의 작업을 하는 기계로서 벌도 및 조재작업을 1대의 기계로 연속작업을 할 수 있는 장비
- 프로세서 : 하베스터와 비교하면 벌도 기능만 없다는 것을 제외하고는 기능이 같은 장비이다.

13 종단기울기를 높게 설치하면 생기는 문제점을 쓰시오.

정답

노선계획 시 물매를 높게 하면 임도우회율이 적어지므로 연장이 짧아져서 임도시설비가 감소될 수 있지만, 자동차의 통행에 지장을 초래함은 물론 강우로 인한 피해가 많아져 유지관리비가 증가한다.

01 1/25,000 지형도에서 임도의 종단물매 10%의 노선을 긋고자 할 때 지형도상에서의 양각기의 폭을 구하시오(임도).

정답

※ 1/25,000 지형도의 주곡선 간격 : 10m

- 경사 $= \dfrac{\text{등고선간격}}{\text{양각기 1폭에 대한 실거리}} \times 100$

  $10 = \dfrac{10}{x} \times 100$

  $x = 100$

- 도상거리 $= \dfrac{\text{실거리}}{\text{축척분모수}} = \dfrac{100}{25,000} = 0.004\text{m} = 0.4\text{cm} = 4\text{mm}$

02 수확표에 대해 설명하시오.

정답

수확표(Yield Table)는 보통 입지(Site)별로 만들어지며, 어떤 수종에 대하여 일정한 작업법을 채용하였을 때, 일정 연한(5년)마다 단위면적당 본수·재적 및 이와 관계있는 기타 주요 요소의 값을 표시한 것으로 본수, 재적합계, 흉고단면적 합계, 평균직경, 평균수고, 평균재적, 임분형수, 성장량, 성장률, 주림목과 부림목, 입목도, 지위, 임령 같은 사항들을 기입한다.

03 암반비탈 및 암반녹화공법 4가지를 쓰시오.

- 식생기반설치공법(부분객토공법) : 옹벽식 소단설치공법(선적 녹화공법), 식생상 설치공법(점적 녹화공법), 새집설치공법(점적 녹화공법)
- 구조물붙이기공법(전면객토공법) : 평떼붙이기공법 등의 각종 떼붙이기공법, 격자틀붙이기공법과 같은 구조물 설치공법
- 피복녹화공법(전면녹화공법)
  - 상행식 피복녹화공법 : 암벽비탈면 위에 직접 식물을 식재하여 생육시킬 수 없을 경우 그 암벽비탈면의 직하부에 있는 토양층에 덩굴식물을 식재하여 암벽의 표면에 부착하면서 잘 생육하여 그 식물체가 암벽면을 피복녹화하는 방법으로 덩굴 받침망 시설을 설치하지 않고도 피복력이 강한 담쟁이덩굴이나 송악같은 식물이 적합하다.
  - 하행식 피복녹화공법 : 암벽비탈면을 피복녹화 할 경우 비탈면의 상부에 식물을 식재하여 그 식물체가 아래로 자라나면서 녹화시키는 방법으로 칡 또는 등나무 등이 적합하다.
  - 병용공법 : 상행식과 하행식을 한꺼번에 시공하는 방법
- 기타 차폐공법, 분사파종공법, 비탈면 안정공법, 수압식 시멘트모르타르 뿜어붙이기공법

04 산림구획을 위해 소반구획을 하는 경우를 3가지 쓰시오.

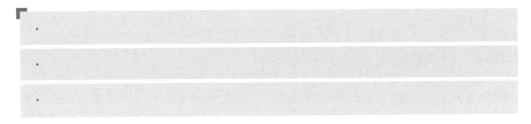

> **정답**
>
> * 산림의 기능(생활환경보전림, 자연환경보전림, 수원함양보전림, 산지재해방지림, 산림휴양림,
>   목재생산림 등)이 상이할 때
> * 지종(입목지, 미입목지, 제지, 법정지정림)이 상이할 때
> * 임종, 임상, 작업종이 상이할 때
> * 임령, 지위, 지리 또는 운반계통이 상이할 때

05 건습도의 구분기준 및 명칭을 쓰시오.

> **정답**

구 분	기 준	해당지
건 조	손으로 꽉 쥐었을 때 수분에 대한 감촉이 거의 없음	바람받이에 가까운 경사지, 산정, 능선
약 건	손으로 꽉 쥐었을 때 손바닥에 습기가 약간 묻은 정도	경사가 약간 급한 사면
적 윤	손으로 꽉 쥐었을 때 손바닥 전체에 습기가 묻고 물에 대한 감촉이 뚜렷함	계곡, 평탄지, 계곡평지, 산록부
약 습	손으로 꽉 쥐었을 때 손가락 사이에 물기가 약간 비친 정도	경사가 완만한 사면
습	손으로 꽉 쥐었을 때 손가락 사이에 물방울이 맺히는 정도	낮은 지대로 지하수위가 높은 곳

06 사방사업의 목적 3가지를 쓰시오.

-
-
-

정답

- 표면침식, 붕괴, 산사태, 땅밀림 등에 의한 국토황폐의 예방과 복구
- 계류 및 야계의 흐름을 안전하게 하기 위한 여러 가지 공사
- 비사와 해안사지 침식의 방지
- 기타 낙석과 눈사태 등과 같은 산지에서 일어나기 쉬운 재해의 방지
- 각종 훼손지 비탈면의 복구와 녹화
- 토양침식 및 침전에 의한 공해의 방지

07 사방댐과 구곡막이(골막이)의 차이점을 설명하시오.

-
-
-

정답

구 분	사방댐	구곡막이
규 모	큼	작 음
시공위치	계류상 아래 부분	계류상 윗 부분
반수면과 대수면	반수면과 대수면 모두 축설	반수면만 축설
양쪽 귀	견고한 지반까지 파내고 시공	견고한 지반까지 파내고 시공하지 않고 그 양쪽 끝에 유수가 돌지 않도록 공작물의 둑마루를 높임

08 찰쌓기와 메쌓기의 차이점을 설명하시오.

- 찰쌓기 : 돌을 쌓아 올릴 때 뒷채움에 콘크리트를 사용하고, 줄눈에 모르타르를 사용하는 것으로 이때 뒷면의 배수에 주의하여야 하며, 돌쌓기 2~3m^2 마다 한 개의 지름 약 3cm의 PVC 파이프 등으로 물빼기 구멍, 즉 배수구를 설치하는데, 일반적인 물매는 1 : 0.2를 표준으로 한다.
- 메쌓기 : 돌을 쌓아 올릴 때 모르타르를 사용하지 않고 쌓는 것으로 뒷면의 침투수 등이 돌사이로 잘 빠지기 때문에 토압이 증가될 염려는 없지만 쌓는 높이에 제한을 받는데 일반적인 물매는 1 : 0.3을 표준으로 한다.

09 법정림의 개념에 대해 설명하시오.

- 재적수확의 보속을 실현할 수 있는 내용과 조건을 구비한 삼림을 말한다.
- 법정림에 있어서 산림생산의 보속이 완전히 실현되어 경영목적에 따라 벌채가 이루어진다고 할 때 벌채로 인한 희생이 발생하지 않는 상태를 법정상태라 한다.

10 하베스터에 대해 설명하시오.

정답

임내를 이동하면서 입목의 벌도·가지제거·절단작동 등의 작업을 하는 기계로서 벌도 및 조재작업을 1대의 기계로 연속작업을 할 수 있는 장비

11 임도설계의 업무 순서를 쓰시오.

정답

예비조사-답사-예측-실측-설계도작성-공사수량산출-설계서작성

01 신설임도의 계획 시 우선순위인 판정지수 종류 5가지를 적으시오.

①	②	③
④	⑤	

정답

임업효과지수, 경영기여율지수, 투자효율지수, 교통효용지수, 수익성지수

02 법정상태의 구비조건 4가지를 쓰시오.

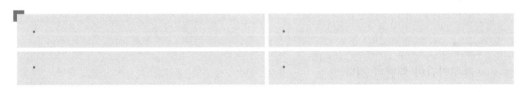

정답

법정영급분배, 법정임분배치, 법정축적, 법정생장량

03 회귀년에 대해 설명하시오.

정답

택벌림의 벌구식 택벌작업에 있어서 맨 처음 택벌을 실시한 일정 구역을 또 다시 택벌하는 데 걸리는 기간으로 다음 측면에서의 회귀년 길이의 장단점은 다음과 같다.

- 조림관계 : 회귀년 길이를 짧게 하여 1회의 벌채량을 적게 하는 것이 유리
- 보호관계 : 짧은 회귀년을 채택하는 것이 유리
- 벌채작업관계 : 단위 면적당 많은 벌채를 해야만 유리하므로 긴 회귀년이 요망된다.
- 기반시설관계 : 임도와 방화시설은 투자비가 많이 들어 긴 회귀년을 요하게 된다.
- 임분 재적과의 관계 : 택벌된 임분 재적이 택벌직전의 재적으로 회복하는데 요하는 연수로 결정

04 임업경영의 기술적 측면 3가지를 적으시오.

정답

- 생산기간이 대단히 길다.
- 임목의 성숙기가 일정하지 않다.
- 토지나 기후조건에 대한 요구도가 낮다.
- 자연조건의 영향을 많이 받는다.

05 노선측량의 결과 교각이 30°, 곡선반지름이 100m일 경우 외선길이와 접선길이를 구하시오.

1) 외선길이

2) 접선길이

> **정답**

1) 외선길이 $= R\left(\sec\left(\dfrac{\theta}{2}\right) - 1\right) = 100\text{m} \times (1/\cos 15° - 1) = 100\text{m} \times (1.0353 - 1) = 3.53\text{m}$

2) 접선길이 $= Rtan\left(\dfrac{\theta}{2}\right) = 100 \times \tan(30°/2) = 100 \times 0.2680 = 26.80\text{m}$

06 타워야더와 비교하여 트랙터 집재의 장점 3가지를 적으시오.

> **정답**

- 기동성이 크다.
- 작업생산성이 높다.
- 작업이 단순하다.
- 작업비용이 적다.

07 상수리 나무의 재적이 0.9m³, 흉고단면적 0.09m², 수고 20m일 때 형수법에 의한 흉고형수를 구하시오.

정답

재적 = 흉고형수 × 흉고단면적 × 수고
0.9m³ = 흉고형수 × 0.09m² × 20m
∴ 흉고형수 = 0.9m³/0.09m² × 20m
      = 0.9/1.8 = 0.5

08 평판측량 시 고려사항을 적고 각각 설명하시오.

정답

• 정치 : 평판이 수평이어야 할 것
• 치심 : 평판상의 측점을 표시하는 위치는 지상의 측점과 일치하며, 동일 수직선상에 있을 것
• 표정 : 평판이 일정한 방향 또는 방위를 취할 것

09 바닥막이를 시공해야 하는 위치 3군데를 서술하시오.

> •
>
> •
>
> •

• 계상이 낮아질 위험이 있는 부분은 물론 지계가 합류하는 경우에는 각각의 지계에 설치하고 합류점의 하류에도 설치한다.
• 기초가 세굴되거나 계안이 붕괴되고, 종침식과 횡침식이 일어나는 경우는 그 하류에 설치하며 길이가 긴 경우에는 계단상으로 설치한다.
• 곡류에 의한 세굴을 방지하거나 완화하는 경우 곡선을 정하고 유로를 정리하면서 바닥막이를 계단상으로 계획한다.

10 야면석과 다듬돌에 대해 설명하시오.

1) 야면석

2) 다듬돌

1) 야면석 : 자연적으로 개천 바닥에 있는 무게 100kg 정도 되는 전석으로 주로 공사현장에서 채취하여 메쌓기나 찰쌓기공법으로 사용한다.
2) 다듬돌 : 직사각형 육면체가 되도록 각 면을 다듬은 석재로서 마름돌이라고 한다. 견고한 사방댐이나 미관을 요하는 돌쌓기 공사에 사용되며, 대체로 크기는 가로 30cm × 세로 30cm × 길이 50~60cm 정도이다.

11 단면적 계수 $k = 4$의 프리즘으로 셈한 본수가 10본, 평균수고가 10m, 임분형수가 0.5일 때 각산정 측정법으로 ha당 재적을 구하시오.

단면적 계수 $k = 4$의 프리즘으로 셈한 본수가 10본이므로 흉고단면적합계 $= 4 \times 10 = 40m^2$

$\therefore$ ha당 재적 = 흉고단면적합계 $\times$ 평균수고 $\times$ 임분형수

$$= 40 \times 10 \times 0.5 = 200m^3$$

12 다음 ( ) 안에 들어갈 용어를 쓰시오.

> 인공조림지는 조림년도의 (①)을 기준으로 임령을 산정하고, 그 밖에 임령 식별이 불분명한 임지는 (②)로 직접 뚫어보아 임령을 산정한다.

①	②

① 묘령, ② 생장추

13 골막이 시공 시 찰쌓기와 메쌓기의 차이점을 설명하시오.

정답

- 찰쌓기 : 돌을 쌓아 올릴 때 뒷채움에 콘크리트를 사용하고, 줄눈에 모르타르를 사용하는 것으로 이때 뒷면의 배수에 주의하여야 하며, 돌쌓기 2~3m² 마다 한 개의 지름 약 3cm의 PVC 파이프 등으로 물빼기 구멍, 즉 배수구를 설치하는데, 일반적인 물매는 1 : 0.2를 표준으로 한다.
- 메쌓기 : 돌을 쌓아 올릴 때 모르타르를 사용하지 않고 쌓는 것으로 뒷면의 침투수 등이 돌사이로 잘 빠지기 때문에 토압이 증가될 염려는 없지만 쌓는 높이에 제한을 받는데 일반적인 물매는 1 : 0.3을 표준으로 한다.

14 임지평가에서 비교방식 2가지를 적고 각각 설명하시오.

정답

비교방식에 의한 임지의 평가는 평가하고자 하는 임지와 유사한 다른 임지의 매매사례 가격과 비교하여 평가하는 방식이다.
- 직접사례비교법 : 임지의 실제 매매사례가격과 직접비교하여 평가하는 방법
- 간접사례비교법 : 임지가 대지 등으로 가공 조성된 후에 매매된 경우에는 그 매매가격에서 대지로 가공 조성하는데 소요된 비용을 공제하여 역산적으로 산출된 임지가와 비교하여 평정하는 방법

01 잘못된 돌쌓기 방법을 4가지 이상 쓰시오.

정답

넷붙임, 셋붙임, 넷에움, 뜬돌, 거울돌, 떨어진돌, 꼬치쌓기, 선돌 및 누운돌, 이마대기, 포갬돌, 뾰족돌, 새입붙이기

02 임도밀도가 10m/ha일 때 임도간격과 평균집재거리를 구하시오.

1) 임도간격(m)

2) 평균집재거리(m)

정답

1) 임도간격(m) = 10,000m³/임도밀도(10m/ha) = 1,000m
2) 평균집재거리(m) = [10,000m³/임도밀도(10m/ha)] × 1/4 = 250m

03 연년생장량 및 평년생장량 비교 4가지 설명하시오.

> *
> *
> *
> *

정답

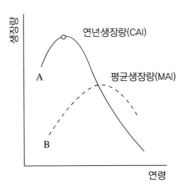

- 처음에는 연년생장량(A)이 평균생장량(B)보다 크다.
- 연년생장량(A)은 평균생장량(B)보다 빨리 극대점을 갖는다.
- 평균생장량(B)의 극대점에서 두 생장량의 크기는 같다.
- 평균생장량(B)이 극대점에 이르기까지 연년생장량(A)이 평균생장량(B)보다 크다.
- 임목은 평균생장량(B)이 극대점에 이를 때 벌채하는 것이 좋다.

04 임지기망가에 영향을 끼치는 인자를 쓰고 설명하시오.

정답

- 주벌수익과 간벌수익 : 이 값은 항상 '+'이므로 이 값이 클수록 임지기망가가 커진다. 또 그 시기가 빠르면 빠를수록 임지기망가가 커진다.
- 조림비와 관리비 : 이 값은 '−'이므로 이 값이 크면 클수록 임지기망가가 작아진다.
- 이율 : 이율이 높으면 높을수록 임지기망가가 작아진다.
- 벌기 : 벌기령이 크면 클수록 임지기망가가 작아진다.

05 임도곡선의 종류 4가지를 설명하시오.

[단곡선]　　[반향(반대)곡선]　[복심(복합)곡선]　　[배향곡선]　　　　[완화곡선]

- 단곡선 : 평형하지 않는 2개의 직선을 1개의 원곡선으로 연결하는 곡선
- 반향곡선 : 방향이 다른 두 개의 원곡선이 직접 접속하는 곡선으로 곡선의 중심이 서로 반대쪽에 위치한 곡선
- 복심곡선 : 동일한 방향으로 굽고 곡률이 다른 두 개 이상의 원곡선이 직접 접속되는 곡선
- 배향곡선 : 단곡선, 복심곡선, 반향곡선이 혼합되어 헤어핀 모양으로 된 곡선으로 산복부에서 노선 길이를 연장하여 종단물매를 완화하게 하거나 동일사면에서 우회할 목적으로 설치되며 교각이 180°에 가깝게 된다.

06 윤벌기와 벌기령의 차이를 설명하시오.

- 윤벌기는 작업급 개념, 벌기령은 임목, 임분의 개념
- 윤벌기는 기간개념이고, 벌기령은 연령개념
- 윤벌기는 작업급을 일순벌 하는데 소요하는 기간이고, 벌기령은 임목 그 자체의 생산기간을 나타내는 예상적 연령 개념

07 임도측량에서 중심선 측량과 영선측량의 차이를 설명하시오.

정답

- 노폭의 1/2이 되는 지점을 중심점 이라하고, 이 점을 연결한 노선의 종축을 중심선이라 한다. 경사지에 설치하는 측점별로 임도에서 노면의 시공면과 산지의 경사면이 만나는 점을 영점이라 하고 이 점을 연결한 노선의 종축을 영선이라 한다.
- 영선은 절토작업과 성토작업의 경계선이 되기도 하며 그 수평면을 영면(기면)이라고도 한다.

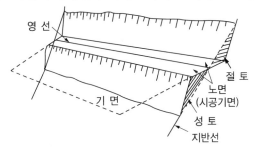

- 중심선측량은 중심점을 기준으로 중심선을 따라 측정하고, 영선측량은 영점을 기준으로 영선을 따라 측정한다.
- 균일한 사면일 경우에는 중심선과 영선은 일치되는 경우도 있지만 대개 안전히 일치되지않고 지반기울기가 급할수록 영선보다 중심선이 경사지의 안쪽에 위치하고, 약 45~55% 지형에서는 중심선과 영선이 거의 일치되다가 지반기울기가 완만할수록 중심선이 영선보다 바깥쪽에 위치 한다.
- 지형의 상태에 따라 중심선측량은 파상지형의 소능선과 소계곡을 관통하며 진행되고, 영선측량 은 사형으로 우회하여 진행되기도 한다.

08 퇴사울세우기와 정사울세우기의 차이를 설명하시오.

정답

- 퇴사울세우기는 사구조성공법으로 바다쪽에서 불어오는 바람에 의해 날리는 모래를 억류하고 퇴적시켜서 사구를 조성하는 목적의 공작물
- 정사울세우기는 사지조림공법으로 주로 전사구의 육지쪽에 후방모래를 고정하여 그 표면에 전면적인 모래의 안정을 도모하고 식재목이 잘 생육할 수 있도록 환경을 조성하는 목적으로 시행하는 공법

09 분사식 파종공법의 특성을 설명하시오.

정답

사방파종공법의 한 종류로써 종자, 비료, 첨가재 등을 물에 섞어 모르타르상 또는 수용액상으로 된 것을 압축공기나 펌프로 압송하여 호스 선단의 뿜기용 노즐을 통해 공기압에 의하여 재료를 비탈면 등에 뿜어 고착시키는 공법이다.

10 와이어로프의 폐기 기준 3가지를 설명하시오.

- ·
- ·
- ·

정답

- 와이어로프 1피치 사이에 와이어소선의 끊어진 비율이 10%에 달하는 경우
- 와이어로프 지름이 공칭지름보다 7% 이상 마모 된 것
- 킹크된 것
- 현저히 변형, 부식 된 것

11 개위면적에 대해 설명하시오.

정답

지는 부분적으로 생산능력에 차이가 있으므로 이와 같은 임지의 생산능력에 알맞게 각 영계별 면적을 가감하여 각 영계의 벌기재적이 동일하도록 수정한 면적
※ 개위면적 = (해당임분의 벌기재적/기준 임분의 벌기평균재적) × 해당임분의 면적

12 산림구획을 위해 소반구획을 하는 이유 3가지를 설명하시오.

> •
>
> •
>
> •

정답

- 산림의 기능(생활환경보전림, 자연환경보전림, 수원함양보전림, 산지재해방지림, 산림휴양림, 목재생산림 등)이 상이할 때
- 지종(입목지, 무립목지, 법정지정림 등)이 상이할 때
- 임종, 임상 및 작업종이 상이할 때
- 임령, 지위, 지리 또는 운반계통이 상이할 때

13 다음 표에서 ( ) 안에 알맞은 수치를 쓰시오.

측 선	방위각	거리(m)	위 거	경 거
AB	52°	10	+6.17	+7.88
BC	150°	4	(①)	+2.00
CD	210°	8	−6.13	(②)
DA	300°	7	(③)	(④)

> ①   ②
>
> ③   ④

정답

① −3.46, ② −5.14, ③ +3.50, ④ −6.06

해설

측 선	방위각	방 위	거리(m)	위거(cos방위값 × 거리)	경거(sin방위값 × 거리)
AB	52°	N52°E	10		
BC	150°	S30°E	4	cos30° × 4 = −3.46	
CD	220°	S40°W	8		sin40° × 8 = −5.14
DA	300°	N60°W	7	cos60° × 7 = +3.50	sin60° × 7 = −6.06

14 산림경영계획상의 임황 조사 항목 4가지를 쓰시오.

- ·
- ·
- ·
- ·

임종, 임상, 수종, 혼효율, 임령, 영급, 수고, 경급, 소밀도, 축적

15 교각법으로 $\alpha = 60°$, 곡선반지름 10m일 때 곡선길이를 구하시오

곡선길이 $= \dfrac{2\pi \cdot R \cdot \theta}{360} = 2 \times 3.14 \times 10\text{m} \times \theta/360°$ (∵ 교각 $\theta = 180° - 60°$(내각) $= 120°$)

$\qquad = 2 \times 3.14 \times 10\text{m} \times 120°/360°$

$\qquad = 7,536/360°$

$\qquad = 20.933\text{m}$

참 / 고 / 문 / 헌

- 개정 삼림측정학, 김갑덕, 향문사, 1992

- 사방공학, 우보명, 향문사, 1983

- 산림경영학, 안종만 외 7, 향문사, 2007

- 산림공학, 우보명 외 18, 광일문화사, 1997

- 산림기사·산업기사 필기 한권으로 끝내기, 정한기, 시대고시기획, 2022

- 삼림보호학, 현신규 외 2, 향문사, 1975

- 삼림측정학, 김갑덕, 향문사, 1985

- 신고 임업경영학, 박태식 외 10, 향문사, 1990

- 신고 조림학원론, 임경빈, 향문사, 1985

- 임도의 설계와 시공, 마상규, 임업기계훈련원, 1987

- 임도전문가 과정 교재, 산림인력개발원, 2007

- 조림학본론, 임경빈, 향문사, 1991

- 조림학원론, 임경빈, 향문사, 1968

- 증보 측량학, 강신업 외 1, 향문사, 1976

- 증보 측수학, 현신규 외 1, 향문사, 1974

참 / 고 / 사 / 이 / 트

- 국가생물종지식정보시스템 http://www.nature.go.kr

- 국립생물자원관 https://species.nibr.go.kr

- 산림청 https://www.forest.go.kr

- 한국과학술정보연구원 http://www.bris.go.kr

- 한라수목원 http://sumokwon.jeju.go.kr

산림기사 · 산업기사 실기 한권으로 끝내기

개정2판1쇄 발행	2024년 03월 05일 (인쇄 2024년 01월 16일)	
초 판 발 행	2022년 07월 05일 (인쇄 2022년 05월 19일)	
발 행 인	박영일	
책 임 편 집	이해욱	
편 저	정한기	
편 집 진 행	윤진영 · 장윤경	
표지디자인	권은경 · 길전홍선	
편집디자인	정경일 · 이현진	
발 행 처	(주)시대고시기획	
출 판 등 록	제10-1521호	
주 소	서울시 마포구 큰우물로 75 [도화동 538 성지 B/D] 9F	
전 화	1600-3600	
팩 스	02-701-8823	
홈 페 이 지	www.sdedu.co.kr	
I S B N	979-11-383-6601-4(13520)	
정 가	25,000원	

산림·조경·농림 국가자격 시리즈

도서명	판형 / 가격
산림기사 · 산업기사 필기 한권으로 끝내기	4×6배판 / 45,000원
산림기사 필기 기출문제해설	4×6배판 / 24,000원
산림기사 · 산업기사 실기 한권으로 끝내기	4×6배판 / 25,000원
산림기능사 필기 한권으로 끝내기	4×6배판 / 28,000원
산림기능사 필기 기출문제해설	4×6배판 / 25,000원
조경기사 필기 한권으로 끝내기	4×6배판 / 38,000원
조경기사 필기 기출문제해설	4×6배판 / 35,000원
조경기사 · 산업기사 실기 한권으로 끝내기	국배판 / 40,000원
조경기능사 필기 한권으로 끝내기	4×6배판 / 26,000원
조경기능사 필기 기출문제해설	4×6배판 / 25,000원
조경기능사 실기 [조경작업]	8절 / 26,000원
식물보호기사 · 산업기사 필기 + 실기 한권으로 끝내기	4×6배판 / 40,000원
유기농업기능사 필기 한권으로 끝내기	4×6배판 / 29,000원
5일 완성 유기농업기능사 필기	8절 / 20,000원
농산물품질관리사 1차 한권으로 끝내기	4×6배판 / 40,000원
농산물품질관리사 2차 필답형 실기	4×6배판 / 31,000원
농산물품질관리사 1차 + 2차 기출문제집	4×6배판 / 27,000원
농 · 축 · 수산물 경매사 한권으로 끝내기	4×6배판 / 39,000원
축산기사 · 산업기사 필기 한권으로 끝내기	4×6배판 / 36,000원
가축인공수정사 필기 + 실기 한권으로 끝내기	4×6배판 / 35,000원
Win-Q(윙크) 조경기능사 필기	별판 / 25,000원
Win-Q(윙크) 유기농업기사 · 산업기사 필기	별판 / 35,000원
Win-Q(윙크) 유기농업기능사 필기 + 실기	별판 / 29,000원
Win-Q(윙크) 종자기사 · 산업기사 필기	별판 / 32,000원
Win-Q(윙크) 종자기능사 필기	별판 / 24,000원
Win-Q(윙크) 버섯종균기능사 필기	별판 / 21,000원
Win-Q(윙크) 화훼장식기능사 필기	별판 / 21,000원
Win-Q(윙크) 화훼장식산업기사 필기	별판 / 28,000원
Win-Q(윙크) 축산기능사 필기 + 실기	별판 / 24,000원

※ 도서의 가격은 변경될 수 있습니다.